全国中医药行业高等教育“十二五”创新教材
高等中医药院校中药学、药学类专业实践教学创新系列教材

数学物理基础实验
（上册）

（供中药学、药学、制药工程、生物制药、
中医学及相关专业用）

主　编　李秀昌
副主编　王淑媛　韩曦英
编　委　王　雯　王淑媛　孙　健
　　　　李秀昌　韩曦英

中国中医药出版社
·北　京·

图书在版编目（CIP）数据

数学物理基础实验：全2册/李秀昌，王文龙，郑艳彬等著．—北京：中国中医药出版社，2015.3（2018.1重印）
全国中医药行业高等教育“十二五”创新教材
ISBN 978－7－5132－2422－2

Ⅰ．①数… Ⅱ．①李… ②王…③郑… Ⅲ．①数理统计－实验－中医药院校－教材 ②物理学－实验－中医药院校－教材 Ⅳ．①O212－33②O4－33

中国版本图书馆CIP数据核字（2015）第037703号

中国中医药出版社出版
北京市朝阳区北三环东路28号易亨大厦16层
邮政编码 100013
传真 010 64405750
河北纪元数字印刷有限公司印刷
各地新华书店经销
*
开本 787×1092 1/16 印张 14.25 字数 321 千字
2015年3月第1版 2018年1月第2次印刷
书 号 ISBN 978－7－5132－2422－2
*
定价 38.00 元（含上、下册）
网址 www.cptcm.com

如有印装质量问题请与本社出版部调换

社长热线 010 64405720
购书热线 010 64065415 010 64065413
微信服务号 zgzyycbs
书店网址 csln.net/qksd/
官方微博 http：//e.weibo.com/cptcm
淘宝天猫网址 http：//zgzyycbs.tmall.com

高等中医药院校中药学、药学类专业实践教学创新系列教材编委会

序

实践教学是高等学校最基本的教学形式和育人形式之一，对培养学生的科学思维方法、创新意识与能力，全面推进素质教育有着重要的作用。科学技术的进步与发展，已成为主导社会进步的重要因素。高等中医药院校必须不断地深化实践教育教学改革，以此推动人才培养观念、培养模式的转变。

2012 年，教育部出台了《关于进一步加强高校实践育人工作的若干意见》（教思政［2012］1 号）（下称《若干意见》），强调在教学中突出实践环节，指出：实践教学是学校教学工作的重要组成部分，是深化课堂教学的重要环节，是学生获取、掌握知识的重要途径。要求高校结合本学校的专业特点和人才培养要求，分类制订实践教学标准，增加实践教学比重，确保理工农医类本科专业的实践教学比重不少于25%。《若干意见》的这一要求，对于深化教育教学改革、提高人才培养质量，服务于加快转变经济发展方式、建设创新型国家和人力资源强国，具有重要而深远的意义。

在落实《若干意见》要求、强化实践教学方面，长春中医药大学药学院全体师生进行了有益的探索。近年来，他们通过承担国家级人才培养模式创新实验区、国家级特色专业、国家级大学生创新创业训练项目基地等国家级质量工程项目，以及省校教学改革课题等多种方式，以教研促教改，努力增强整体教学中的实践教学比重，取得了一系列实践教学改革成果。此次组织编写的《高等中医药院校中药学、药学类专业实践教学创新系列教材》暨《全国中医药行业高等教育“十二五”创新教材》，就是广大教师长期致力于实践教学体系、实践教学内容与实践教学模式改革的重要成果之一。

本套实践教材改革了以往实践教学附属于理论教学、实践内容侧重于验证理论的做法，经过精选、整合和创新，强调以专业培养目标为主线，形成梯度层次型教学模式和相对独立的实践教学体系，体现了实践教学的科学性、系统性、独立性和完整性，同时避免了教学和训练内容不必要的重复，使各知识点及训练项目很好地衔接，有助于学生更好地掌握规范的基本操作技术，提高学生实践能力，培养学生严谨、求是、创新的科学态度。教材结合独立开设的实验课程，增加了综合性设计性实验、科学研究训练和创新实验等内容；综合性设计性实验有助于学生专业能力教育；科学研究训练有助于学生个性发展，培养学生分析问题和解决问题的能力；创新实验有助于使学生在掌握基本实验技术的同时，对专业学科前沿有所了解，并在此基础上进行创新探索，以激发学生的专业兴趣和创新意识。编写者们在教材结构设计方面的创新之举，体现了他们在强化实践教育方面的良苦用心，更展示了他们践行实践教育的坚定决心！

衷心期待本套实践教材的出版，对推动我国中医药教育发展、促进人才培养模式改革、加强专业内涵建设、提高人才培养质量会起到积极的促进作用。

长春中医药大学校长 宋柏林

2015 年 3 月

前　言

实践教学是高等学校特别是高等中医药院校人才培养过程中贯穿始终、不可缺少的重要组成部分，是培养学生综合素质、实践能力、实现人才培养目标的重要环节，是巩固学科知识、训练科研素养、培养创新创业意识的重要途径。转变传统的教育观念，树立科学的质量观和人才观，转变重理论轻实践、重论证轻探究、重知识传授轻能力培养的观念，注重学思结合、知行合一、因材施教、创新实践教育和实践育人模式，是培养具有科研创新能力的研究型人才和具有实践创新能力的应用型人才的必然要求。

实践教材是实践教学的载体和依据，实践教材建设是保证实践教学质量、教材专业内涵建设的基础。因此，长春中医药大学在中药学“两段双向型”国家级人才培养模式创新实验区、中药学国家级特色专业、国家级大学生创新创业训练项目基地等质量工程项目长期研究、实践与总结的基础上，组织编写了本套《高等中医药院校中药学、药学类专业实践教学创新系列教材》，对中医药院校中药学、药学类专业实验课程和实践训练的教学内容进行了“精选”“整合”和“创新”，强调对学生的动手能力、创新思维、科学素养等综合素质的全面培养。本套教材具有以下特点：

1. 体现教学研究型大学人才培养理念　本着教学研究型大学“厚基础、宽口径、精技能、重个性”的教育理念，体现“两段双向型”培养模式。“两段”，即第一阶段为通识认知教育，第二阶段为形成和创新教育。“双向型”，一是培养与科学学位研究生教育接轨的以创新思维和创新能力为主的研究型人才；二是培养以具有创新、实践动手能力和具有实践经验为主的应用型人才。

2. 构建实践教学和实践教材新体系　按照循序渐进的教育规律，整合、更新和重组实验教学内容，将原来按课程开设的实验整合为按专业、分模块进行开设；做好课程衔接，减少不必要的重复；纵向构建“三个平台四个层次”。“三个平台”，即针对大一至大二学年，建立宽泛、雄厚的实验基本技能平台；大三学年，建立初步的分析问题、解决问题能力的专业基础平台；大四学年，建立能够对所学知识综合运用的专业平台。“四个层次”，即第一层次为基础实验，以此进行基本技能强化训练；第二层次为探索性与设计性实验，给定题目，让学生自己动手查阅文献，自行设计，独立操作，最后总结；第三层次为综合性实验，完成一个中药或化学药或生物药物从原料到成品到药效及质量评价的全过程的设计与训练，为毕业实习和就业打下良好的基础；第四层次为自主研究性实验，结合大学生研究训练计划（SRT）和大学生创新创业训练计划进行科研能力训练。

3. 突出标准操作规范　根据专业标准，科学、合理地精选实验内容，特别增加了基本知识与技能篇幅，涵盖专业标准中所涉及的基本技能操作，并以此对学生进行基本技能的规范化训练。

本套教材从整体上体现课程、学科与专业的结合，以及医药结合、学思结合、实验方法与技能训练结合，继承、发展与创新结合，集系统性、学术性、前瞻性、适用性于一体。本套教材亦可以作为学生、专业技术人员培训、竞赛及科研、生产工作的参考用书。

尽管我们在编写过程中竭尽所能，但由于涉及多学科交叉整合，时间较为仓促，因此，不妥之处在所难免，敬请各位专家、同仁和广大读者提出宝贵意见和建议，以便今后进一步完善。

邱智东

2015 年 3 月

编写说明

数学物理基础实验包含数理统计、大学物理两门课程的实验。上册为数理统计实验，下册为大学物理实验。

数理统计是以概率论为基础，研究随机现象数量规律的一门学科。数理统计实验是把课程中的理论、现象和统计方法通过数学工具来实现的一门课程，是数理统计理论课的补充和延续。随着计算工具特别是统计软件的快速发展和统计方法在自然科学、社会科学领域的广泛应用，数理统计实验将成为数理统计课程的重要组成部分，是学习数理统计课程的重要环节。

数理统计由概率论与统计两部分组成，医药院校开设本课程主要是学习统计，重点是统计方法的应用。以往学习统计方法常常是用计算器来完成的，费时、费力还达不到效果。随着统计软件的不断丰富和发展，统计方法很容易通过统计软件来实现。本书以 SPSS 统计软件为平台，介绍常用统计方法如何通过软件来完成。

上册共分 3 章，第一章主要介绍实验课程的性质、开设实验课程的目的、学习方法等；第二章简单介绍 SPSS 统计软件的基础知识；第三章介绍如何用 SPSS 统计软件进行统计分析。教材力求通俗易懂，侧重数据格式、操作步骤、统计结果的分析与解释，简单，明了，可操作性强，对于每种统计方法，都是通过实例来实现并进行结果分析。

本书可作为高等中医药院校中药学、药学、制药工程、生物制药、中医学及相关专业本科生或研究生统计实验教材，也可供非药学类专业本科及研究生选用，对从事医药卫生事业工作的科技工作者也可把此书作为学习 SPSS 统计软件的操作手册。

书中所引用的数据只是为了介绍统计方法而用，且大都是小样本，故所有结论不可为专业结论所引用。

本书在编写过程中参考了大量同类书刊并借鉴了同行们的经验，在此表示衷心的感谢。我们本着负责的精神，虽然对本书内容进行了反复的推敲、修改，但限于水平、能力和经验，书中难免有不妥之处，恳请使用本书的师生和广大读者提出宝贵意见，以便再版时修订提高。

《数学物理基础实验》（上册）
编委会
2015 年 2 月

目　录

（上册）

上篇　基础知识与技能

下篇　实验内容与方法

上篇　基础知识与技能

第一章　绪　论

第一节　数理统计实验课程性质和教学内容

一、课程性质

数理统计是以概率论为基础，研究随机现象数量规律的一门学科。数理统计实验是把课程中的理论、现象或统计方法通过数学工具来实现的一门课程，是数理统计理论课的补充和延续。随着计算工具特别是统计软件的快速发展和统计方法在自然科学、社会科学领域的广泛应用，数理统计实验将成为数理统计课程的重要组成部分，是学习数理统计课程的重要环节。

二、教学内容

内容主要包括常用统计软件 SPSS 简单介绍，常用统计方法的基本原理，常用统计方法的 SPSS 统计软件的实现，统计结果的分析。常用的统计分析方法包括描述性统计、单个正态总体 t 检验、两个正态总体 t 检验、方差分析、相关与回归、半数致死量 LD_{50} 的计算、正交试验设计与均匀试验设计、主成分分析与因子分析、聚类分析与判别分析、Logistic 回归分析等。

第二节　数理统计实验的目的和任务

数理统计课程由基本理论知识和统计方法两部分组成，过去老师在教学中，偏向于基本理论的教学，缺乏运用统计方法培养学生解决实际问题的能力。我们开设数理统计实验的目的在于，在讲授基本理论和基本方法同时，组织学生做同步实验，通过实验的操作，加深学生对基本理论和基本统计方法的理解，增强学生处理实际问题的能力，培养学生的创新精神。统计方法本质上是一种算法，需要大量的计算。在以往的教学过程中常常让学生借助于计算器来完成，费时，费力，计算不精确，有时还难以完成。随着计算机的普及以及统计软件的日新月异，借助于统计软件来完成统计方法的计算已成为可能并易于实现。因此，数理统计实验目的还在于利用统计软件来实现常用统计方法的计算并对统计结果予以合理的解释，使学生能够掌握一种方便实用的统计软件工具。

第三节　数理统计实验学习方法

学好数理统计实验的前提是要掌握各种统计方法，因每种统计方法的适用条件不同，故解决的实际问题各异。数理统计实验一般是借助于统计软件实现的，目前有多种统计软件，各种统计软件所能解决的问题各有千秋，但都能够完成常用的统计方法的计算。所以选择一种适合的统计软件是关键。本实验教材介绍 SPSS 统计软件，因为一般的数理统计实验的学时都不会太多，而 SPSS 统计软件操作上比较简单，入门较容易。因此，在学习的过程中主要是对具体的问题要选对统计方法，这样才能进行具体的操作。在选择菜单和对话框的操作过程中，应根据问题的需要进行，对于统计结果，要给出合理的解释。

第四节　数理统计实验考核标准

对于具体的实际问题，要考核统计方法选取是否正确，数据格式是否正确，菜单选择是否正确，实验结果分析是否正确。

第二章 SPSS统计软件基础

第一节　SPSS概述

一、SPSS简介

SPSS是美国IBM SPSS公司研发的统计软件，是世界上公认的优秀统计分析软件之一。其名称原意为“社会科学统计软件包”（Statistical Package for Social Sciences）。随着其研发的不断深入，SPSS的含义现已改为“统计产品与服务解决方案”（Statistical Product and Service Solutions）。本章主要介绍SPSS 21.0简体中文版（简称SPSS），它是目前较新版的SPSS。它界面友好，操作简便，布局合理，大部分统计分析过程可以借助鼠标点击功能按钮来完成；适用性强，因人而异，既可通过菜单和对话框来完成，又可以通过窗口直接编程来完成，菜单与语句操作互相结合，互相补充，使SPSS可以完成更为复杂的统计分析任务；具有完善的数据转换接口，其他软件生成的数据文件均可方便地转换成可供SPSS分析的数据文件；具有强大的统计图表绘制和编辑功能，输出的报表形式灵活，编辑方便易行；附带丰富的数据资料实例和完善的使用指南，简体中文版使用起来更直观、方便。

二、SPSS启动与退出

1. SPSS启动

完成SPSS的安装后，单击Windows任务栏中的“开始→程序→IBM SPSS Statistics→IBM SPSS Statistics 21”选项启动SPSS，亦可在桌面上双击快捷方式“IBM SPSS Statistics 21”启动。

启动SPSS后，屏幕弹出如图2-1所示的启动（Startup）对话框。该对话框提供选择进入SPSS的各种方式。

（1）打开现有的数据源（Open the existing data source）　选择此项用户在打开的窗口中选择一个SAV格式的文件，即要运行一个SPSS数据文件。

（2）打开其他文件类型（Open another type of file）　选择此项用户在打开的窗口中打开一个其他类型的数据文件。

（3）运行教程（Run the tutorial）　选择此项可以浏览运行学习指导，根据指导图标，查看基本操作指导信息学习 SPSS。

（4）输入数据（Type in data） 选择此项将显示数据编辑器窗口，输入数据，建立数据文件。

（5）运行现有查询（Run an existing query） 选择此项将显示打开文件窗口，系统会让用户选择运行一个查询文件。

（6）使用数据库向导创建新查询（Create new query using Database Wizard） 选择此项系统会进入数据库向导，用户可以利用数据库向导导入数据，以创建一个新的数据文件。

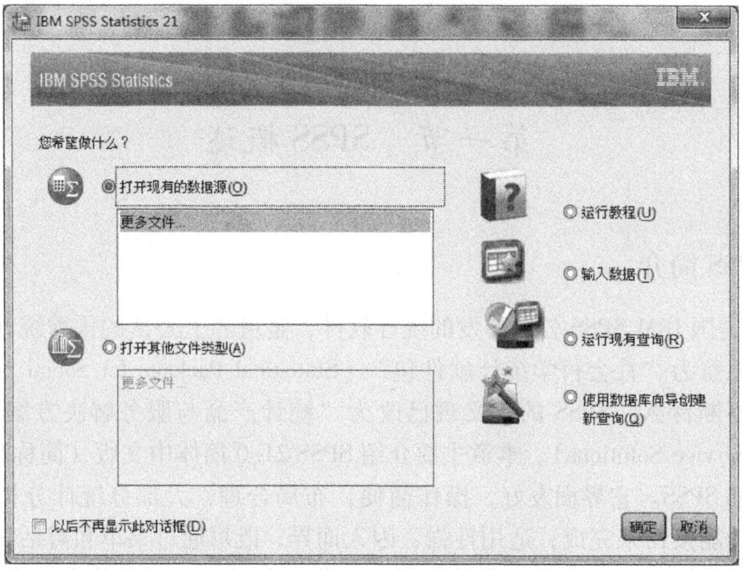

图 2－1 启动（Startup）对话框

选中其中的某一项，用鼠标击“确定（OK）”按钮表示确认操作，击“取消（Cancel）”按钮可以关闭对话框直接进入 SPSS 的数据编辑器窗口。

若在“启动（Startup）”对话框底部的“以后不再显示此对话框（Don't show this dialog in the future）”复选框画勾，则以后启动 SPSS 时将不再显示“启动（Startup）”对话框，直接进入 SPSS 数据编辑器窗口。

如果启动界面是英文版的，则可通过选择菜单“Edit→Options……”打开“Options”对话框，设置两处 Language 下的 English 分别为 Chinese（Simplified）。再重新启动即可进入简体中文版的 SPSS。

2. SPSS 的退出

退出 SPSS 可选用下列方法之一。在“文件（File）”菜单，单击“退出（Exit）”选项退出 SPSS；双击编辑器窗口左上角的编辑器图标；单击数据编辑器窗口右上角的关闭按钮；右键单击数据编辑器窗口标题栏的任何位置，从弹出的快捷菜单中选择关闭选项；使用快捷键 Alt＋F4。

三、SPSS 窗口介绍

对于大多数用户，使用的是“窗口＋对话框”方式的操作方式，熟悉了这些界面，对提高使用 SPSS 进行统计分析是很有必要的。

1. 数据编辑器窗口

首次启动 SPSS 后，在图 2－1 中选择“输入数据（Type in data）”选项，单击“确定”按钮即可进入“IBM SPSS Statistics 数据编辑器”窗口，如图 2－2 所示；选择“取消”亦可进入。在 SPSS 运行期间，可以同时打开多个数据编辑器窗口，此窗口是 SPSS 的主要工作界面。

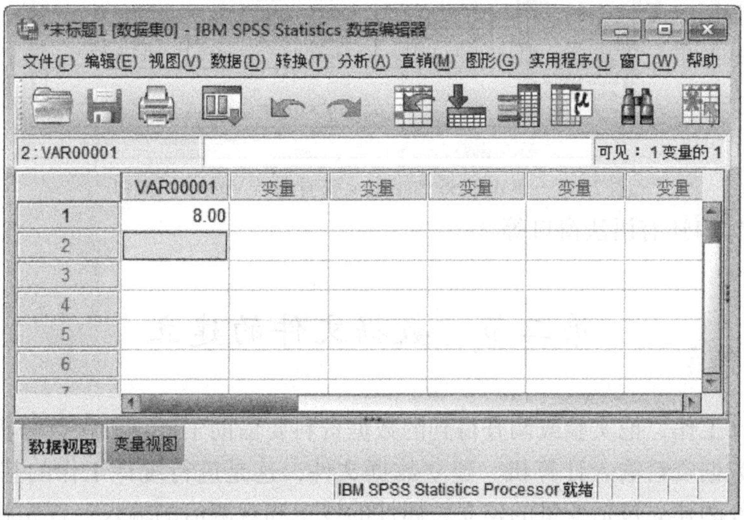

图 2－2　IBM SPSS Statistics 数据编辑器（Data Editor）窗口

数据编辑器窗口是 SPSS 默认的启动界面，用户可以在这里建立、读取、编辑数据文件，进行统计分析工作。窗口包括标题栏、主菜单栏、工具栏、地址栏、状态栏、数据编辑器窗口、数据显示区域等，有些功能与其他软件类似。这里主要介绍数据显示区域。

数据编辑器窗口的中部是工作表，也称电子表格，是输入数据的地方。工作表的每一列为一个变量，用于定义不同的变量。每一行为一个观测，用于输入观察到的每个数据。每一个小格为单元格（Cell），边框加黑的单元格称为当前单元格，是当前操作位置所在。工作表上方的地址栏以“观测号：变量名”显示其位置坐标，编辑栏显示其值，便于修改，其右的“1 变量的 1”表示共有 1 个变量，当前位于第 1 个变量。SPSS 数据编辑器窗口有 10 个菜单，可完成相应的操作。

2. SPSS 结果输出窗口

执行 SPSS 各命令后，结果输出在“IBM SPSS Statistics 查看器（Viewer）”窗口，见图 2－3，其中包括统计分析结果、统计报告、统计图表等。此外，执行命令时产生的新变量的信息和运行产生错误时的警告信息也在这个窗口显示。

输出窗口的左部是可收缩或扩展的分层式目录结构。在左部选择目录，可以使右部的输出结果迅速移到对应的内容并标出红色箭头。在左部选择部分目录，鼠标双击可以删除不需要的输出结果。选择菜单“文件（File）→另存为…（Save As）”，可把当前输出结果存为扩展名“. spv”的输出文件。

需要修改输出表格为类似“三线表”时，可以选择菜单“编辑（Edit）→选项

（Options）”，在“枢轴表（Pivot Tables）”选项卡中的“表格外观（Tablelook）”中选择 Academic。

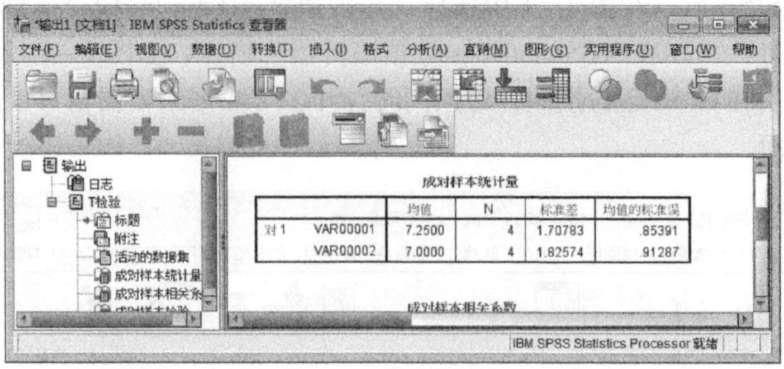

图 2-3　IBM SPSS Statistics 查看器（Viewer）窗口

SPSS 的窗口还有语法窗口等。

第二节　数据文件的建立

进行统计工作，把实验或调查得到的数据资料要借助于计算机进行分析，第一步的工作就是将数据资料输入计算机，建立数据文件，这是进行统计工作的基础。在 SPSS 中，数据文件的建立包括变量的建立、属性的设定和观测值的输入，首先就是设定数据文件中涉及的各个变量名字和属性，为下一步输入数据打下基础。

一、数据文件的建立

在“IBM SPSS Statistics 数据编辑器（Data Editor）”的“数据视图（Data View）”中，数据文件是一张二维表格（见图 2-4）。这是已经建立好的一个数据文件，它包括 4 个变量：姓名、性别、年龄、身高，包括 4 个观测：1、2、3、4。

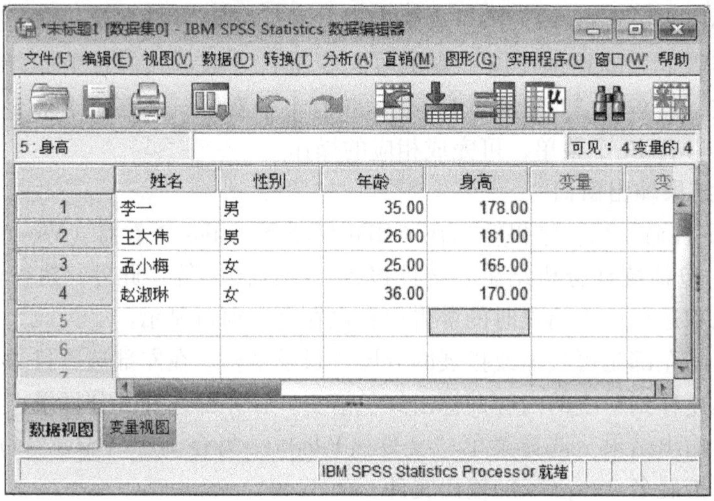

图 2-4　数据视图

在“IBM SPSS Statistics 数据编辑器（Data Editor）”的“变量视图（Variable View）”中，数据文件也是一张二维表格（见图 2－5）。每一列是变量（指标）的一个属性，每一行是该变量每个属性的取值。变量的属性有：“名称（Name）”“类型（Type）”“宽度（Width）”“小数（Decimals）”“标签（Label）”“值（Values）”“缺失（Missing）”“列（Columns）”“度量标准（Measure）”等。

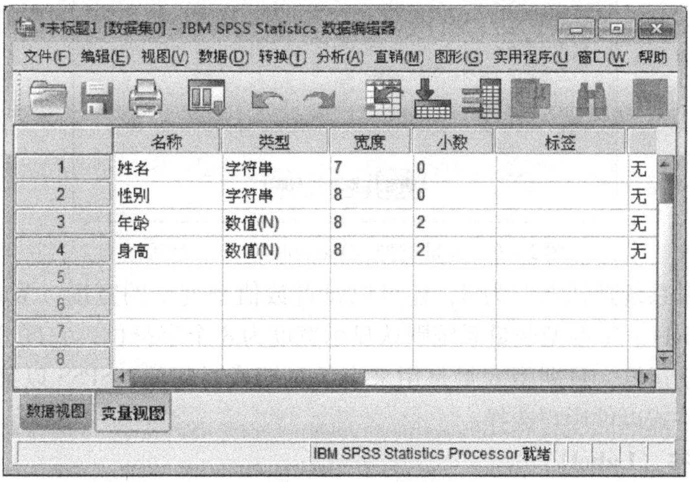

图 2－5　变量视图

启动 SPSS 后，界面显示“数据视图（Data Editor）”，可直接输入数据，然后切换到“变量视图（Variable View）”，更改变量属性，保存后便形成 SPSS 文件。也可以进入 SPSS 后，先切换到“变量视图（Variable View）”，设置变量属性然后切换到“数据视图（Data Editor）”录入数据。

如果要建立新的文件，不必退出 SPSS，重新选择菜单“文件（File）→新建（New）→数据（Data）”，会出现一个新的空白数据编辑器窗口，输入数据后，就形成了新的数据文件。

二、变量的属性及其设置

对于要进行统计分析的每一个指标，SPSS 都必须定义成变量，变量有许多附加的变量属性。

1. 变量名称（Name）

在名称（Name）框中输入要定义的变量名称。若不定义变量名称，则系统依次默认为“VAR00001”“VAR00002”……变量命名规则为：变量名称由不多于 8 个的字符组成，第一个字符必须为字母，不得使用 SPSS 的保留字，系统不区分大小写。遵循一般的变量命名规则。

2. 变量的数据类型（Type）

将光标移至变量类型单元格中并单击右边形如“ ”的按钮，弹出“变量类型（Variable Type）对话框”，如图 2－6。当前选定的变量类型为字符型，有 9 种类型供选择。

SPSS 变量有三种基本类型：数值型（Numeric，系统默认）、字符型（String）、日期型（Data）。每种类型的变量由系统给定默认宽度。

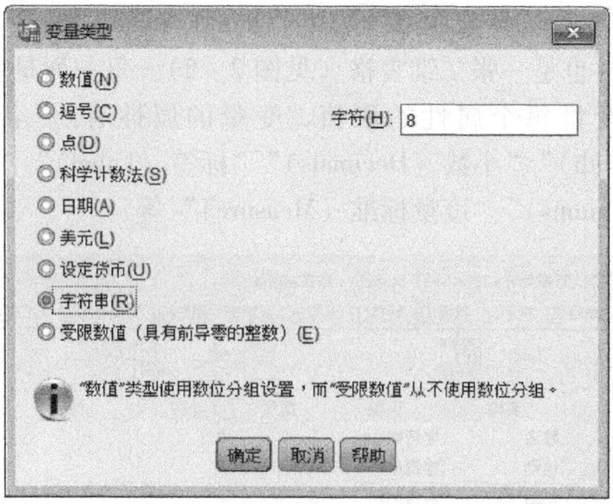

图 2－6　变量类型（Variable Type）对话框

数值型变量系统默认宽度为 8，还可以设置数值型变量的宽度（Width）和显示小数位数（Decimal）。字符型变量系统默认显示宽度为 8 个字符位，它区分大小写字母并且不能进行数学运算。日期型变量是用来表示日期或时间的。SPSS 以菜单的方式列出日期型的显示格式以供用户选择。

3. 变量标签（Label）

变量标签是对变量名的附加说明。在许多情况下，SPSS 中不超过 8 个字的变量名，不足以表达变量的含义，而利用变量名标签就可以对变量的意义作进一步的解释和说明。

4. 变量值标签（Values）

变量值标签也叫值标签或标签值，是对变量所取的值的含义的解释说明。

5. 缺失值（Missing）

搜集研究对象的有关统计资料是统计工作的基础，但在实际工作中，因各种原因会出现数值缺失现象，为此，SPSS 提供缺失值处理技术。在变量视图（Variable View）中，将光标移到缺失值单元格并单击右边形如“ ”的按钮，弹出“缺失值（Missing Value）”对话框，如图 2－7 所示，可以定义缺失值。对缺失值在定义变量属性时应该给出明确的定义，各个分析过程对缺失值的处理都有默认的方法，也可以由用户指定如何处理这些缺失值。

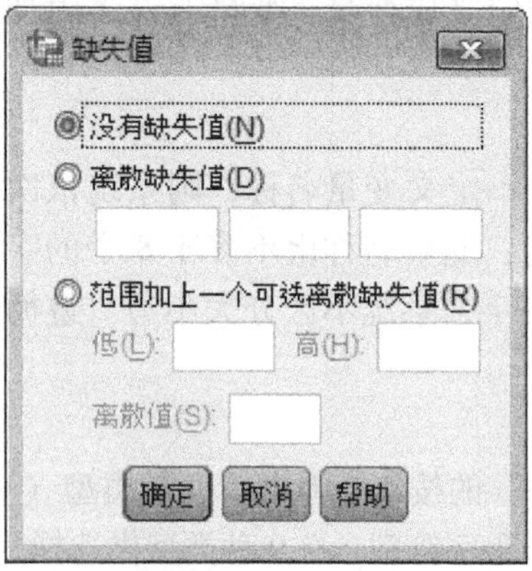

图 2－7　缺失值（Missing Value）对话框

6. 数据列宽（Columns）

数据列宽显示数据的列宽，系统默认 8 个字符。

7. 对齐方式（Align）

对齐方式有左对齐（Left）、右对齐（Right）、居中（Center）3 种数据对齐方式。

8. 度量标准（Measure）

按度量精度将变量分为度量变量、等级变量、定性变量。

完成了上述工作后，SPSS 中的数据输入和编辑与 Excel 很类似，可仿照执行。

下篇　实验内容与方法

第三章　数理统计实验

实验一　统计描述

描述性统计分析是进行其他统计分析的基础和前提。在描述性分析中，通过各种统计图表及数字特征量可以对样本来自的总体特征有比较准确的把握，从而选择正确的统计推断方法。SPSS 的许多模块都可完成描述性统计分析，但专门为该目的而设计的几个模块则集中在描述统计（Descriptive Statistics）菜单中，描述统计的下级菜单中常用的有频数分布分析（Frequencies）、描述性统计分析（Descriptives）、探索性分析（Explore），它们是通过计算各种统计量或绘制统计图来实现描述功能。

一、频数分布分析

选择子菜单频率（Frequencies）可以计算出变量的频数分布表、描述集中趋势和离散趋势的各种统计量以及直方图等。

【实验目的】掌握应用 SPSS 统计软件进行频数分布分析。

【实验原理】描述性统计分析常用的统计指标可分为下面几个类别。

1. 描述集中趋势的指标

均数：也称算术平均数，是反映数据集中程度的主要度量指标。

$$\overline{X} = \frac{1}{n}\sum_{i=1}^{n} x_i \qquad \text{（实验 1 - 1）}$$

中位数：将一组数据排序后处于中间位置的数，是重要的中心位置度量指标。

设一组数据为 x_1，x_2，…，x_n，按从小到大顺序排列后为 x_1'，x_2'，…，x_n'，则中位数为：

$$M_e = \begin{cases} x'_{\frac{n+1}{2}}, & n\text{ 为奇数} \\ \frac{1}{2}(x'_{\frac{n}{2}} + x'_{\frac{n}{2}+1}), & n\text{ 为偶数} \end{cases} \qquad \text{（实验 1 - 2）}$$

众数：一组数据中出现次数最多的数。

百分位数：是一个位置指标，用 P_x 表示。把一组数据由小到大依次排列，将位次平均分成100等份，与第 x 百分位数相应的数据值称为第 x 百分位数。常用的百分位数有 P_{25}、P_{50} 和 P_{75}。它们分别称为下四分位数、中位数和上四分位数。

2. 描述离散趋势的指标

极差：又称全距，是一组数据中最大值与最小值的差。

方差：也称均方差，反映一组数据的平均离散水平。

$$S^2 = \frac{1}{n-1}\sum_{i=1}^{n}(X_i - \overline{X})^2 \qquad \text{（实验 1-3）}$$

标准差：即方差的平方根，反映数据的离散程度。

$$S = \sqrt{S^2} = \sqrt{\frac{1}{n-1}\sum_{i=1}^{n}(X_i - \overline{X})^2} \qquad \text{（实验 1-4）}$$

变异系数：也称相对标准差，反映数据的离散程度，主要是针对两组不同单位的观测数据之间进行比较。

$$CV(X) = RSD(X) = \frac{S}{\overline{X}} \qquad \text{（实验 1-5）}$$

3. 描述总体分布形态的指标

偏度：是用于衡量分布的不对称程度或偏斜程度的指标。

$$S_k = \frac{\sum_{i=1}^{n}(x_i - \overline{x})^3/n}{s^3} \qquad \text{（实验 1-6）}$$

偏度系数大于零，分布为正偏态（或右偏态），分布图有很长的右尾，尖峰偏左。偏度系数小于零，分布为负偏态（或左偏态），分布图有很长的左尾，尖峰偏右。偏度系数等于零，分布与正态分布偏斜程度相同。

峰度：用于描述分布形态的陡缓程度。

$$U_u = \frac{\sum_{i=1}^{n}(x_i - \overline{x})^4/n}{s^4} - 3 \qquad \text{（实验 1-7）}$$

峰度系数为0，表示与正态分布相同。峰度系数大于0，表示比正态分布陡峭。峰度系数小于0，表示比正态分布平坦。

若一组观察数据的偏度、峰度都接近于0，则可以认为这组数据是来自正态总体。

【实验内容】

1. 实验示例

某乡卫生院测得120名健康成年男性农民的舒张压（kPa），数据见实验表1-1，试进行频数分布分析。

实验表1-1　某乡卫生院测得120名健康成年男性农民的舒张压（kPa）

10.897	10.100	10.764	9.967	11.562	9.568	9.436	9.303	10.499	10.100	9.303	10.100	10.233	10.233	10.233
11.163	11.562	8.372	10.366	9.037	8.505	9.834	9.170	9.568	11.030	9.967	9.436	10.499	8.505	8.638
9.967	10.764	8.904	10.632	8.638	11.030	11.030	9.037	9.967	9.834	11.429	10.632	9.967	9.436	8.505

续表

9.701	8.239	11.163	11.429	11.163	10.366	9.967	11.562	11.961	8.239	8.638	10.632	11.163	9.037	9.701
9.568	10.366	10.100	12.093	9.303	8.904	7.708	10.233	9.303	9.967	8.904	9.568	9.170	9.436	10.632
10.366	10.499	9.568	10.632	9.037	9.701	11.828	9.568	9.701	8.771	10.100	9.834	8.904	10.366	10.100
10.100	10.764	11.296	10.366	10.897	8.904	10.632	10.233	11.429	9.568	8.239	9.967	9.834	9.037	11.296
11.695	11.429	10.897	10.499	8.638	11.163	10.499	10.100	10.499	8.505	10.897	10.100	9.967	9.170	9.436

2. 操作

（1）数据文件　将实验表 1－1 中数据建立成 120 行 1 列的 SPSS 数据文件，变量名为舒张压，如实验图 1－1。

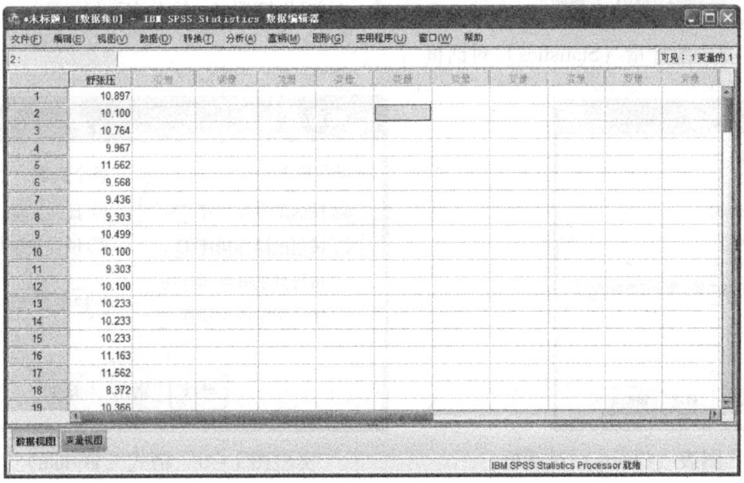

实验图 1－1　舒张压数据格式

（2）操作步骤　选择菜单“分析（Analyze）→描述统计（Descriptive Statistics）→频率（Frequencies）”，弹出“频率（Frequencies）”主对话框，如实验图 1－2，将变量舒张压送入右边的分析“变量（Variable（s））”框内，选中“显示频率表格（Display frequency table）”。

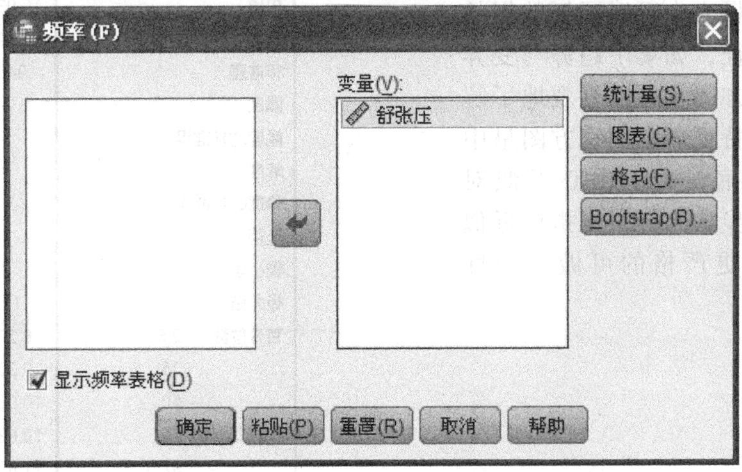

实验图 1－2　频率（Frequencies）主对话框

在“频率（Frequencies）”主对话框中，单击“统计量（Statistics）”按钮，弹出

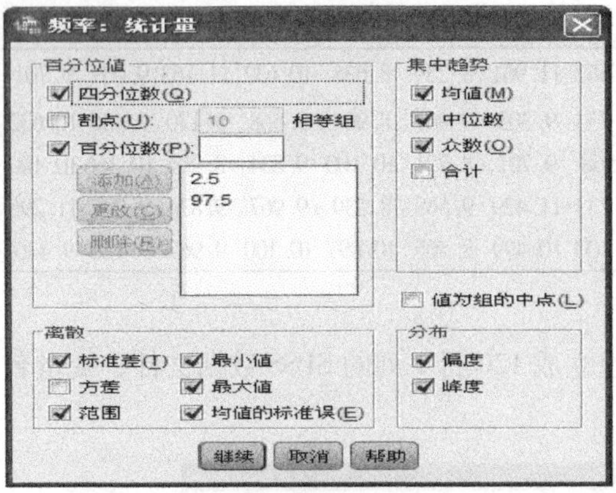

实验图 1－3 统计量（Statistics）对话框

“统计量（Statistics）”对话框如实验图1－3；单击“图表（Charts）”按钮，弹出“图表（Charts）”对话框如实验图1－4；单击“格式（Format）”按钮，弹出“格式（Format）”对话框如实验图1－5。在三个对话框中可根据统计需要进行选择（本例选择均如图所示），选择完毕，单击“继续（Continue）”，返回主对话框，单击“确定（OK）”按钮，完成频数分布分析。

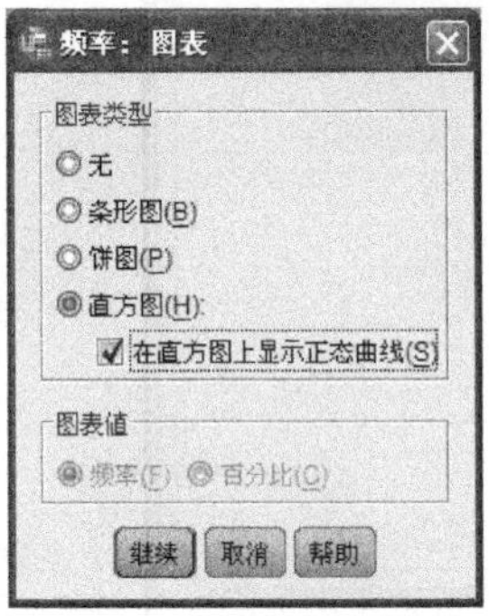

实验图 1－4 图表（Charts）对话框

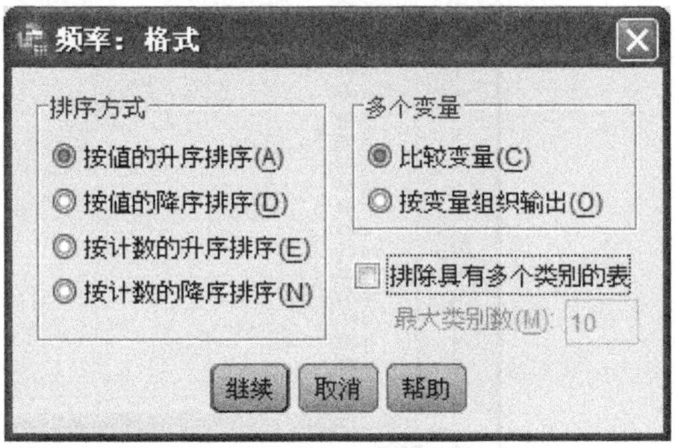

实验图 1－5 格式（Format）对话框

3. 结果分析

主要输出结果中统计量见实验图1－6，直方图见实验图1－7和频数表（略）。

从统计量表中可以了解数据的一些取值特征，如集中趋势与变异程度，从直方图上可以直观地了解数据的分布特征。本例直方图呈中间高，两端底，关于中心近似对称，故可初步认为舒张压指标近似正态分布，更严格的可做正态性检验。

统计量

舒张压

N	有效	120
	缺失	0
均值		10.00808
中值		10.03350
众数		9.967[a]
标准差		.945381
偏度		-.032
偏度的标准误		.221
峰度		-.583
峰度的标准误		.438
全距		4.385
极小值		7.708
极大值		12.093
百分位数	2.5	8.23900
	25	9.30300
	50	10.03350
	75	10.63200
	97.5	11.82468

a. 存在多个众数，显示最小值

实验图 1－6 统计量（Statistics）

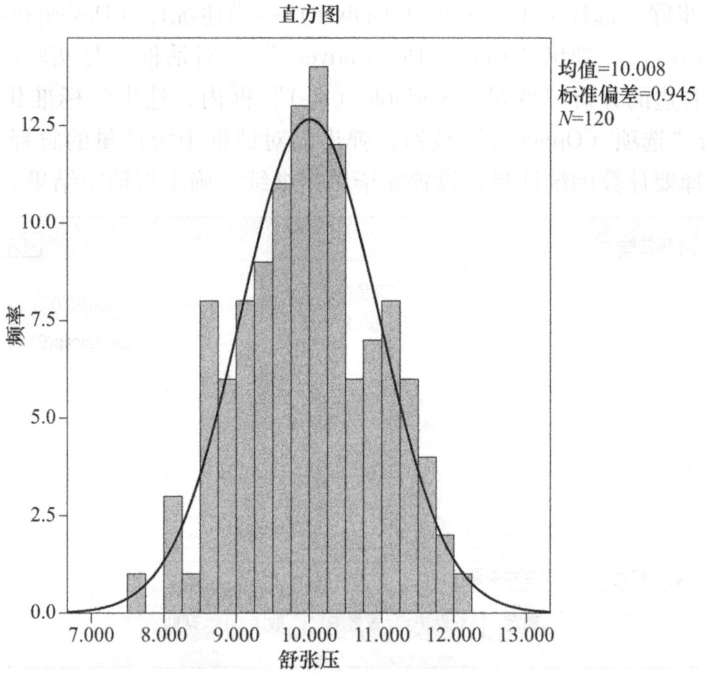

实验图 1－7　直方图

【实验练习】从某制药厂生产的某种散剂中随机抽取 100 包称其重量（单位：克），数据见实验表 1－2，试进行频数分布分析。

实验表 1－2　100 包药的重量（克）

0.89	0.86	0.88	0.92	0.98	0.89	0.91	0.95	0.85	0.92
0.89	0.97	0.86	0.92	0.87	0.90	0.93	0.91	0.88	0.91
0.86	0.99	0.85	0.89	0.82	1.03	0.93	0.81	0.96	0.92
0.95	0.88	0.90	0.84	0.87	0.98	0.88	0.85	0.86	0.91
0.90	0.93	0.95	0.92	0.95	0.86	0.87	0.92	0.87	0.94
0.95	0.82	0.84	0.80	0.94	0.86	0.92	0.86	0.87	0.93
0.97	0.91	0.88	0.92	0.89	0.89	0.87	0.93	0.91	0.98
0.88	0.90	0.92	0.87	0.88	0.95	0.94	0.89	0.78	0.84
0.88	0.87	0.94	0.90	0.96	0.98	0.89	0.92	0.90	1.06
0.87	0.91	0.87	0.84	0.89	1.00	0.94	0.90	0.87	0.92

二、描述性统计分析

选择子菜单描述（Descriptives）可以计算描述变量集中趋势和离散趋势的各种统计量，以及对变量进行标准化变换。

【实验目的】掌握应用 SPSS 统计软件进行描述性统计分析。

【实验原理】同“一”中频数分布分析的原理。

【实验内容】

1. 实验示例

对“一”实验示例中的数据进行描述性统计分析。

2. 操作

（1）数据文件　同“频数分布分析”。

（2）操作步骤　选择菜单"分析（Analyze）→描述统计（Descriptive Statistics）→描述（Descriptives）"，弹出"描述（Descriptives）"主对话框（见实验图1－8），将变量舒张压送入右边的分析"变量（Variable（s））"框内，选中将标准化得分另存为变量（Z），单击"选项（Options）"按钮，弹出的对话框中统计量的解释与实验图1－3相同，可以选择要计算的统计量，设置完毕单击继续、确定得输出结果。

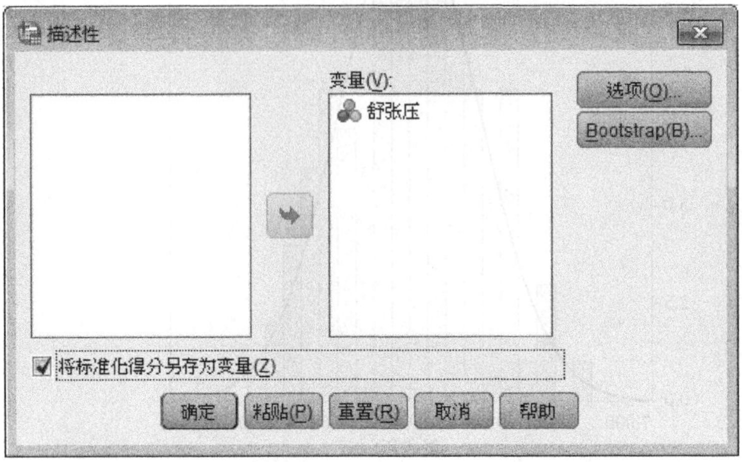

实验图1－8　描述性（Descriptive Statistics）对话框

3. 结果分析

主要输出结果与频率分布分析的输出结果相同，唯一不同的是描述过程可将变量标准化值（Z分数）作为新变量保存在原数据文件中，以便后面使用，新变量名是在原变量名前加"Z"。Z分数的计算公式为 $Z_i = (x_i - \bar{x})/s$，其中 x_i 为原变量值，$\bar{x}$ 和 s 分别为该变量均数和标准差。

【实验练习】同实验一的练习题。

三、探索性分析

选择子菜单探索（Explore）可以进行正态性检验和方差齐性检验，可以判断数据有无离群值（Outliers）、极端值（Extreme values），可以计算统计量和绘制统计图。

【实验目的】掌握应用SPSS统计软件进行探索性分析。

【实验原理】集中趋势、离散程度和总体形态分布原理同前。探索性分析过程中的正态性检验可用图示法和计算法来研究。图示法包括概率图（Probability－probability Polt，P－P图）与去势的正态P－P图、分位数图（Quantile－quantile Polt，Q－Q图）与去势的正态Q－Q图、直方图（Histogram Polt）、箱图（Box Plot）和茎叶图（Stem－and－Leaf Polt）等。其中，P－P图是以样本的累计频率为横坐标，以按照正态分布计算的相应累计概率为纵坐标，把样本数值表现为直角坐标系中的散点；去势的正态P－P图，即累计概率的残差图。如果资料服从正态分布，则P－P图呈现样本点围绕第一象限的对角线分布，去势的正态P－P图呈现残差基本在 $Y=0$ 上下均匀分布。Q－Q图则是以样本的分位数（P_x）为横坐标，以按照正态分布计算的相应分位数为纵坐标，把样本数值表现为直角坐标系中的散点；去势的正态Q－Q图，即分位数的残差图。如果资料服从正态分布，则 Q－Q 图样呈现本点围绕第一象限的对角线分布，去势的正态 Q－Q图呈现残差基本在 $Y=0$ 上下均匀分布。这两种方法以 Q－Q 图法的效率较高。计算法一类对偏度、峰度只用一个指标综合检验，有 W 法、D 法等，其中 W 法检验效率高；另一类是对两者各用一个指标检验，常用动差法亦称矩法。此外，拟合优度 χ^2 检验也可以用于正态性检验。

【实验内容】

1. 实验示例

分别测得 12 名健康人和 10 名Ⅲ度肺气肿病人痰中 α_1 抗胰蛋白酶含量，如实验表 1－3 所示，试对健康人与肺气肿病人 α_1 抗胰蛋白酶含量用探索性分析进行正态检验和方差齐性检验。

实验表 1－3　健康人与Ⅲ度肺气肿病人痰中 α_1 抗胰蛋白酶含量（g/L）

编号	1	2	3	4	5	6	7	8	9	10	11	12
健康人	2.7	2.2	4.1	4.3	2.6	1.9	1.7	0.6	1.9	1.3	1.5	1.7
肺气肿病人	3.6	3.4	3.7	5.4	0.9	7.2	4.7	0.6	5.8	5.6		

2. 操作

（1）数据文件　将实验表 1－3 中数据建成 22 行 2 列的 SPSS 数据文件如实验图 1－9，分组变量用 n 表示，变量值标签用 1、2 分组，x 表示 α_1 抗胰蛋白酶含量。

（2）操作步骤　选择菜单“分析（Analyze）→描述统计（Descriptive Statistics）→探索（Explore）”，弹出“探索（Explore）”主对话框见实验图 1－10，将变量 x 送入右边的“因变量列表框（Dependent List）”内，将分组变量 n 送入右边的“因素列表（Factor List）”框内，标注“个案（Label Cases by）”框中应选入对观察进行标记的变量，本例无。

左下角的输出下有 3 个选项，两者都：统计量与统计图形都输出，是系统默认值；统计量：只输出统计量；图：只输出统计图形。单击“统计量（Statistics）”按钮，弹出“统计量（Statistics）”对话框（见实验图 1－11），用于设置需要在输出结果中出现的统计量。

单击“绘制（Plots）”按钮，弹出“图（Plots）”对话框见实验图 1－12。选择“带检验的正态图（Normality plots with tests）”选项进行正态性检验；对于方差齐性检验，应先选“未转换（Untransformed）”，不齐再选“幂估计（Power estimation）”，或选“已转换（Transforme）”，对变量进行变换后再作方差齐性检验。

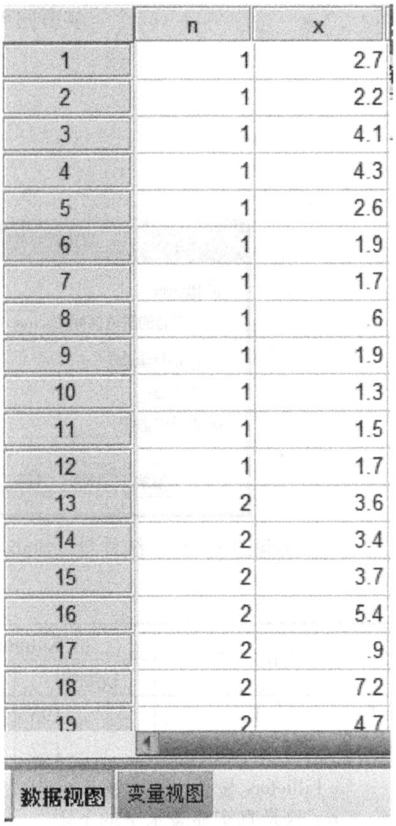
n
x
1 1 2.7
2 1 2.2
3 1 4.1
4 1 4.3
5 1 2.6
6 1 1.9
7 1 1.7
8 1 .6
9 1 1.9
10 1 1.3
11 1 1.5
12 1 1.7
13 2 3.6
14 2 3.4
15 2 3.7
16 2 5.4
17 2 .9
18 2 7.2
19 2 4.7
数据视图
变量视图

实验图 1－9　数据格式

3. 结果分析

输出结果如实验图 1 – 13 是各组正态性检验结果，其中 Sig. （significance level） 即 P 值。给出 Kolmogorov – Smirnov 统计量和 Shapiro – Wilk 统计量，样本容量 $n \leqslant 50$ 时，选择 Shapiro – Wilk 统计量。一般 $P \leqslant 0.05$ 时，不服从正态分布。本例选择 Shapiro – Wilk 统计量，两组的 P 分别为 $P = 0.188 > 0.05$ 和 $P = 0.503 > 0.05$，均服从正态分布。

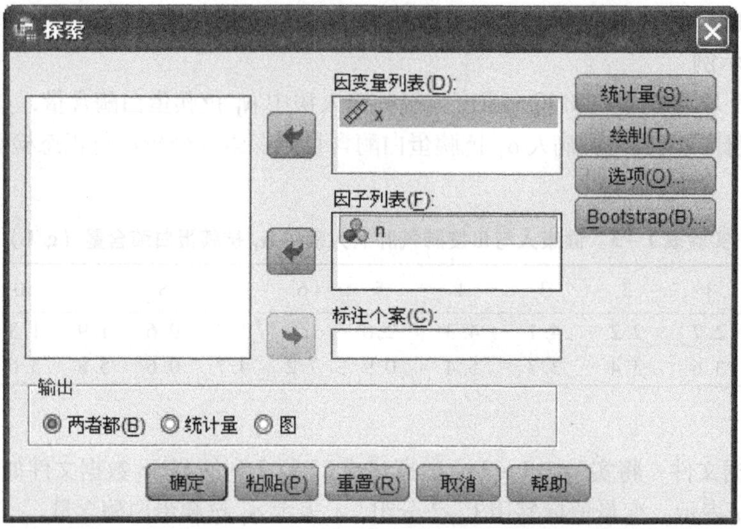

实验图 1 – 10　探索（Explore）主对话框

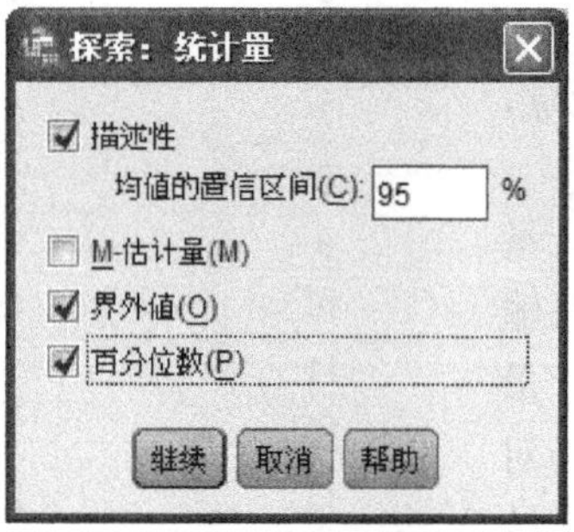

实验图 1 – 11　统计量（Statistics）对话框

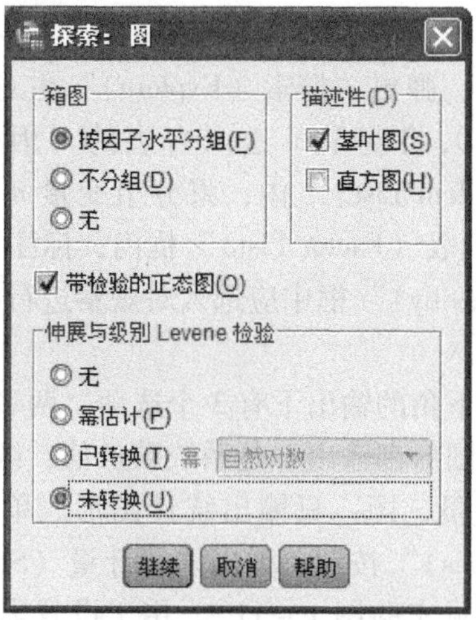

实验图 1 – 12　图对话框

正态性检验

n		Kolmogorov – Smirnov[a]			Shapiro – Wilk		
		统计量	df	Sig.	统计量	df	Sig.
x	1	.195	12	.200*	.906	12	.188
	2	.172	10	.200*	.935	10	.503

a. Lilliefors 显著水平修正

*. 这是真实显著水平的下限

实验图 1 – 13　正态性检验结果

实验图 1－14 是 Levene 方差齐性检验结果，给出了计算 Levene 统计量的 4 种算法：基于均数、基于中位数、基于调整自由度的中位数及基于调整均数（将最大和最小的各 5% 的变量值去掉后计算得的均数）。本例基于均数的 $P=0.052>0.05$，可以认为两组的方差是齐性。

方差齐性检验

		Levene 统计量	df1	df2	Sig.
x	基于均值	4.256	1	20	.052
	基于中值	4.274	1	20	.052
	基于中值和带有调整后的 df	4.274	1	17.342	.054
	基于修整均值	4.286	1	20	.052

实验图 1－14　方差齐性检验结果

注意：在后面讲到的 t 检验和方差分析中也可以进行方差齐性检验。

【实验练习】 某医生随机抽取正常人和脑病患者各 10 例，测定尿中类固醇排出量（mg/dL），结果如实验表 1－4，试对正常人和脑病患者尿中类固醇排出量用探索性分析进行正态检验和方差齐性检验。

实验表 1－4　尿中类固醇排出量

分组	尿中类固醇排出量（mg/dL）									
正常人	2.90	5.41	5.48	4.60	4.03	5.10	4.97	4.24	4.37	3.05
脑病患者	5.28	8.79	3.84	6.46	3.79	6.64	5.89	4.57	7.71	6.02

实验二　连续型变量统计分析

对于连续型变量可以根据变量（样本）的个数分成单组、两组和多组。对于其检验分别用单个总体 t 检验、两个总体 t 检验和方差分析来解决。SPSS 提供的比较均数（Compare Means）模块可以完成其统计分析。

一、单个总体 t 检验

【实验目的】 掌握应用 SPSS 统计软件进行单个总体 t 检验的统计分析方法。

【实验原理】 t 检验是以 t 分布为理论依据的假设检验方法，常用于正态总体样本资料的均数比较。单个总体 t 检验是样本均数与已知总体均数比较的 t 检验，要求原始数据是一组服从正态分布的定量观测数据，原假设为 H_0：$\mu=\mu_0$，μ_0 一般为理论值、标准值或经过大量观察所得的稳定值。其统计量公式为：

$$t=\frac{\bar{x}-\mu}{s/\sqrt{n}} \qquad \text{（实验 2－1）}$$

如果 $|t| \geq t_{\alpha}$，则有 $P < \alpha$，则拒绝 H_0，接受 H_1，差异有统计学意义，如果 $|t| < t_{\alpha}$，则有 $P > \alpha$，则不拒绝 H_0，差异无统计学意义。

【实验内容】

1. 实验示例

已知一般无肝肾疾患的健康人群血尿素氮均值为 4.882（mmol/L），10 名脂肪肝患者的血尿素氮（mmol/L）测定值分别为 6.24、4.26、5.36、8.13、6.96、11.8、5.74、4.37、5.18、8.68。问脂肪肝患者血尿素氮含量是否与健康人有差别？

	血尿素氮
1	6.24
2	4.26
3	5.36
4	8.13
5	6.96
6	11.80
7	5.74
8	4.37
9	5.18
10	8.68

实验图 2－1　实验示例数据格式

2. 操作

（1）数据文件　这是单组计量资料分析，H_0：$\mu = 4.882$，H_1：$\mu \neq = 4.882$。以血尿素氮为变量名，将原始数据建立为 10 行 1 列的数据文件如实验图 2－1。

（2）操作步骤

1）用探索性分析过程进行正态性检验　选择菜单“分析（Analyze）→描述统计（Descriptive Statistics）→探索（Explore）”，在弹出的“探索（Explore）”对话框中，将血尿素氮送入“因变量框（Dependent List）”中；单击“绘制（Plots）”按钮，在弹出的“图形（Plots）”对话框中选中“带检验的正态图（Normality）”，单击“继续（Continue）”，单击“确定（OK）”。

正态性检验结果由实验图 2－2 可知，$P = 0.184 > 0.05$，可认为血尿素氮服从正态分布。

正态性检验

	Kolmogorov－Smirnov[a]			Shapiro－Wilk		
	统计量	df	Sig.	统计量	df	Sig.
血尿素氮	.174	10	.200*	.893	10	.184

a. Lilliefors 显著水平修正

*. 这是真实显著水平的下限

实验图 2－2　正态性检验结果

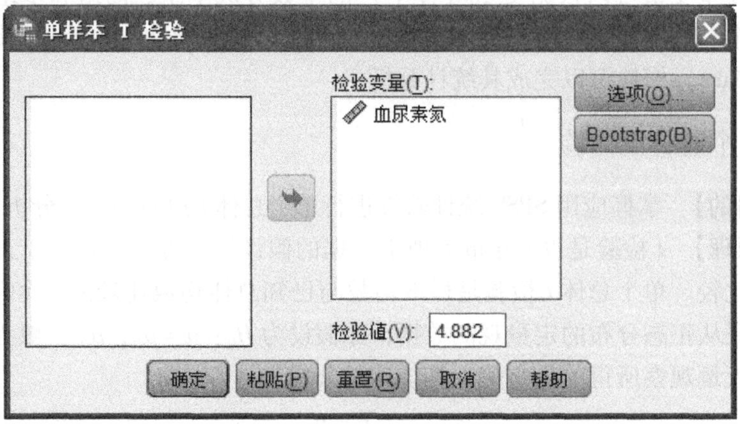

实验图 2－3　单样本 t 检验（One－Sample t Test）对话框

2）进行单样本 t 检验（One - Sample T Test）　选择菜单"分析（Analyze）→比较均值（Compare Means）→单样本 T 检验（One - Sample T Test）"，在弹出"单样本 T 检验（One - Sample T Test）"对话框中，选中血尿素氮，将其送入右边的"检验变量（test）"框中；在下面的"检验值（Test Value）"对话框中改系统默认值 0 为 4.882，如实验图 2 -3 所示；单击"确定（OK）"。

3. 结果分析

主要输出结果如实验图 2 -4，统计量 $t=2.434$，双侧概率 $P=0.038<0.05$，按 $\alpha=0.05$ 水准拒绝 H_0，差异有统计学意义，可以认为脂肪肝患者血尿素氮含量与健康人有显著性差异。样本均值 =6.672 >4.882，可以认为脂肪肝患者血尿素氮含量高于健康人。

单个样本检验

	检验值 =4.882					
	t	df	Sig.（双侧）	均值差值	差分的 95% 置信区间	
					下限	上限
血尿素氧	2.434	9	.038	1.79000	.1267	3.4533

实验图 2 -4　单样本 t 检验的计算结果

也可用置信区间推断，由于差分的 95% 置信区间为（0.1267，3.4533），不含 0（如果 H_0：$\mu=\mu_0$，成立，则差分的均数应为 0），所以，按 $\alpha=0.05$ 水准拒绝 H_0，可以认为脂肪肝患者血尿素氮含量与健康人有差别。

【实验练习】

1. 某药物研究所，对野生人参与栽培人参进行比较，选用的指标为人参中人参皂苷的含量（%）。已知一般野生人参皂苷的含量为 2.56。栽培人参测量了 8 个样品，数据如下：2.54，2.23，2.09，2.34，1.99，2.43，2.71，2.45。试问野生人参与栽培人参皂苷的含量是否有显著性差异。

2. 某中药厂用旧设备生产的六味地黄丸，丸重的均数是 8.9 克，更新设备后，从所生产的产品中随机抽取 9 丸，其重量为：9.2，10.0，9.6，9.8，8.6，10.3，9.9，9.1，8.9。问设备更新后生产的丸药的平均重量有无变化？

二、两个总体配对样本 t 检验

【实验目的】 掌握应用 SPSS 统计软件进行两个总体配对样本 t 检验的统计分析方法。

【实验原理】 配对 t 检验是将配对的两组相关资料转化为单组差值资料，适用于配对设计，要求成对数据的差值 d 服从正态分布。差值 d 不服从正态分布，应该选择非参数检验。检验原假设为 H_0：$\mu_d=0$，μ_d 为差值总体均数，其统计量公式为：

$$t=\frac{\bar{d}-\mu_d}{s_d/\sqrt{n}} \qquad \text{（实验 2 -2）}$$

【实验内容】

1. 实验示例

对 12 份血清分别用原方法（检测时间 20 分钟）和新方法（检测时间 10 分钟）测谷 - 丙转氨酶（nmol · S^{-1}/L），结果见实验表 2 -1，问两法所得结果有无差别？

实验表 2-1　12 份血清的谷-丙转氨酶

编号	1	2	3	4	5	6	7	8	9	10	11	12
原法	60	142	195	80	242	220	190	25	212	38	236	95
新法	80	152	243	82	240	220	205	38	243	44	200	100

2. 操作

（1）数据文件　这是配对资料，H_0：$\mu_d=0$，H_1：$\mu_d\neq 0$。以原法和新法为变量名，将原始数据建立为 12 行 2 列的配对格式数据文件如实验图 2-5。

	原法	新法
1	60.00	80.00
2	142.00	152.00
3	195.00	243.00
4	80.00	82.00
5	242.00	240.00
6	220.00	220.00
7	190.00	205.00
8	25.00	38.00
9	212.00	243.00
10	38.00	44.00
11	236.00	200.00
12	95.00	100.00

实验图 2-5　实验示例数据格式

（2）操作步骤

1）计算差值 d　选择菜单"转换（Transform）→计算变量（Compute Variable）"，在"目标变量框（Target Variable）"中输入 d；选中原法，将其送入"数学表达式（Numeric expression）"框中，单击运算键中的"-"，选中新法，将其送入数学表达式框中；单击确定，数据文件中增加新变量 d。

2）对差值 d 进行正态性检验　步骤如前。计算出的 Shapiro-Wilk 统计量，$P=0.392>0.05$，可认为配对差 d 服从正态分布。

3）进行配对 t 检验　选择菜单"分析（Analyze）→比较均数（Compare Means）→配对样本 T 检验（Paired-Sample T Test）"，弹出"配对样本 T 检验（Paired-Sample T Test）"对话框如实验图 2-6，左边框中选中变量原法将其送入"成对变量（Paired Variables）"框中的 Variable1 框下；同理将变量新法送入 Variable2 变量框下。单击"确定（OK）"。

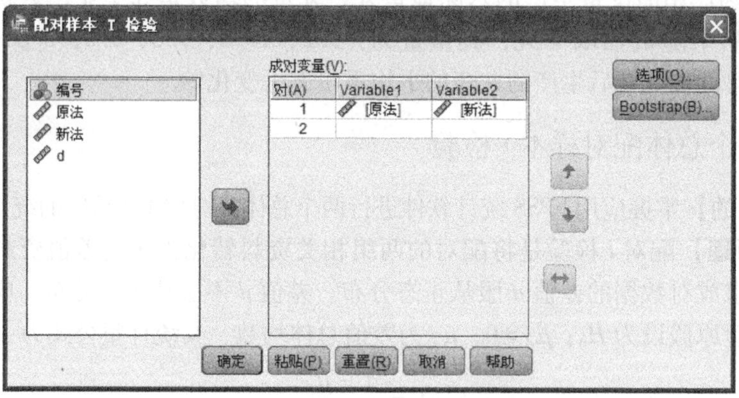

实验图 2-6　配对样本 t 检验（Paired-Sample t Test）对话框

3. 结果分析

主要输出结果如实验图 2-7，统计量 $t=-1.602$，双侧概率 $P=0.137>0.05$，按 $\alpha=0.05$ 水准不拒绝 H_0，差异无统计学意义，还不能认为两法测谷-丙转氨酶结果有差别。

成对样本检验

	成对差分					t	df	Sig.（双侧）
	均值	标准差	均值的标准误	差分的95%置信区间				
				下限	上限			
对1 原法·新法	-9.33333	20.17800	5.82489	-22.15382	3.48715	-1.602	11	.137

实验图 2-7 配对样本 t 检验（Paired-Sample t Test）计算结果

【实验练习】

1. 为考察中药眼伤宁对家兔角膜伤口愈合所起的作用，测得造模兔用药前及用药后两月的角膜厚度值（mm）如实验表 2-2 所示，判断眼伤宁对促进角膜伤口愈合有无作用。

实验表 2-2 造模兔使用眼伤宁前后的角膜厚度值（mm）

造模兔编号	1	2	3	4	5	6	7	8	9	10
用药前	0.74	0.74	0.72	0.72	0.76	0.72	0.72	0.76	0.64	0.68
用药后两月	0.56	0.58	0.58	0.58	0.56	0.60	0.60	0.60	0.58	0.60

2. 从 8 窝大鼠的每窝中选出同性别、体重相近的 2 只，分别喂以水解蛋白和酪蛋白饲料，4 周后测定其体重增加量，结果如实验表 2-3，问两种饲料对大鼠体重的增加量有无显著性影响？

实验表 2-3 大鼠体重的增加量

窝别号	1	2	3	4	5	6	7	8
含酪蛋白饲料组	82	66	74	78	82	76	73	90
含水解蛋白饲料组	15	28	29	28	24	38	21	37

三、两个总体独立样本 t 检验

【实验目的】 掌握应用 SPSS 统计软件进行两个总体独立样本 t 检验的统计分析方法。

【实验原理】 完全随机设计两组试验资料的分析，一般用成组 t 检验，推断两总体均数是否相等。要求两样本相互独立，总体均服从正态分布。

在两组均正态的条件下，满足方差齐性，用成组 t 检验（参数检验），统计量的计算公式为：

$$t = \frac{(\overline{X} - \overline{Y}) - (\mu_1 - \mu_2)}{S_\omega \sqrt{\frac{1}{n_1} + \frac{1}{n_2}}} \qquad (实验 2-3)$$

$$S_\omega^2 = \frac{(n_1 - 1)S_1^2 + (n_2 - 1)S_2^2}{n_1 + n_2 - 2} \qquad (实验 2-4)$$

当不满足方差齐性，可用 t' 检验，统计量计算公式为：

$$t' = \frac{(\overline{X} - \overline{Y}) - (\mu_1 - \mu_2)}{\sqrt{\frac{S_1^2}{n_1} + \frac{S_2^2}{n_2}}} \qquad (实验 2-5)$$

在正态性不满足的条件下，应该选择非参数检验，也可利用适当的变量变换，使达到正态性和方差齐性，再用 t 检验。检验假设为 H_0：$\mu_1=\mu_2$，H_1：$\mu_1\neq\mu_2$。

【实验内容】

1. 实验示例

某医生随机抽取正常人和脑病患者各 10 例，测定尿中类固醇排出量，结果如实验表 2－4 所示，问正常人和脑病患者尿中类固醇排出量是否有差异？

实验表 2－4　尿中类固醇排出量值

分组	尿中类固醇排出量值									
正常人	2.90	5.41	5.48	4.60	4.03	5.10	4.97	4.24	4.37	3.05
脑病患者	5.28	8.97	3.84	6.46	3.79	6.64	5.89	4.57	7.71	6.02

2. 操作

（1）数据文件　这是成组资料，建立成组格式的数据文件。以 g 表示分组变量（标签值：1＝"正常人"、2＝"脑病患者"），以 x 表示尿中类固醇排出量，将原始数据建立 2 列 20 行的数据文件，如实验图 2－8。

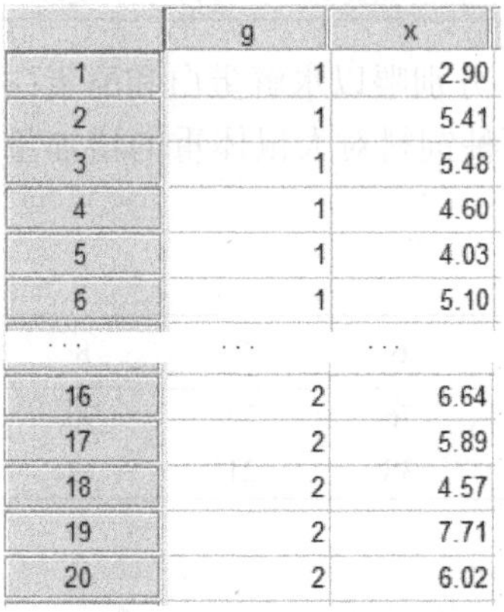

	g	x
1	1	2.90
2	1	5.41
3	1	5.48
4	1	4.60
5	1	4.03
6	1	5.10
…	…	…
16	2	6.64
17	2	5.89
18	2	4.57
19	2	7.71
20	2	6.02

实验图 2－8　数据格式

（2）操作步骤

1）对两组数据进行正态性检验步骤如前。

2）进行独立样本 t 检验选择菜单"分析（Analyze）→比较均数（Compare Means）→独立样本 T 检验（Independent－Samples T Test）"，在弹出"独立样本 T 检验（Independent－Samples T Test）"对话框见实验图 2－9 中，将 x 选入"检验变量（Test）"框中，将 g 选入"分组变量（Grouping）"框中；单击"定义组（Define Groups）"，在定义组对话框中，组 1、组 2 框中分别键入 1 和 2，单击"继续（Continue）"，返回主对话框；单击"确定（OK）"。

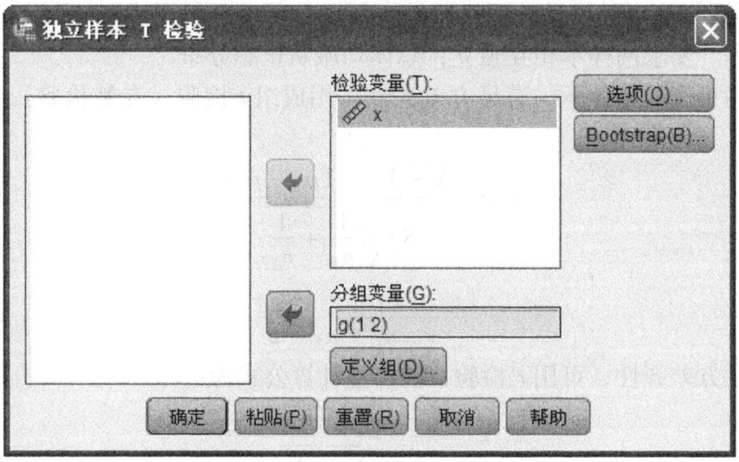

实验图 2－9　独立样本检验对话框

独立样本检验

	方差方程的 Levene 检验		均值方程的 t 检验						
	F	Sig.	t	df	Sig.（双侧）	均值差值	标准误差值	差分的 95% 置信区间 下限	上限
x　假设方差相等	2.356	.142	-2.531	18	.021	-1.50200	.59346	-2.74882	-.25518
假设方差不相等			-2.531	13.925	.024	-1.50200	.59346	-2.77550	-.22850

实验图 2-10　独立样本检验计算结果

3. 结果分析

主要输出结果如实验图 2-10。先看方差方程的 Levene 检验（Levene's Test for Equality of Variances），若 $P>0.05$，则选择假设方差相等（Equal variances assumed）的 t 检验结果；若 $P\leqslant0.05$，则选择假设方差不相等（Equal variances not assumed）的校正 t 检验结果。t 检验或校正 t 检验的 $P\leqslant0.05$ 时，认为两总体均数差异有统计学意义；$P>0.05$ 时，不能认为两总体均数差异有统计学意义。

本例方差齐性 Levene 检验的统计量 $F=2.356$，$P=0.142>0.05$，不能认为两组的总体方差不齐；$t=-2.531$，双侧 $P=0.021<0.05$，以 $\alpha=0.05$ 水准的双侧检验拒绝 H_0，两组的差异有统计意义。由 1 组（正常人）均数 $4.4150<2$ 组（脑病患者）均数 5.9170，可以认为脑病患者尿中类固醇排出量高于正常人。

【实验练习】

1. 测定功能性子宫出血症实热组与虚寒组的免疫功能，其淋巴细胞转化率如实验表 2-5 所示。比较实热组与虚寒组的淋巴细胞转化率均数是否不同。

实验表 2-5　实热组与虚寒组的免疫功能淋巴细胞转化率

实热	0.709	0.755	0.655	0.705	0.723					
虚寒	0.617	0.608	0.623	0.635	0.593	0.684	0.695	0.718	0.606	0.618

2. 为了观察中成药青黛明矾片对急性黄疸型肝炎的退黄效果，以单用输液保肝的患者作为对照进行临床试验，受试对象为黄疸指数在 30～50 间的成年患者，观测结果为退黄天数，假设退黄天数服从正态分布，数据如实验表 2-6。试比较两药的退黄天数有无显著性差别?

实验表 2-6　急性黄疸性肝炎患者的退黄天数

中药组	6	8	15	13	15	7	12	
对照组	20	21	22	23	22	22	25	20

四、单因素方差分析

【实验目的】 掌握应用 SPSS 统计软件进行单因素方差分析的统计分析方法。

【实验原理】 方差分析（Analysis of Variance，缩写为 ANOVA），其基本思想是通过对数据变异的分析，将全部观察值总的离均差平方和（即总变异）分解为两个或多个部分，即：

$$SS_{总} = SS_{误差} + SS_{处理} \quad （实验 2-6）$$

除随机误差外，其余每个部分的变异可由某些特定因素的处理加以解释。通过比较不同来源变异的方差（也叫均方），借助 F 检验做统计推断，从而判断某因素对观察指标有无影响，统计量的计算公式为：

$$F = \frac{SS_{处理}/f_{处理}}{SS_{误差}/f_{误差}} = \frac{S_A^2}{S_e^2} \sim F(r-1, N-r) \quad （实验 2-7）$$

根据试验设计的类型，对应相应方差分析方法。单因素方差分析通常用于完全随机设计的多个样本均数的比较，其检验假设为 H_0：各组总体均数完全相等；在拒绝 H_0 时，还要进行各组均数间的多重比较（Multiple Comparison），即对各个总体均数作进一步两两比较，其目的是判断哪些总体均数相等，哪些总体均数不相等，常用的方法有 q 检验法（Tukey HSD 法）和 S 检验法（Fisher LSD 法）等。

方差分析应用条件：①各样本是相互独立的随机样本；②各样本均来自正态分布总体；③各样本的总体方差相等，即具有方差齐性。在不满足正态性时可以用非参数检验，方差不齐时可以尝试通过数据变换，使其满足方差分析的应用条件。

对于完全随机试验的两个或多个样本均数比较，可用比较均值（Compare Means）过程中的单因素方差分析（One - Way ANOVA）来进行分析，亦可通过一般线性模型（General Linear Models）来完成。

【实验内容】

1. 实验示例

研究单味中药对小白鼠细胞免疫机能的影响，把 39 只小白鼠随机分为四组，雌雄尽量各半，用药 15 天后，进行 E - 玫瑰花结形成率（E - SFC）测定，结果如实验表 2 - 7。分析四种用药情况对小白鼠细胞免疫机能的影响是否相同。

实验表 2 - 7　不同中药对小白鼠 E - SFC 的影响

对照组	14	10	12	16	13	14	10	13	9	
淫羊藿组	35	27	33	29	31	40	35	30	28	36
党参组	21	24	18	17	22	19	18	23	20	18
黄芪组	24	20	22	18	17	21	18	22	19	23

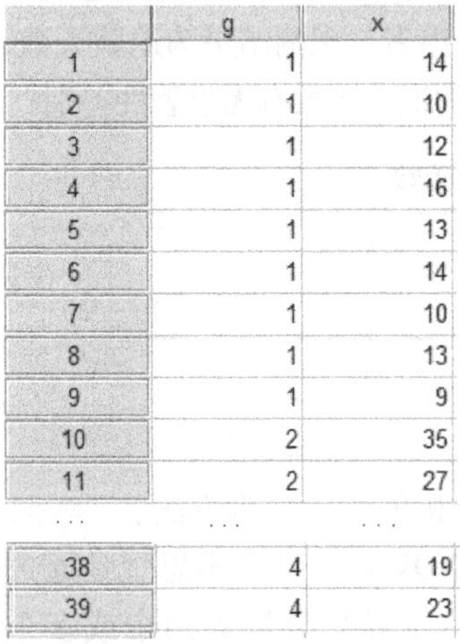

	g	x
1	1	14
2	1	10
3	1	12
4	1	16
5	1	13
6	1	14
7	1	10
8	1	13
9	1	9
10	2	35
11	2	27
…	…	…
38	4	19
39	4	23

实验图 2 - 11　数据文件

2. 操作

（1）数据文件　这是单因素方差分析。H_0：$\mu_1 = \mu_2 = \mu_3 = \mu_4$，即四组 E - 玫瑰花结形成率总体均数全相等。$H_1$：四组 E - 玫瑰花结形成率总体均数不全相等。以 g 代表分组变量，以 x 代表 E - 玫瑰结形成率，建立 2 列 39 行的数据成组格式的文件如实验图 2 - 11，其中分组变量 g 值标签：1 = "对照组"，2 = "淫羊藿组"，3 = "党参组"，4 = "黄芪组"。

（2）操作步骤

1）进行正态性检验　方法同前。

2）进行单因素方差分析　选择菜单"分析（Analyze）→比较均数（Compare Means）→单因素 ANOVA

(One－Way ANOVA)”，在弹出的“单因素方差分析（One－Way ANOVA)”主对话框中，将 x 选入“因变量列表（Dependent List)”框中，将 g 选入“因子（Factor)”框中，如实验图 2－12。

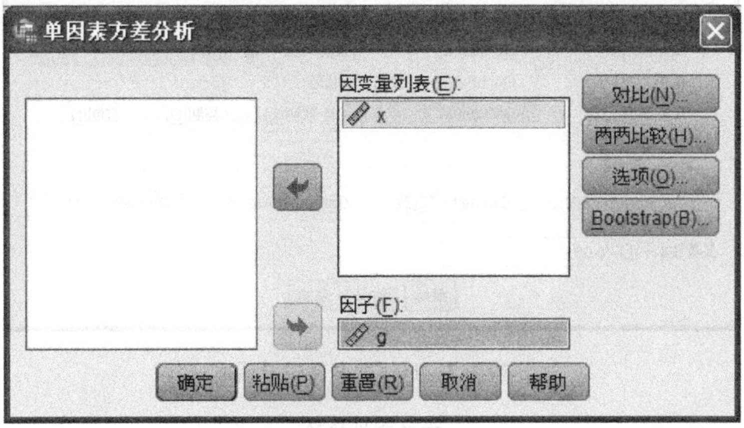

实验图 2－12 单因素方差分析（One－Way ANOVA）主对话框

单击“选项（Options)”按钮，弹出“选项（Options)”对话框，如实验图 2－13 所示，选中“描述性（Descriptive)、方差同质性检验（Homogeneity of variance test)、Brown－Forsythe（方差不齐的 Brown－Forsythe 近似方差分析)、Welch（方差不齐的 Welch 近似方差分析)”，单击“继续（Continue)”，返回“单因素方差分析（One－Way ANOVA)”主对话框。

实验图 2－13 选项（Options）对话框

单击“两两比较（Post Hoc)”按钮，弹出“两两比较（Post Hoc Multiple Comparisons)”对话框，如实验图 2－14 所示，可以选中一种或多种多重比较的方法。本例选中了 LSD、S－N－K、Dunnett（对照组选第一组：在“控制类别（Control Category)”的下拉式列表框中选择“第一个（First)”）三种方法。单击“继续（Continue)”，返回“单因素方差分析（One－Way ANOVA)”主对话框。单击“确定（OK)”，完成完全随机设计的方差分析，主要输出结果如实验图 2－15 至实验图 2－18 所示。

3. 结果分析

（1）方差齐性检验 见实验图 2－15，Levene 统计量 $=2.601$，$P=0.067>0.05$，不能认为四组方差不齐。

（2）方差分析 当各样本的总体方差相等，即具有方差齐性时，从基于方差齐性的方差分析结果中读取 F 值和 P 值；当方差不齐时，从基于方差不齐的近似方差分析结果中读取 F 值和 P 值。本例具有方差齐性，由实验图 2－16 得，$F=77.789$，$P=0.000<0.01$，拒绝 H_0，可以认为四组的 E－玫瑰花结形成率不全相等。

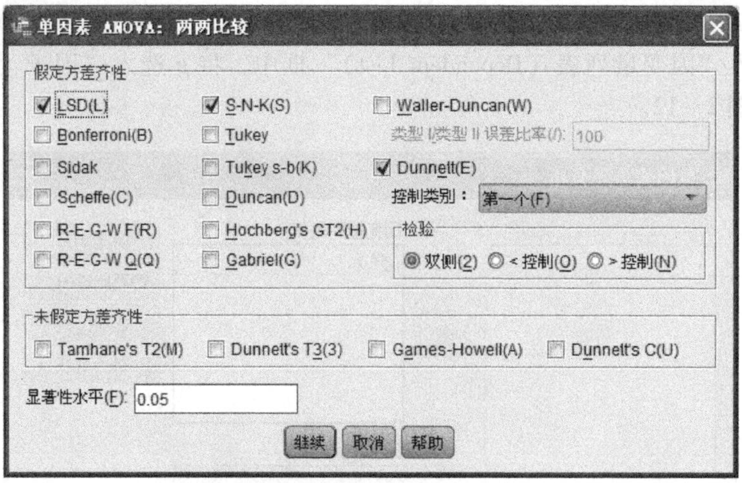

实验图 2－14　两两比较对话框

x　　**方差齐性检验**

Levene 统计量	df1	df2	显著性
2.601	3	35	.067

实验图 2－15　方差齐性检验结果

x　　**单因素方差分析**

	平方和	df	均方	F	显著性
组间	1978.944	3	659.648	77.789	.000
组内	296.800	35	8.480		
总数	2275.744	38			

实验图 2－16　基于方差齐性的方差分析结果

（3）多重比较　实验图 2－17 是 LSD 法和 Dunnett 法进行多重比较的结果。LSD 法结果中给出了各个总体均数两两比较的结果，只有党参组与黄芪组比较 $P=0.726>0.05$，均数差（Mean Difference）栏中没有标记“＊”，差异无统计学意义；其他两两比较 P 值都为 0.000，在均数差（Mean Difference）栏中均标记有“＊”，差异均有统计学意义。由均值差的符号可以得出，对照组的 E－玫瑰花结形成率最低，淫羊藿组最高。

Dunnett 法用于多个处理组和一个对照组的比较，实验图 2－17 中 Dunnett 法给出了淫羊藿组、党参组、黄芪组分别与对照组比较的结果，读法与前一样。

实验图 2－18 是 SNK 法多重比较结果。SNK 法检验结果将差异无统计学意义的比较组列在同一列中，如本例，党参组与黄芪组列在同一列，表示两组间差异无统计学意义（$P=0.726$）；除去差异无统计学意义的比较组外，其他比较组之间差异均有统计学意义，对照组与淫羊藿组、党参组、黄芪组均有统计学意义，可以认为单味中药的 E－玫瑰花结形成率均与对照组不同，淫羊藿组与党参组、黄芪组均有统计学意义，可以认为淫羊藿组的 E－玫瑰花结形成率高于党参组、黄芪组。

多重比较

因变量：x

	(I) q	(J) q	均差值 (I-J)	标准误	显著性	95%置信区间	
						下限	上限
LSD	1.00	2.00	-20.06667*	1.33799	.000	-22.7829	-17.3504
		3.00	-7.66667*	1.33799	.000	-10.3829	-4.9504
		4.00	-8.06667*	1.33799	.000	-10.7829	-5.3504
	2.00	1.00	20.06667*	1.33799	.000	17.3504	22.7829
		3.00	12.40000*	1.30231	.000	9.7562	15.0438
		4.00	12.00000*	1.30231	.000	9.3562	14.6438
	3.00	1.00	7.66667*	1.33799	.000	4.9504	10.3829
		2.00	-12.40000*	1.30231	.000	-15.0438	-9.7562
		4.00	-.40000	1.30231	.761	-3.0438	2.2438
	4.00	1.00	8.06667*	1.33799	.000	5.3504	10.7829
		2.00	-12.00000*	1.30231	.000	-14.6438	-9.3562
		3.00	.40000	1.30231	.761	-2.2438	3.0438
Dunnett t (双侧)[b]	2.00	1.00	20.06667*	1.33799	.000	16.7894	23.3439
	3.00	1.00	7.66667*	1.33799	.000	4.3894	10.9439
	4.00	1.00	8.06667*	1.33799	.000	4.7894	11.3439

*. 均值差的显著性水平为0.05

b. Dunnett *t* 检验将一个组视为一个控制组，并将其与所有其他组进行比较

实验图2-17　LSD法和Dunnett法多重比较结果

x

	q	N	alpha = 0.05 的子集		
			1	2	3
Student - Newman - keuls[a, b]	1.00	9	12.3333		
	3.00	10		20.0000	
	4.00	10		20.4000	
	2.00	10			32.4000
	显著性		1.000	.764	1.000

将显示同类子集中的组均值

a. 将使用调和均值样本大小 = 9.730

b. 组大小不相等。将使用组大小的调和均值。将不保证 I 类错误级别

实验图2-18　SNK法多重比较结果

【实验练习】

1. 测定不同血型男子的血红蛋白含量（g/L）如表2-8，问不同血型男子的血红蛋白的含量是否不同?

实验表 2-8 不同血型男子的血红蛋白含量

分组	不同血型男子的血红蛋白含量（g/L）							
A 型	105	141	132	106	110	140	111	128
B 型	135	142	145	150	120	119	110	
C 型	131	120	143	151	115	140	141	136
D 型	101	145	151	148	130	140		

2. 将 32 只接种肿瘤的小白鼠，给予不同剂量的三菱莪术注射液，半月后称量瘤重，数据见实验表 2-9，表中Ⅰ组为接种后不加任何处理，Ⅱ组、Ⅲ组、Ⅳ组分别为接种后注射 0.5mL、1.0mL 和 1.5mL 三菱莪术液，试比较各组瘤重间有无差别？

实验表 2-9 不同剂量的三菱莪术注射液实验后的小鼠瘤重

分组	三菱莪术注射液抑癌实验的小鼠瘤重（g）							
Ⅰ组	3.6	4.5	4.2	4.4	3.7	5.6	7.0	4.1
Ⅱ组	3.0	2.3	2.4	1.1	4.0	3.7	2.7	1.9
Ⅲ组	0.4	1.7	2.3	4.5	3.6	1.3	3.2	2.1
Ⅳ组	3.3	1.2	0.0	2.7	3.0	3.2	0.6	1.4

五、两因素方差分析

【实验目的】 掌握应用 SPSS 统计软件进行两因素方差分析的统计分析方法。

【实验原理】 两因素方差分析可以用来分析两个因素的不同水平对结果是否有显著影响，以及两因素之间是否存在交互效应。如果两个因素对试验结果的影响是相互独立的，分别判断行因素和列因素对试验数据的影响，这时的双因素方差分析称为无交互作用的两因素方差分析或无重复两因素方差分析。其分析基本步骤与单因素方差分析相同，只是变异的分解式不同，$SS_{总} = SS_A + SS_B + SS_e$，利用 F 检验，通过因素均方与误差均方的比，分别讨论 A、B 对试验结果的影响。

两因素方差分析使用一般线性模型（General Linear Models）过程中单变量分析（Univariate）模块来进行。

【实验内容】

1. 实验示例

为了考察蒸馏水的硫酸铜溶液浓度和 pH 值对血清中白蛋白与球蛋白化验结果的影响，对蒸馏水的硫酸铜浓度取了 3 个不同的水平，对蒸馏水的 pH 值取了 4 个不同水平，在不同水平的组合下各作一次试验，其结果见实验表 2-10，请检验硫酸铜浓度和 pH 值的不同水平对化验结果的影响有无显著差异？

实验表 2-10 血清中白蛋白与球蛋白化验结果

硫酸铜浓度（A）	pH 值（B）			
	B_1	B_2	B_3	B_4
A_1	3.5	2.6	2.0	1.4
A_2	2.3	2.0	1.5	0.8
A_3	2.0	2.9	1.2	0.3

2. 操作

（1）数据文件　硫酸铜浓度 A 因素有 3 个水平，蒸馏水的 pH 值 B 因素有 4 个不同水平。以 A 因素、B 因素和蛋白含量 y 为变量名，建立 3 列 12 行的数据文件如图 2－19 所示。

	A因素	因素B	蛋白含量y
1	1	1	3.5
2	1	2	2.6
3	1	3	2.0
4	1	4	1.4
5	2	1	2.3
6	2	2	2.0
7	2	3	1.5
8	2	4	.8
9	3	1	2.0
10	3	2	2.9
11	3	3	1.2
12	3	4	.3

实验图 2－19　数据格式

（2）操作步骤　选择菜单“分析（Analyze）→一般线性模型（General Linear Models）→单变量（Univariate）”，弹出“单变量（Univariate）”主对话框，见实验图 2－20；将变量蛋白含量 y 送入“因变量（Dependent Variable）”框（只能选择一个因变量），将 A 因素、B 因素都选入“固定因子（Fixed）”框。

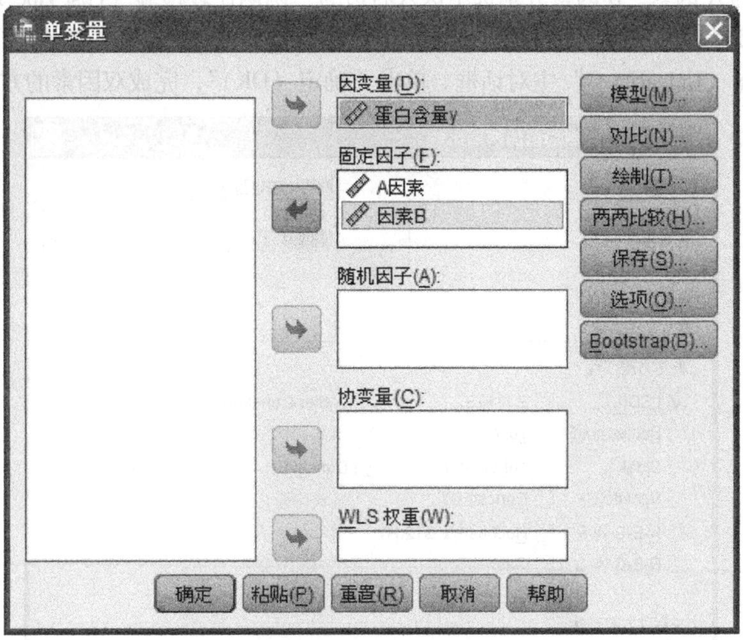

实验图 2－20　单变量（Univariate）主对话框

单击“模型（Model）”按钮，弹出“单变量：模型（Univariate Model）”对话框，选择“设定（Custom）”，在左边“因子与协变量（Factors & Covariates）”框中选中 A 因素，

将其送入右边“模型（Model）”框中，再选中B因素，也将其送入“模型（Model）”框中，见实验图2-21；单击“继续（Continue）”，返回“单变量（Univariate）”主对话框。

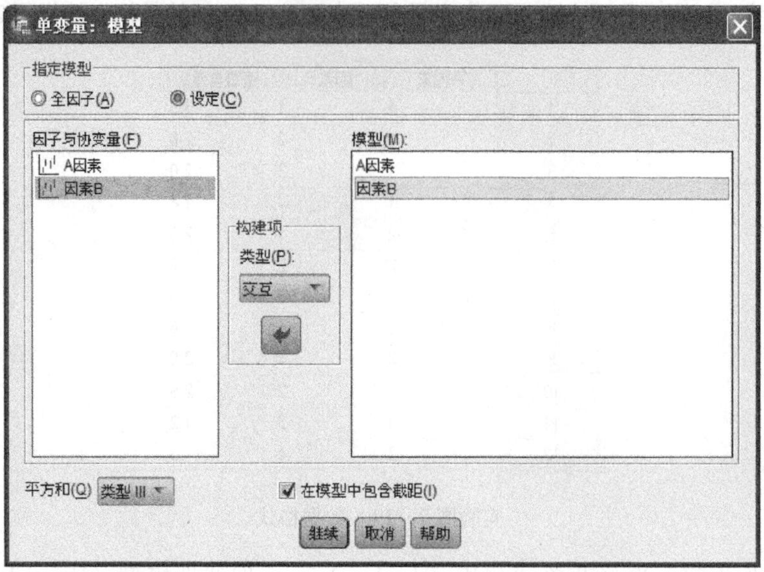

实验图2-21　单变量模型（Univariate Model）对话框

单击“两两比较（Post Hoc）”按钮，弹出如实验图2-22所示的“观测均值的两两比较（Post Hot Multiple Comparisons for Observed Means）”对话框。将左边“因子（Factor（s））”框中的A因素、B因素分别选中送入右边的“两两比较检验（Post Hoc Tests for）”框中，选择LSD（本例只选择一种两两间比较方法，可选择多种），单击“继续（Continue）”，返回“单变量（Univariate）”主对话框。单击“确定（OK）”，完成双因素的方差分析。

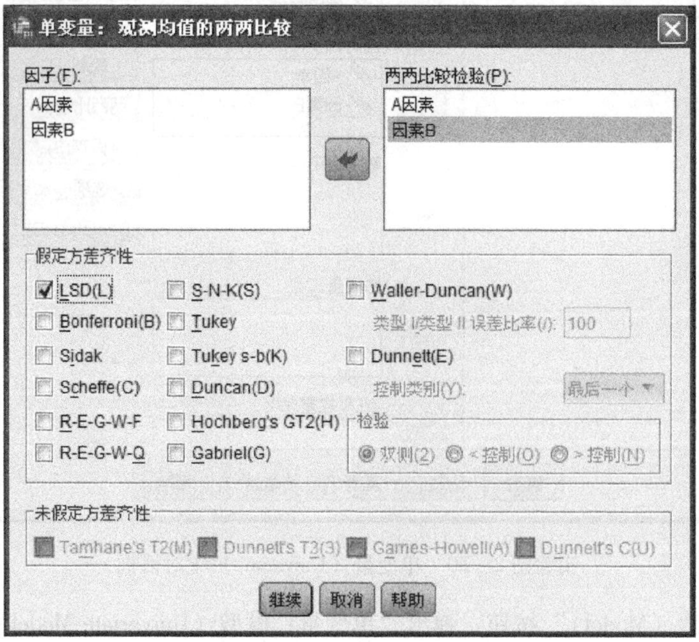

实验图2-22　多重比较对话框

3. 结果分析

方差分析检验结果见实验图 2-23，“主体间效应的检验（Test of Between - Subjects Effects）”的 $F=8.439$，$P=0.011<0.05$，所选模型有统计学意义，可以用来判断模型中因素的统计学意义。A 因素的 $F=4.074$，$P=0.076>0.05$，不拒绝对 A 因素的原假设 H_0，不能认为硫酸铜浓度总体均数不全相等；B 因素的 $F=11.349$，$P=0.007<0.01$，拒绝对 B 因素的假设 H_0，可以认为不同蒸馏水的 pH 值的总体均数不全相等。对 A 因素和 B 因素的多重比较同单因素方差分析类似，可参照分析。

主体间效应的检验

因变量蛋白含量 γ

源	Ⅲ型平方和		均方	F	Sig
校正模型	7.794[a]	5	1.559	8.439	.011
截距	42.188	1	42.188	228.383	.000
A 因素	1.505	2	.753	4.074	.076
B 因素	6.289	3	2.096	11.349	.007
误差	1.108	6	.185		
总计	51.090	12			
校正的总计	8.902	11			

a. R 方 =.876（调整 R 方 =.772）

实验图 2-23　方差分析结果

【实验练习】

1. 为控制年龄因素对治愈某病所需时间的影响，采用配伍组试验设计，选定 5 个年龄区组，每组 3 个病人，随机分配到 3 个治疗组（中西医结合、中医、西医），治愈所需天数如实验表 2-11，分析三种疗法治愈该病所需时间是否相等？不同年龄治愈天数的总体均数是否相等？

实验表 2-11　三个治疗组治愈天数

	中西医结合	中医	西医
20 以下	7	9	10
20 ~	8	9	10
30 ~	9	9	12
40 ~	10	9	12
50 及以下	11	12	14

2. 某农科所试验在水溶液中种植西红柿，采用了四种不同的水温和三种施肥方法。水温是：4℃、10℃、16℃、20℃。三种施肥方式是：B_1：一开始就给以全部可溶性的肥料；B_2：每两个月给以 1/2 的溶液；B_3：每月给以 1/4 的溶液。试验结果见实验表 2-12。问不同的水温和施肥的不同方式对西红柿亩产量是否有显著影响？

实验表 2－12　西红柿亩产量

水温（A）		施肥方式（B）		
		B_1	B_2	B_3
A_1	4℃	20	19	21
A_2	10℃	16	15	14
A_3	16℃	9	10	11
A_4	20℃	8	7	6

实验三　离散型变量统计分析

把研究对象按照属性进行分类就形成了列联表，即离散型资料，四格表和双向无序的列联表是其两种形式。SPSS 统计软件是通过描述统计（Descriptive Statistics）中的交叉表（Crosstabs）进行列联表分析。

一、四格表资料分析

【实验目的】 掌握应用 SPSS 统计软件进行四个表资料的统计分析方法。

【实验原理】 四格表即 2×2 列联表，又分为一般与配对两种情形，本节介绍一般四格表的χ^2 检验，主要是用来推断两个总体率或构成比之间有无差别，一般分为下面三种情况。

在总频数 $n\geqslant40$ 且所有理论频数 $E\geqslant5$ 时，用 Pearson χ^2 统计量，即：

$$\chi^2=\sum_{i=1}^{2}\sum_{j=1}^{2}\frac{(O_{ij}-E_{ij})^2}{E_{ij}} \qquad (实验\ 3-1)$$

在总频数 $n\geqslant40$ 且有理论频数 $1\leqslant E<5$ 时，用连续校正χ^2 统计量，即：

$$\chi_c^2=\sum_{i=1}^{2}\sum_{j=1}^{2}\frac{(|O_{ij}-E_{ij}|-0.5)^2}{E_{ij}} \qquad (实验\ 3-2)$$

在总频数 $n<40$ 或有理论频数 $E<1$ 时，用 Fisher 精确概率法检验，即：

$$P=\frac{O_{1.}!\times O_{2.}!\times O_{.1}!\times O_{.2}!}{O_{11}!\times O_{22}!\times O_{12}!\times O_{21}!\times n!} \qquad (实验\ 3-3)$$

【实验内容】

1. 实验示例

某医院研究抗凝剂对急性心肌梗死病人的治疗作用，采用完全随机设计，将 200 例患者随机分成两组，在常规治疗的基础上，甲组加用抗凝剂，乙组不用抗凝剂，结果如实验表 3－1，问两组治疗急性心肌梗死疗效有无不同？

实验表 3－1　两种治疗方法的治疗结果

处理	生存例数	死亡例数	合计	有效率（%）
用抗凝剂	77	23	100	77
不用抗凝剂	59	41	100	59
合计	136	64	200	68

2. 操作

（1）数据文件　这是一般四格表，H_0：$\pi_1=\pi_2$，即两组疗法总有效率相同。建立 3 列 4 行的数据文件，如实验图 3-1，其中行变量 r 表示组别，列变量 c 表示疗效，f 表示频数。

	r	c	f
1	1	1	77
2	1	2	23
3	2	1	59
4	2	2	41

实验图 3-1　数据文件

（2）操作步骤

1）指定频数变量　选择菜单“数据（Data）→加权个案（Weight cases）”，弹出“加权个案（Weight cases）”对话框。选中“加权个案（Weight cases by）”，在左边框中选中频数 f，并将其送入“频数变量（Frequency）”框中。单击“确定（OK）”，完成对频数变量 f 的加权。

2）进行 χ^2 检验　选择菜单“分析（Analyze）→描述统计（Descriptive Statistics）→交叉表（Crosstabs）”，弹出“交叉表（Crosstabs）”主对话框，见实验图 3-2。将组别 r 送入“行（Row（s））”框，将疗效 c 送入“列（Column（s））”框。

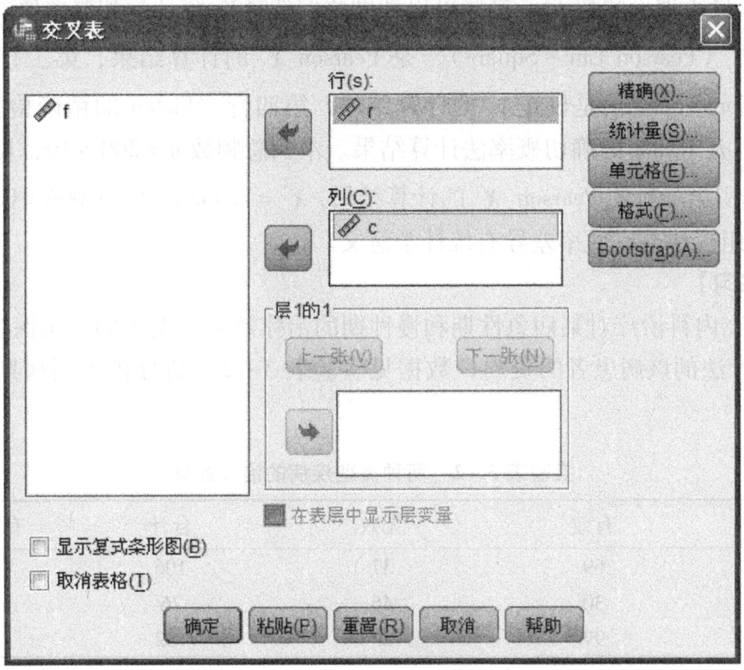

实验图 3-2　交叉表（Crosstabs）主对话框

单击“统计量（Statistics）”按钮，弹出“统计量（Statistics）”对话框，选中左上角的“卡方（Chi-square）”统计量；单击“继续（Continue）”，返回主对话框。

单击“单元格（Cells）”按钮，弹出“单元显示（Cell Display）”对话框，再选中“期望值（Expected）”和百分比中的“行（Row）”。单击“继续（Continue）”，返回主对话框。

单击“确定（OK）”，完成 χ^2 检验，主要输出结果如实验图 3-3。

卡方检验

	值	df	渐进 Sig.（双侧）	精确 Sig.（双侧）	精确 Sig.（单侧）
Pearson 卡方	7.445[a]	1	.006		
连续校正[b]	6.641	1	.010		
似然比	7.521	1	.006		
Fisher 的精确检验				.010	.005
线性和线性组合	7.408	1	.006		
有效案例中的 N	200				

a. 0 单元格（.0%）的期望计数少于 5。最小期望计数为 32.00

b. 仅对 2×2 表计算

实验图 3-3　检验结果

3. 结果分析

实验图 3-3 是本例χ^2 检验的输出结果。该表的下方提示本例有 0 个单元格的理论频数小于 5，最小理论频数 32，这些可以帮助我们选择χ^2 统计量和概率值。表中第一行"Pearson 卡方（Pearson Chi-Square）"是 Pearson χ^2 的计算结果，第二行"连续校正（Continuity Correction）"是校正χ^2 的计算结果，第四行"Fisher 的精确检验（Fisher's Exact Test）"是 Fisher 的确切概率法计算结果。本例总频数 $n=200>40$，且所有理论频数 >5，故选用第一行的 Pearson χ^2 的计算结果，$\chi^2=7.445$，$P=0.006<0.01$，拒绝原假设 H_0，两组疗法总有效率差异有统计学意义。

【实验练习】

1. 欲研究内科治疗对某病急性期和慢性期的治疗效果有无不同，某医生收集了 182 例采用内科疗法的该病患者的资料，数据见实验表 3-2。请分析不同病期的总体有效率有无差别？

实验表 3-2　两种类型疾病的治疗效果

组别	有效	无效	合计	有效率（%）
急性期	69	37	106	65.1
慢性期	30	46	76	39.5
合计	99	83	182	54.4

2. 某医院用黄芪注射液和胎盘球蛋白进行穴位注射，防治小儿支气管哮喘，结果如实验表 3-3，比较两药有效率有无差别？

实验表 3-3　黄芪注射液和胎盘球蛋白治疗结果

组别	有效	无效	合计	有效率（%）
黄芪组	83	9	92	90.22
胎球组	58	2	60	96.67
合计	141	11	152	92.76

二、$R\times C$ 列联表资料分析

【实验目的】 掌握应用 SPSS 统计软件进行 $R\times C$ 列联表资料的统计分析方法。

【实验原理】 当列联表的行数或列数大于 2 时，通常称为行 × 列表，也称 $R\times C$ 表，双向无序 $R\times C$ 列联表资料的 χ^2 检验，采用 Pearson χ^2 公式计算统计量，与实验 3－1 式相同。常用于多个样本率（或构成比）的比较。一般要求 $R\times C$ 列联表资料中每个格子的理论频数 $E>5$ 或 $1\leqslant E<5$ 的格子数不超过总格子数的 1/5。当有 $E<1$ 或 $1\leqslant E<5$ 的格子数较多时，可采用并行并列、删行删列、增大样本容量等方法使其满足条件，也可用确切概率法计算。

【实验内容】

1. 实验示例

某研究者将腰椎间盘突出症患者 1184 例，随机分成三组，分别用快速牵引法、物理疗法和骶裂孔药物注射法治疗，结果如实验表 3－4。问三种疗法的有效率有无不同？

实验表 3－4　三种疗法治疗腰椎间盘突出症有效率的比较

疗法	有效	无效	合计
快速牵引法	444	30	474
物理疗法	323	91	414
骶裂孔药物注射法	222	74	296
合计	989	195	1184

2. 操作

（1）数据文件　这是 3 × 2 表，H_0：$\pi_1=\pi_2=\pi_3$，即三种疗法的总体有效率全相同。以行变量 r 表示组别，列变量 c 表示疗效，f 表示频数，建立 3 列 6 行的数据文件，如实验图 3－4。

	r	c	f
1	1	1	444
2	1	2	30
3	2	1	323
4	2	2	91
5	3	1	222
6	3	2	74

实验图 3－4　数据格式

（2）操作步骤　指定频数变量、统计量（Statistics）对话框操作、Cells（单元格）对话框操作都与上例四格表的操作步骤相同，只是在“交叉表（Crosstabs）”主对话框操作中加一步：单击“交叉表（Crosstabs）”主对话框“精确（Exact）”按钮，在弹出“精确（Exact）”对话框中，选中“精确（Exact）”。单击“继续（Continue）”，返回“交叉表（Crosstabs）”主对话框。这步操作的目的是让 SPSS 计算出本题的 Fisher 确切概率法的结果，因为行 × 列表默认情况下是不计算 Fisher 确切概率的。

3. 结果分析

实验图 3－5 是输出结果，本例最小理论频数为 48.75，所有理论频数均 >5，故用第一行 Pearson χ^2 的计算结果，$\chi^2=60.227$，$P=0.000<0.01$，拒绝 H_0，三种疗法的总体有效率不全相同。

如果有理论频数 <1，或 1≤理论频数 <5 的格子数超过格子总数的 1/5，则应该读取第三行"Fisher 的精确检验（Fisher's Exact Test）"的计算结果或采用其他方法（采照有关的统计书）。

卡方检验

	值	df	渐进 Sig.（双侧）	精确 Sig.（双侧）	精确 Sig.（单侧）	点概率
Pearson 卡方	60.227[a]	2	.000	.000		
似然比	66.745	2	.000	.000		
Fisher 的精确检验	66.442			.000		
线性和线性组合	52.526[b]	1	.000	.000	.000	.000
有效案例中的 N	1184					

a. 0 单元格（.0%）的期望计数少于 5。最小期望计数为 48.75

b. 标准化统计量是 7.247

实验图 3-5　检验结果

【实验练习】

1. 某医师研究物理疗法、药物治疗和外用膏药三种疗法治疗周围性面神经麻痹的疗效，资料见实验表 3-5。问三种疗法的总体有效率有无差别？

实验表 3-5　三种疗法有效率的比较

疗法	有效	无效	合计	有效率（%）
物理疗法组	199	7	206	96.6
药物治疗组	164	18	182	90.1
外用膏药组	118	26	144	81.9
合计	481	51	532	90.4

2. 苏格兰西南部两个地区献血人员的血型记录如实验表 3-6，问两地的血型分类构成是否相同？

实验表 3-6　三种疗法有效率的比较

地区	血型				合计
	A	B	C	D	
Eskdalle	33	6	56	5	100
Annandale	54	14	52	5	125
合计	87	20	108	10	225

实验四　相关与回归分析

相关主要是研究两个变量间的线性关系；回归分析是寻找出具有相关关系变量之间的函数关系，并进行统计推断。SPSS 统计软件是通过相关（Correlate）和回归（Regression）模块实现的。

一、相关与一元回归分析

【实验目的】 掌握用 SPSS 统计软件处理相关与回归问题。

【实验原理】 相关与回归是研究变量间关系的统计方法。两个成对变量 X、Y 均服从正态分布，对 X 和 Y 进行观测，得到一组样本观测值：

$$(x_1,y_1),(x_2,y_2),\cdots,(x_n,y_n)$$

研究两个变量间的线性相关与回归关系，可用下列方法进行。

1. 散点图

以 X 为横轴，Y 为纵轴，将上述数据作为点的坐标描绘在直角坐标系中，所得的图形称为 X 与 Y 间的散点图。如果散点图中的点呈现直线趋势时，表明变量 X 和 Y 之间存在一定的线性关系，称 X 与 Y 线性相关，否则称为非线性相关。

2. 相关系数

对于变量 X 和 Y 的一组上述样本观测值，定义

$$r = \frac{l_{xy}}{\sqrt{l_{xx} \cdot l_{yy}}} \qquad (实验4-1)$$

为 X 和 Y 的样本相关系数或 Pearson 相关系数，其中

$$l_{xy} = \sum_{i=1}^{n}(x_i-\bar{x})(y_i-\bar{y}) = \sum_{i=1}^{n}x_iy_i - \frac{1}{n}\left(\sum_{i=1}^{n}x_i\right)\left(\sum_{i=1}^{n}y_i\right) \qquad (实验4-2)$$

$$l_{xx} = \sum_{i=1}^{n}(x_i-\bar{x})^2 = \sum_{i=1}^{n}x_i^2 - \frac{1}{n}\left(\sum_{i=1}^{n}x_i\right)^2 \qquad (实验4-3)$$

$$l_{yy} = \sum_{i=1}^{n}(y_i-\bar{y})^2 = \sum_{i=1}^{n}y_i^2 - \frac{1}{n}\left(\sum_{i=1}^{n}y_i\right)^2 \qquad (实验4-4)$$

相关系数 $|r|$ 越大，越接近于1，表明 X 和 Y 之间的线性关系越密切；反之，$|r|$ 越小，越接近于0，表明 X 和 Y 的线性关系越不密切。进行相关性检验，才能断定两变量间相关关系是否显著。

3. 回归分析

对于呈依存关系的相关变量，回归分析的任务是从变量的观测数据出发，来确定这些变量之间的经验公式（回归方程），定量地反映它们之间的依存关系，并对回归方程进行检验，利用所建立的回归方程，进行预测和控制。

两变量间的回归方程

$$\hat{y} = a + bx \qquad (实验4-5)$$

其中

$$b = \frac{l_{xy}}{l_{xx}} \qquad (实验4-6)$$

$$a = \bar{y} - b\bar{x} \qquad (实验4-7)$$

对回归方程进行检验的统计量为

$$F = \frac{U/1}{Q/(n-2)} \sim F(1,n-2) \qquad (实验4-8)$$

其中

$$U = \sum_{i=1}^{n}(\hat{y}_i-\bar{y})^2 = b^2l_{xx} = bl_{xy} \qquad (实验4-9)$$

$$Q = l_{yy} - U \qquad (实验4-10)$$

4. 统计预测

对于回归方程

$$\hat{y} = a + bx$$

当给定 $x = x_0$，y_0 点的预测值，即为 $X = x_0$ 处的回归值

$$\hat{y}_0 = a + bx_0$$

对于给定的估计精度（置信度）α，y_0 的置信度 $1-\alpha$ 的预测区间为

$$\left(\hat{y}_0 - t_{\alpha/2} \cdot S\sqrt{1+\frac{1}{n}+\frac{(x_0-x)^2}{l_{xx}}}\ ,\ \hat{y}_0 + t_{\alpha/2} \cdot S\sqrt{1+\frac{1}{n}+\frac{(x_0-x)^2}{l_{xx}}}\right) \quad （实验4-11）$$

其中 $\qquad \hat{y}_0 = a + bx_0 \quad S^2 = \dfrac{Q}{n-2}$

【实验内容】

1. 实验示例

给实验狗灌服一定剂量的阿司匹林片后最高血药浓度记为 y，阿司匹林片体外释放能力的一个指标记为 x，现有 6 批阿司匹林片，从每一批分别取样作体内外观察，所得数据如实验表 4-1。

实验表 4-1 阿司匹林片体外释放能力指标 x 与最高血药浓度 y 的数据

x	0.5	0.94	1.00	1.24	1.30	1.45
y	213	179.6	179.2	150.4	134.4	132.2

完成下列问题：①作 y 对 x 的散点图；②计算 x 与 y 间的相关系数并进行显著性检验；③计算 y 对 x 回归方程并检验方程是否有意义，当 $x=1.40$ 时进行统计预测。

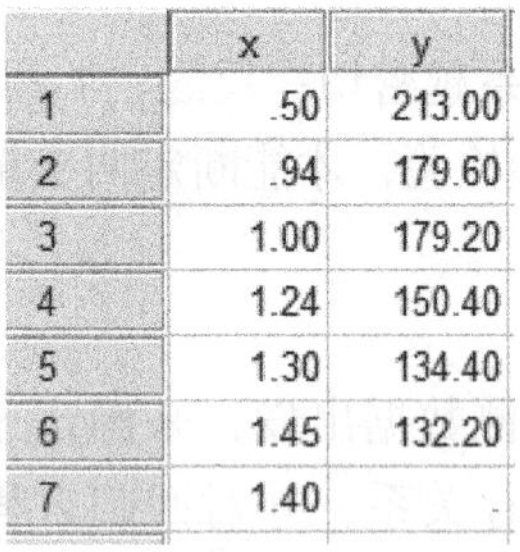

	x	y
1	.50	213.00
2	.94	179.60
3	1.00	179.20
4	1.24	150.40
5	1.30	134.40
6	1.45	132.20
7	1.40	.

实验图 4-1 相关与回归数据格式

2. 操作

（1）数据文件 以 x、y 为变量名，建立 2 列 6 行配对格式数据文件如实验图 4-1 所示。

（2）操作步骤 经检验两变量均服从正态分布，正态性检验方法同前。

① 散点图 选择菜单“图形（Graphs）→旧对话框（Legacy Dialogs）→散点/点状（Scatter/Dot）”，弹出“散点图/点图（Scatter/Dot）”对话框如实验图 4-2。

选中“简单分布（Simple Scatter）”，点“定义（Difine）”出现“简单散点图（Simple Scatterplot）”对话框如实验图 4-3 所示。

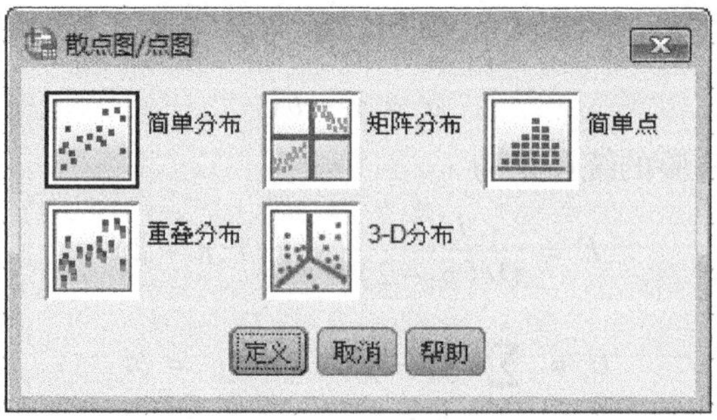

实验图 4-2 散点图/点图（Scatter/Dot）对话框

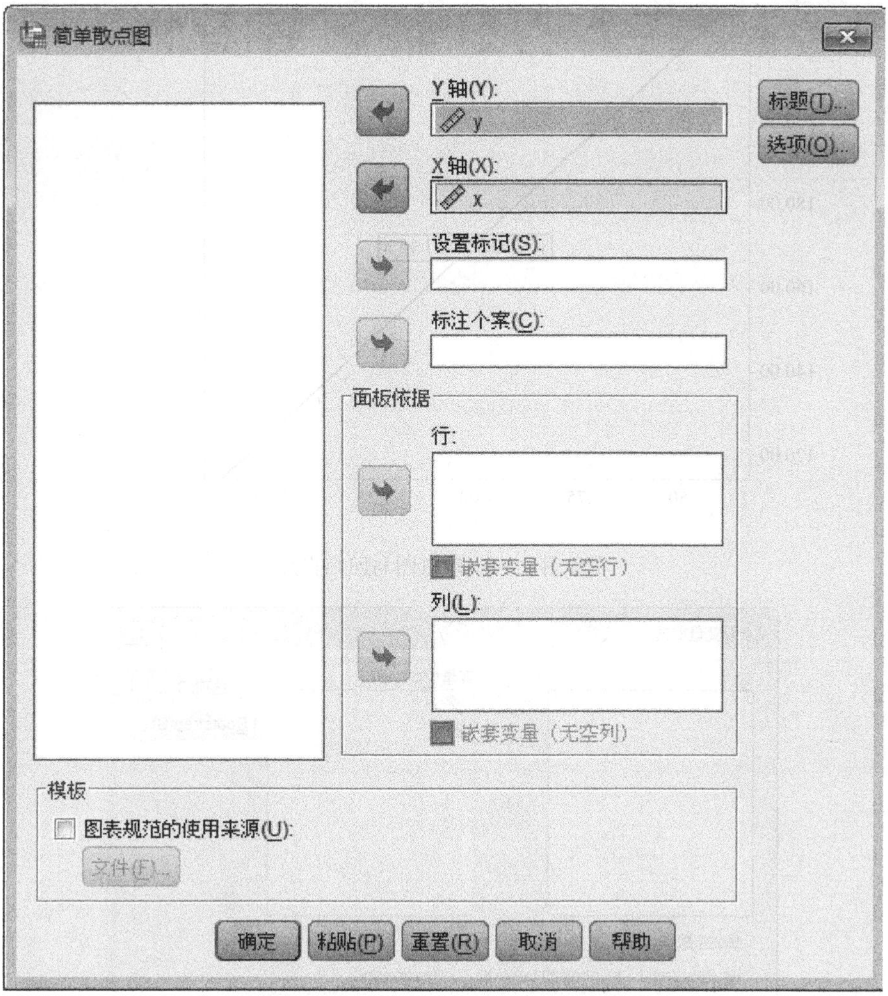

实验图 4－3　简单散点图

在左边选中变量 y 放入右边“Y 轴（Y Axis）”框中，选中变量 x 放入右边“X 轴（X Axis）”框中。点“确定（OK）”。

双击散点图，在“图表编辑器（Chart Editor）”视窗中点击“元素（Elements）→总计拟合线（Fit Line at Total）”→“属性（Properties）”视窗中选“线性（Linear）（也为默认选项）”→“关闭（Close）”→点击空白处，原散点图里就拟合上一条回归直线如实验图 4－4 所示。

② 相关性　选择菜单“分析（Analyze）→相关（Correlate）→双变量（Bivariate）”，弹出“双变量相关（Bivariate Correlations）”对话框，见实验图 4－5；将左边框中的变量 x、y 送入“变量（Variables）”框中；单击“确定（OK）”，结果如实验图 4－6。

实验图 4－5 对话框中“相关系数（Correlation Coefficients）”选项中，Pearson：皮尔逊积差相关系数，系统默认；Kendall's tau－b：肯德尔等级相关系数；Spearman：斯皮尔曼等级相关系数。若选择“标记显著性相关（Flag significance Correlations）”，则用“＊＊”“＊”分别表示 $P \leqslant 0.01$、$0.01 < P \leqslant 0.05$。

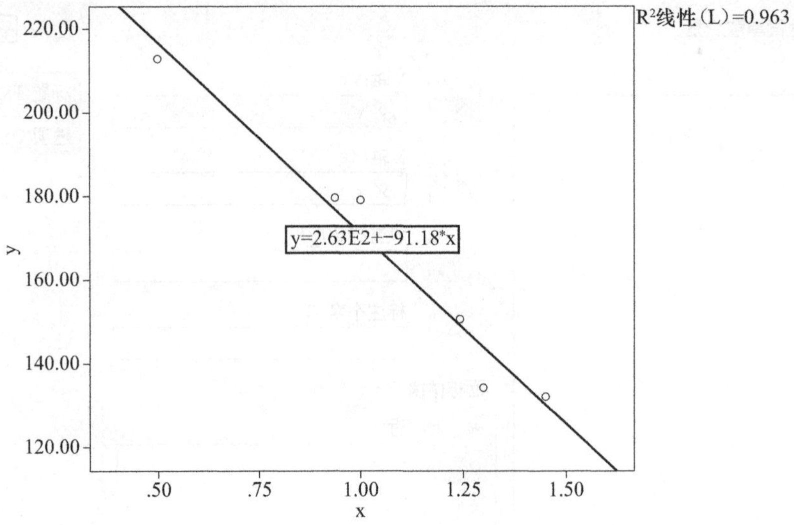

实验图 4－4　散点图与回归直线

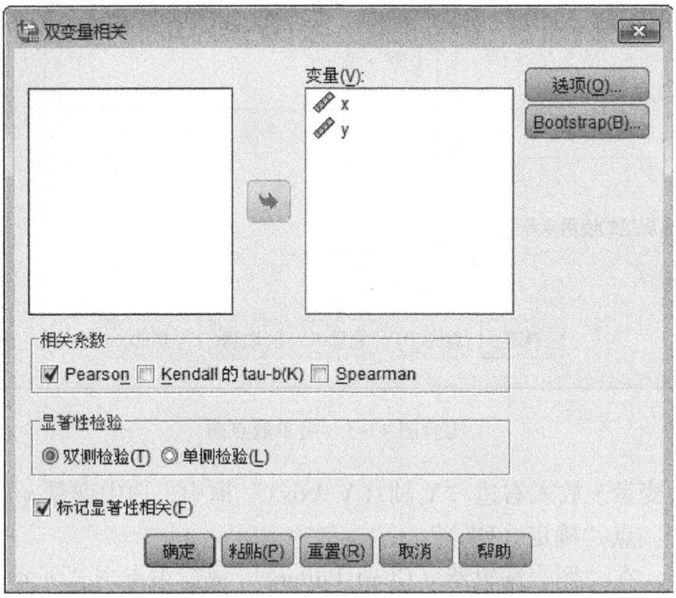

实验图 4－5　双变量相关（Bivariate Correlations）对话框

相关性

		x	y
x	Pearson 相关性	1	−.981**
	显著性（双侧）		.001
	N	6	6
y	Pearson 相关性	−.981**	1
	显著性（双侧）	.001	
	N	6	6

**. 在.01 水平（双侧）上显著相关

实验图 4－6　相关系数计算结果

③ 回归分析　在原数据文件自变量 x 上增加一个数据 1.40，目的是为了进行预测。

选择菜单“分析（Analyze）→回归（Regression）→线性（Linear）”，弹出“线性回归（Linear Regression）”主对话框如实验图 4－7 所示，将因变量 y 送入“因变量（Dependent）”框中，将自变量 x 送入“自变量（Independent（s））”框中；单击“保存(Save)按钮，弹出“保存（Save）”对话框见实验图 4－8，在“保存（Save）”对话框中，在“预测值（Predicted Values）”选项组内选“未标准化（Unstandardized）”选项；在“预测区间（Prediction Intervals）”选项组内选“单值（Individual）”选项，单击“继续（Continue）”，返回“线性回归（Linear Regression）”主对话框，单击“确定（OK）”，输出结果如实验图 4－9 和实验图 4－10。

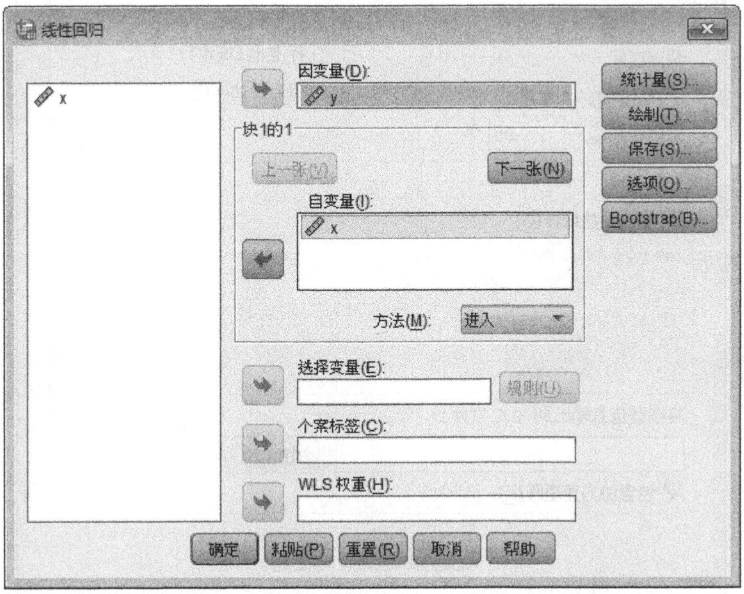

实验图 4－7　线性回归（Linear Regression）主对话框

3. 结果分析

（1）散点图分析　从实验图 4－4 可见，两个变量间呈较好的线性趋势。

（2）相关性分析　从实验图 4－6 可知，Pearson 相关系数 $r = -0.981$，负相关性，$P = 0.000 < 0.001$，可以认为体外释放能力的一个指标 x 与最高血药浓度 y 呈负直线相关。

（3）回归分析

① 由实验图 4－9 可知，方差分析，$F = 105.041$，$P = 0.001 < 0.01$，回归方程有高度统计学意义，回归方程有意义。

② 由实验图 4－10 可知，方程的常数项（Constant）$a = 262.512$，方程的斜率（回归系数）$b = -91.177$，回归方程：$\hat{y} = 262.512 - 91.177x$。

③ 从数据集中新生成的变量可知：PRE_ 1 为预测值，LICI_ 1 与 UICI_ 1 为因变量个体值 95% 的预测区间下限值与上限值。当 $x = 140$ 时，由方程计算出的 $y = 134.86343$，称为预测值；95% 的预测区间为（113.10261，156.62425）。

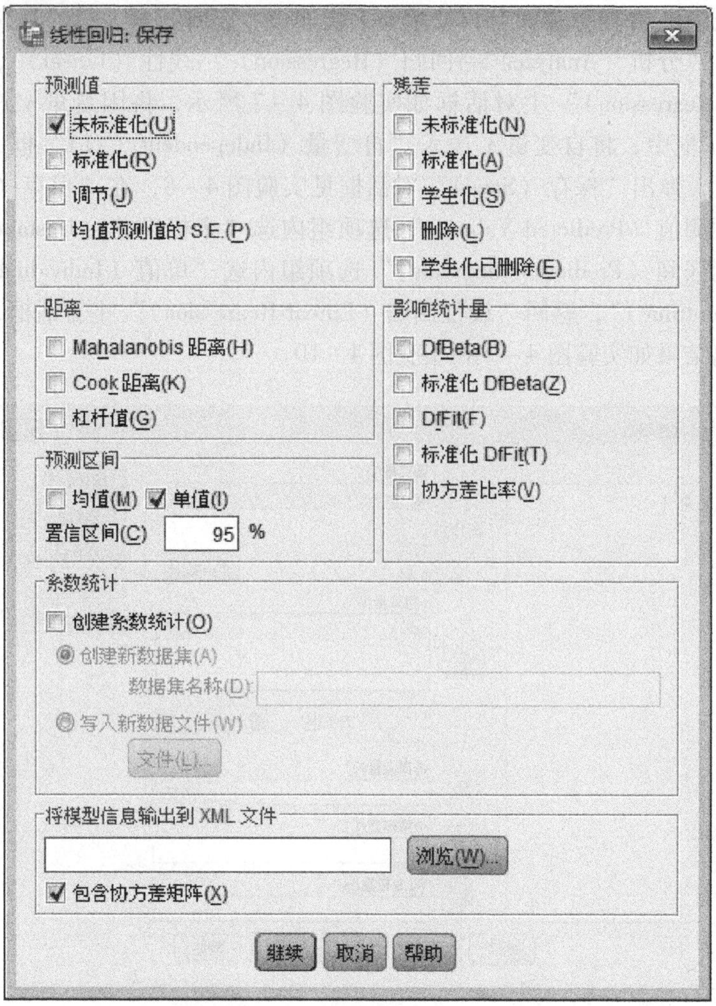

实验图 4－8　保存（Save）对话框

Anova[a]

模型		平方和	df	均方	F	Sig.
1	回归	4762.559	1	4762.559	105.041	.001[b]
	残差	181.361	4	45.340		
	总计	4943.920	5			

a. 因变量：y

b. 预测变量：x（常量）

实验图 4－9　回归方程的方差分析

系数[a]

模型		非标准化系数		标准系数	t	Sig.
		B	标准误差	试用版		
1	（常量）	262.512	9.922		26.457	.000
	x	－91.177	8.896	－.981	－10.249	.001

a. 因变量 y

实验图 4－10　回归方程的参数估计

【实验练习】

1. 10名糖尿病患者的血清总胆固醇含量（mmol/L）与空腹血糖（mmol/L）的测量值如实验表4-2，请完成下列任务：①作散点图；②计算 x 与 y 间的相关系数并进行显著性检验；③计算 y 对 x 回归方程并检验方程是否有意义，当 $x=5.00$ 时进行统计预测。

实验表4-2　糖尿病患者血清总胆固醇含量与空腹血糖的测量值

总胆固醇含量 x	3.79	6.02	4.85	4.60	6.05	4.90	7.08	3.85	4.65	4.59
血糖 y	8.8	12.3	11.6	12.5	14.3	11.1	15.1	9.6	13.2	11

2. 用光电比色计检验尿汞时，测得尿汞含量 x（mg/L）与消光系数读数 y 的数据如实验表4-3所示。完成下列任务：

（1）作散点图；

（2）计算相关系数，并检验其显著性；

（3）建立 y 关于 x 的回归方程并对方程进行检验；

（4）若测得尿汞含量为5（mg/L）时，求预测值 y_0 及其95%预测区间。

实验表4-3　尿汞含量与消光系数读数的数据

含量 x（mg/L）	2	4	6	8	10
读数 y	64	138	205	285	320

二、概率单位法计算半数致死量 LD_{50}

【实验目的】 掌握用SPSS统计软件计算半数致死量 LD_{50} 的方法。

【实验原理】 半数致死量 LD_{50} 是指使一组动物恰好死亡一半时的药物剂量，是刻划药物毒性的指标，计算半数致死量的方法有多种，概率单位法是较常用的方法。

一般来说，药物的剂量与其对应的死亡率间一般不是线性关系。设药物剂量为 D，令 $x=\lg D$，根据大量的实验表明，x 近似地服从正态分布 $N(\mu,\sigma^2)$，从而有 $F(x)=\Phi\left(\frac{x-\mu}{\sigma}\right)$，变成 $\frac{x-\mu}{\sigma}=\Phi^{-1}(F(x))=\Phi^{-1}(P)$，分布函数 $F(x)$ 为死亡率 P 的近似值，$\Phi^{-1}(P)$ 的值可由已知的死亡率 P 反查标准正态分布函数表得到。为了方便计算将 $\Phi^{-1}(P)$ 值加5，称为概率单位，记为 y，即

$$y=\Phi^{-1}(P)+5=\frac{x-\mu}{\sigma}+5 \qquad \text{（实验4-12）}$$

故概率单位 y 与对数剂量 $x=\lg D$ 呈线性关系，即

$$y=\frac{1}{\sigma}x-\left(\frac{\mu}{\sigma}-5\right) \qquad \text{（实验4-13）}$$

由于 $P=0$ 或 $P=100$ 时的数据受个体差异影响太大，应在计算时删除。用整理后的（$\lg D$，y）数据，建立样本的直线回归方程

$$\hat{y}=a+bx$$

当 $P=50\%$ 时，相应的概率单位 $y_0=5$，代入上式就得到 $\lg LD_{50}$ 的一个估计值 $\hat{x}_0$，即

$$\hat{x}_0 = \lg LD_{50} = (5-a)/b \qquad \text{（实验4－14）}$$

$\lg LD_{50}$ 的控制区间为

$$\hat{x}_0 \pm u_{\alpha/2} \cdot \frac{s}{\sqrt{\frac{N}{2}}} \qquad \text{（实验4－15）}$$

其中 N 为动物总数，$s=\frac{1}{b}$。

LD_{50} 的估计值和预测区间

$$LD_{50} = \lg^{-1}(5-a)/b \qquad \text{（实验4－16）}$$

$$\lg^{-1}\left(\hat{x}_0 \pm u_{\alpha/2} \cdot \frac{s}{\sqrt{\frac{N}{2}}}\right) \qquad \text{（实验4－17）}$$

【实验内容】

1. 实验示例

为测定某药的 LD_{50}，在5个剂量内各试验10只动物，获得下列数据如实验表4－4。

实验表4－4　药物剂量与动物的死亡频率

剂量（mg/kg）	200	260	338	439.4	571.2
死亡频率	1/10	3/10	6/10	8/10	9/10

试用概率单位法计算 LD_{50} 值及其95%的置信区间。

2. 操作

（1）数据文件　以 D、N、M 分别代表剂量、每组动物头数、死亡频数为变量名，建立3列5行格式的数据文件如实验图4－11所示。

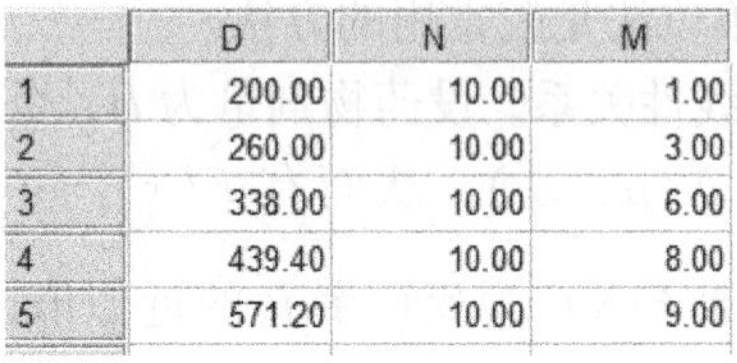

	D	N	M
1	200.00	10.00	1.00
2	260.00	10.00	3.00
3	338.00	10.00	6.00
4	439.40	10.00	8.00
5	571.20	10.00	9.00

实验图4－11　计算半数致死量数据格式

（2）操作步骤　选择菜单“分析（Analyze）→回归（Regression）→Probit”，出现“Probit分析（Probit Analysis）”对话框见实验图4－12。将左边框中的变量 M 送入“响应频率（Response Frequency）”框中；将 N 变量送入“观测值汇总（Total Observed）”对话框；将 D 变量送入“协变量（Covariate）”对话框，并将“转换（Transform）”按钮调为“对数底为10（Log base 10）”。单击“确定（OK）”。输入结果如实验图4－13至实验图4－16。

3. 结果分析

（1）回归方程　从实验图4－13可得如下方程：

$$\text{Probit}(P) = -14.395 + 5.747X$$

其中 $X=\lg D$，Probit（P）为概率单位。

（2）方程的拟合优度检验　由实验图4－14可知，对该方程的拟合优度检验 $P=0.972$，P 值很大，说明拟合程度较好。

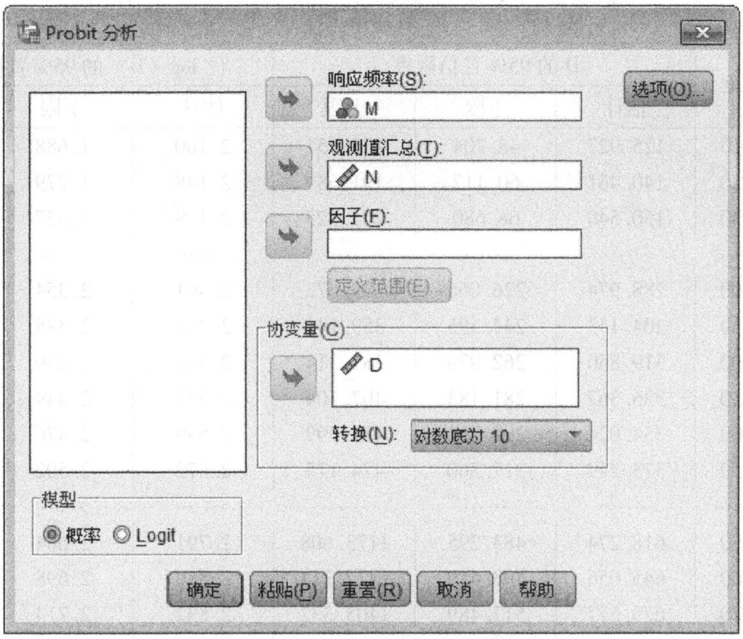

实验图 4－12　Probit 分析对话框

参数估计值

	参数	估计	标准误	z	Sig.	95%置信区间	
						下限	上限
PROBIT[a]	D	5.747	1.434	4.007	.000	2.936	8.557
	截距	－14.395	3.618	－3.979	.000	－18.013	－10.777

a. PROBIT 模型：PROBIT（p）＝截距＋Bx（协变量 x 使用底数为 10 的对数来转换）

实验图 4－13　回归方程参数估计

卡方检验

	卡方	df[b]	Sig.
PROBIT　Pearson 拟合度检验	.234	3	972[a]

a. 由于显著性水平大于 0.150，因此在置信限度的计算中未使用异质因子

b. 基于单个个案的统计量与基于分类汇总个案的统计量不同

实验图 4－14　回归方程的卡方检验

（3）LD_{50}的估计值与估计区间　实验图 4－15 给出了从概率为 0.01 到 0.99 死亡率所对应的剂量（包括 0.50，即 LD_{50}）及 95%可信区间表。当死亡率为 0.50 时，LD_{50}的估计值为 319.850，95%的可信区间为（262.979，381.314）。

（4）对数剂量与概率单位间的散点图如实验图 4－16 所示。

系统输出了以剂量对数值为自变量，以概率单位为应变量的回归直线散点图。此散点图呈较好的直线趋势，说明资料符合使用 Probit 法的前提条件，由对数剂量值与概率单位之间的回归直线拟合程度是较为满意的。

置信限度

概率		D 的 95% 置信限度			log（D）的 95% 置信限度[a]		
		估计	下限	上限	估计	下限	上限
PROBIT	.010	125.927	48.704	177.551	2.100	1.688	2.249
	.020	140.461	60.117	191.689	2.148	1.779	2.283
	.030	150.540	68.680	201.325	2.178	1.837	2.304
	……	……	……	……	……	……	……
	.400	288.974	226.066	339.672	2.461	2.354	2.531
	.450	304.143	244.595	359.141	2.483	2.388	2.555
	.500	319.850	262.979	381.314	2.505	2.240	2.581
	.550	336.367	281.183	407.104	2.527	2.449	2.610
	.600	354.024	299.251	437.599	2.549	2.476	2.641
	.650	373.249	317.360	474.175	2.572	2.502	2.676
	……	……	……	……	……	……	……
	.950	618.274	483.295	1173.608	2.791	2.684	3.070
	.960	645.056	498.419	1272.214	2.810	2.698	3.105
	.970	679.577	517.489	1405.332	2.832	2.714	3.148
	.980	728.344	543.718	1604.849	2.862	2.735	3.205
	.990	812.407	587.292	1980.021	2.910	2.769	3.297

a. 对数底数 = 10

实验图 4－15　LD_{50}估计值与估计区间

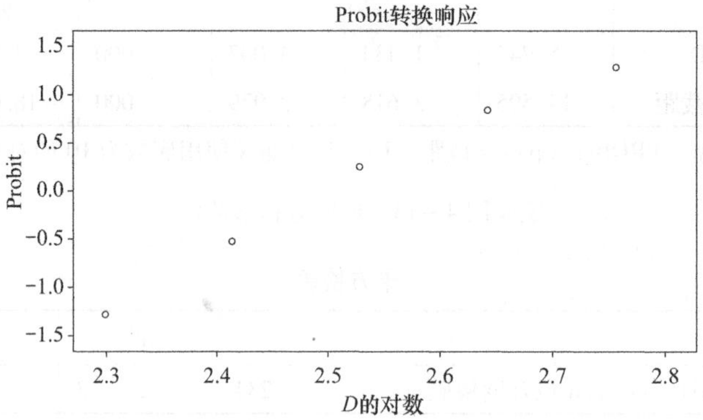

实验图 4－16　反应曲线图

【实验练习】

1. 把三价糖酸锑钾的不同剂量注入小白鼠，存活与死亡数据如实验表 4－5 所示，试用概率单位法计算 LD_{50}值及其 95% 的置信区间。

实验表 4－5　给小白鼠注射不同剂量三价糖酸锑钾的死亡率

剂量 D（mg/20g）	2.0	2.5	3.0	3.5	4.0	5.0
存活只数	12	7	4	2	1	0
死亡只数	1	3	7	11	16	17
死亡率 P（%）	7.7	30.0	63.6	84.5	94.1	100.0

2. 将某药物注射于小白鼠体内，得死亡结果如实验表 4－6 所示，求 LD_{50}的估计值

和区间估计。

实验表 4-6　药物剂量与动物死亡数

剂量 D（mg/kg）	30	36	43.2	51.8	62.2	74.6	89.5	107.4
注射鼠数	20	20	20	20	20	20	20	20
死亡鼠数	0	2	5	9	12	16	18	20

三、多元线性回归分析

【实验目的】 掌握用 SPSS 统计软件进行多元回归分析的方法。

【实验原理】 回归分析是处理变量之间统计相关关系的一种方法。回归分析的基本思想是：虽然自变量和因变量之间没有严格的、确定性的函数关系，但可以设法找出最能代表它们之间关系的数学表达式。

多元线性回归分析研究多个自变量和一个因变量之间是否存在线性关系以及存在什么样的线性关系。

假设因变量为 Y，影响它变化的 m 个自变量为 X_1，X_2，$\cdots X_m$。多元线性回归分析就是根据 n 组观测样本（y_i；x_{1i}，x_{2i}，$\cdots x_{mi}$）$i=1,2,\cdots n$，建立多元线性回归方程：

$$\hat{y}=b_0+b_1x_1+b_2x_2+\cdots+b_mx_m \qquad (实验 4-18)$$

同时对回归方程进行显著性检验。当确定方程具有显著性效果时，可以根据自变量的值，预测因变量的值，或者通过因变量的值控制自变量的值，并可以知道这种预测和控制能达到什么样的精度；当检验回归方程不具有显著效果时，可以进行逐步回归，结合专业知识，剔除或引进一些变量，直到方程具有效果为止。

【实验内容】

1. 实验示例

某地 10 名 17 岁女生的体重 x_1（kg）、胸围 x_2（cm）、胸围的呼吸差 x_3（cm）、肺活量 y（ml）的数据如实验表 4-7 所示。试分析肺活量与体重、胸围、胸围的呼吸差的关系。

实验表 4-7　女中学生的数据

编号	1	2	3	4	5	6	7	8	9	10
x_1	35	40	40	42	37	45	43	37	44	42
x_2	69	74	64	74	72	68	78	66	70	65
x_3	0.7	2.5	2	3	1.1	1.5	4.3	2	3.2	3
y	1600	2600	2100	2650	2400	2200	2750	1600	2750	2500

	x1	x2	x3	y
1	35	69	.7	1600
2	40	74	2.5	2600
3	40	64	2.0	2100
4	42	74	3.0	2650
5	37	72	1.1	2400
6	45	68	1.5	2200
7	43	78	4.3	2750
8	37	66	2.0	1600
9	44	70	3.2	2750
10	42	65	3.0	2500

实验图 4-17　数据文件

2. 操作

（1）数据文件　以 x1、x2、x3、y 分别代表体重、胸围、胸围的呼吸差、肺活量为变量名，建立 4 列 10 行格式的数据文件如实验图 4-17 所示。

（2）操作步骤　选择菜单“分析（Analyze）→回归（Regression）→线性（Linear）”，弹出“线性回归（Linear Regression）”主对话框，将 y 送入因变量（Dependent）框中，x1、x2、x3 送入“自变量（Independent）”框中，如

实验图 4－18 所示；单击确定（OK）。

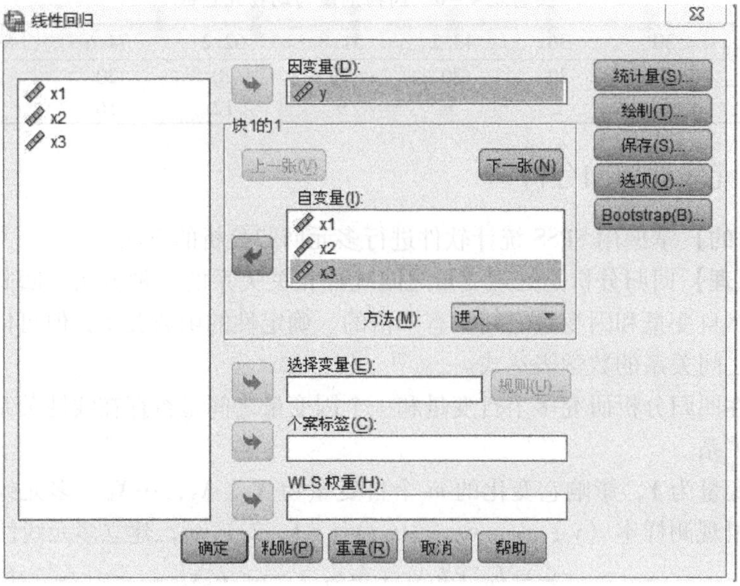

实验图 4－18 线性回归对话框

3. 结果分析

（1）回归方程 从实验图 4－19 可得如下方程：

$$\hat{y} = -3035.536 + 60.932x_1 + 37.808x_2 + 101.379x_3$$

系数[a]

模型		非标准化系数		标准系数	t	Sig.
		B	标准误差	试用版		
1	（常量）	-3035.536	2168.674		-1.400	.211
	x1	60.932	36.297	.464	1.679	.144
	x2	37.808	22.981	.392	1.645	.151
	x3	101.379	121.975	.254	.831	.438

a. 因变量：y

实验图 4－19 回归方程参数估计

（2）整体回归效应的检验 从实验图 4－20 可知，回归方程的方差分析：$F = 5.617$，$P = 0.035 < 0.05$，拟合的回归方程有统计学意义。

Anova[a]

模型		平方和	df	均方	F	Sig.
1	回归	1250109.068	3	416703.023	5.617	.035[b]
	残差	445140.932	6	74190.155		
	总计	1695250.000	9			

a. 因变量 y

b. 预测变量：（常量），x3，x2，x1

实验图 4－20 回归方程的方差分析

（3）偏回归系数的检验　由实验图 4－19 可知，回归系数的 t 检验，P 均 >0.05，要对自变量作进一步的筛选（逐步回归）。

（4）逐步回归　选择菜单命令同上。在“方法（Method）”下拉列表框中选择“逐步（Stepwise）”如实验图4－21；单击“选项（Options）”，弹出如实验图4－22 所示的“选项（Opitons）”对话框，SPSS 默认“使用 F 的概率”，输入“进入（Entry）”的标准是 0.30，“删除（Removal）”的标准是 0.35，单击“继续（Continue）”，返回“线性回归（Regression）”主对话框；单击“确定（OK）”。

本例逐步回归进行了 4 步，由实验图 4－23，逐步回归的调整的决定系数 R^2 = 0.624 > 全变量回归方程的 0.606。由实验图 4－25，对方程的方差分析检验，F = 8.453，P = 0.014 < 0.05，逐步回归方程有统计学意义。由实验图 4－24，求得回归方程 $\hat{y} = -4187.416 + 80.271x_1 + 46.449x_2$。

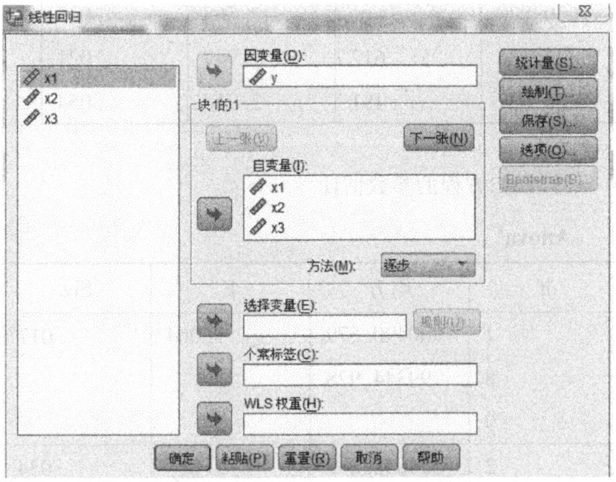

实验图 4－21　逐步线性回归对话框

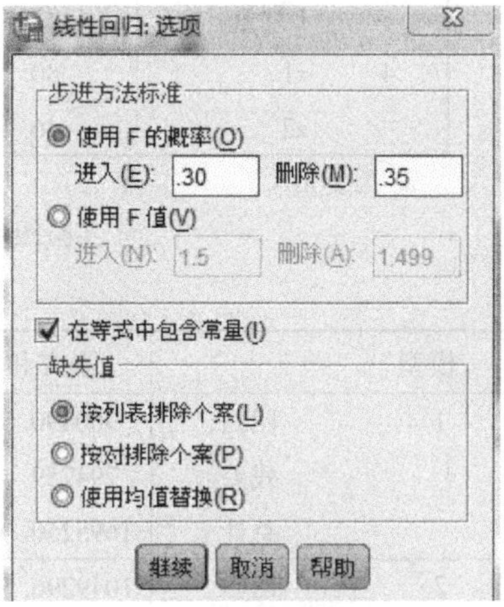

实验图 4－22　选项对话框

模型汇总

模型	R	R 方	调整 R 方	标准估计的误差
1	.729[a]	.531	.473	315.19030
2	.787[b]	.619	.510	303.77469
3	.859[c]	.737	.606	272.37870
4	.841[d]	.707	.624	266.29534

a. 预测变量：（常量），x3
b. 预测变量：（常量），x3，x1
c. 预测变量：（常量），x3，x1，x2
d. 预测变量：（常量），x1，x2

实验图 4－23　线性回归模型汇总

系数[a]

模型		非标准化系数		标准系数	t	Sig
		B	标准误差	试用版		
1	（常量）	1637.196	246.209		6.650	.000
	x3	290.903	63.623	.729	3.011	.017
2	（常量）	-183.484	1453.259		-.126	.903
	x3	192.163	121.318	.481	1584	.157
	x1	50.636	39.875	.386	1.270	.245
3	（常量）	-3035.536	2168.674		-1.400	.211
	x3	101.379	121.975	.254	.831	.438
	x1	60.932	36.297	.464	1679	.144
	x2	37.808	22.981	.392	1.645	.151
4	（常量）	-4187.416	1630.820		-2.568	.037
	x1	80.271	27.236	.612	2.947	.021
	x2	46.449	20.037	.481	2.318	.054

a. 因变量 y

实验图 4-24　线性回归方程的参数估计

Anova[a]

模型		平方和	df	均方	F	Sig.
1	回归	900490.579	1	900490.579	9.064	.017[b]
	残差	794759.421	8	99344.928		
	总计	1695250.000	9			
2	回归	1049296.567	2	524648.283	5.685	.034[c]
	残差	645953.433	7	92279.062		
	总计	1695250.000	9			
3	回归	1250109.068	3	416703.023	5.617	.035[d]
	残差	445140.932	6	74190.155		
	总计	1695250.000	9			
4	回归	1198857.555	2	599428.778	8.453	.014[e]
	残差	496392.445	7	70913.206		
	总计	1695250.000	9			

a. 因变量 y
b. 预测变量：（常量），x3
c. 预测变量：（常量），x3，x1
d. 预测变量：（常量），x3，x1，x2
e. 预测变量：（常量），x1，x2。

实验图 4-25　线性回归方程的方差分析

【实验练习】

1. 试建立由胎儿的身长、头围、体重推测周龄的线性回归方程，数据如实验表 4-8

所示。

实验表 4－8　胎儿的身长、头围、体重、周龄表

编号	1	2	3	4	5	6	7	8	9	10	11
身长	13	18.7	21.0	19	22.8	26	28	31.4	30.3	29.2	36.2
头围	9.2	13.2	14.8	13.3	16.0	18.2	19.7	22.5	21.4	20.5	25.2
体重	50	102	150	110	200	330	450	450	550	640	800
周龄	13	14	15	16	17	18	19	20	21	22	23
编号	12	13	14	15	16	17	18	19	20	21	22
身长	37	37.9	41.6	38.2	39.4	39.2	42	43	41.1	43	46
头围	26.1	27.2	30.0	27.1	27.4	27.6	29.4	30.0	27.2	31	34
体重	1090	1140	1500	1180	1320	1400	1600	1600	1400	2050	2500
周龄	24	25	26	27	28	29	30	31	33	35	36

2. 某医院为分析儿童血液必需元素与血红蛋白浓度的相关关系，对 1～13 岁的儿童血液进行抽样，获得 30 个样本数据如实验表 4－9，试建立多元线性回归方程进行分析。

实验表 4－9　血红蛋白与钙、铁、铜必需元素含量
（血红蛋白单位为 g；钙、铁、铜元素单位为 μg）

编号	1	2	3	4	5	6	7	8	9	10
血红蛋白	7.00	7.25	7.50	7.75	8.00	8.25	8.50	8.75	9.00	9.25
钙	76.9.	73.99	66.50	55.99	65.49	50.40	53.76	60.99	50.00	52.34
铁	295.30	313.00	350.40	284.00	313.00	293.00	293.10	260.00	331.21	388.60
铜	0.840	1.154	0.700	1.400	1.034	1.044	1.322	1.197	0.900	1.023
编号	11	12	13	14	15	16	17	18	19	20
血红蛋白	9.50	9.75	10.00	10.25	10.50	10.75	11.00	11.25	11.50	11.75
钙	52.30	49.15	63.43	70.16	55.33	72.46	69.76	60.34	61.45	55.10
铁	326.43	343.00	384.48	410.00	446.00	440.01	420.06	383.31	449.01	406.02
铜	0.823	0.926	0.869	1.19.	1.192	1.210	1.361	0.915	1.380	1.300
编号	21	22	23	24	25	26	27	28	29	30
血红蛋白	12.00	12.25	12.50	12.75	13.00	13.25	13.50	13.75	14.00	14.25
钙	61.42	87.35	55.08	45.02	73.52	63.43	55.21	54.16	65.00	60.01
铁	395.68	454.26	450.06	410.63	470.12	446.58	451.02	453.00	471.12	458.00
铜	1.142	1.771	1.021	0.889	1.652	1.230	1.018	1.220	1.218	1.000

实验五　正交试验与均匀试验设计分析

正交试验和均匀试验设计是研究多因素、多水平间最佳组合的试验设计方法。其结果的分析主要是应用方差分析法和回归的方法来实现。

一、正交试验设计分析

【实验目的】 掌握用 SPSS 统计软件进行正交试验设计结果的分析。

【实验原理】 正交试验设计结果的分析主要应用多因素的方差分析法。基本思想是将数据的总变异分解成因素引起的变异和误差引起的变异两部分，即总离均差平方和等于各列因素离均差平方和加上误差离均差平方和，即 $SS_{总} = SS_{因素} + SS_{误差}$。构造 F 统计量，即可判断因素作用是否显著。

若用正交表 $L_n(k^m)$ 安排试验，每个试验方案重复进行 r 次，总试验次数为 $n \times r$，试验结果为 Y_{ij}（$i=1, \cdots, n; j=1, \cdots, r$）。

（1）总离均差平方和的计算

$$SS_{总} = \sum_{i=1}^{n}\sum_{j=1}^{r}(Y_{ij} - \bar{Y})^2 = \sum_{i=1}^{n}\sum_{j=1}^{r}Y_{ij}^2 - \frac{1}{n \cdot r}\left(\sum_{i=1}^{n}\sum_{j=1}^{r}Y_{ij}\right)^2 = b - \frac{a^2}{n \cdot r} \quad （实验 5-1）$$

其中
$$\bar{Y} = \frac{1}{n \cdot r}\sum_{i=1}^{n}\sum_{j=1}^{r}Y_{ij}$$

自由度为：

$$f_{总} = nr - 1 \quad （实验 5-2）$$

（2）第 j 列因素的离均差平方和

$$SS_j = \frac{I^2 + II^2 + \cdots}{r \cdot n/k} - \frac{a^2}{n \cdot r} = \frac{I^2 + II^2 + \cdots}{r \cdot n/k} - c \quad （实验 5-3）$$

自由度为：

$$f_{列} = n/k - 1 \quad （实验 5-4）$$

（3）误差离差平方和计算　正交表上空白列的离均差平方和即是误差引起的，可以把所有空白列的离均差平方和相加，作为第 1 类误差（或称模型误差），记为 SS_{e_1}。当非空白列的离均差平方和比第 1 类误差小时，表明该因素或交互作用对试验结果影响不大，可以认为该列的离均差平方和主要是试验误差引起的。为了提高分析精度，常把平方和小于第 1 类误差的各列合并到第 1 类误差中，相应自由度也一起合并。

由总平方和减去各号试验的差异可以算得第 2 类误差（或称重复误差），记为 SS_{e_2}，即：

$$SS_{e_2} = SS_{总} - r\sum_{i=1}^{n}(\bar{Y}_i - \bar{Y})^2 = \sum_{i=1}^{n}\sum_{j=1}^{r}Y_{ij}^2 - \frac{1}{r}\sum_{i=1}^{n}\left(\sum_{j=1}^{r}Y_{ij}\right)^2 \quad （实验 5-5）$$

其中
$$\bar{Y}_i = \frac{1}{r}\sum_{j=1}^{r}Y_{ij}。$$

自由度为：

$$f_{e2} = (nr - 1) - (n - 1) = n(r - 1) \quad \text{（实验 5 - 6）}$$

总误差的离均差平方和为第 1 类误差（设空白列为 s 列）与第 2 类误差之和，即：

$$SS_e = SS_{e1} + SS_{e2} \quad \text{（实验 5 - 7）}$$

$$f_e = s(k - 1) + n(r - 1) \quad \text{（实验 5 - 8）}$$

（4）检验因素对试验结果是否有显著影响的统计量

$$F = \frac{SS_{因}/f_{因}}{SS_e/f_e} \sim F(f_{因}, f_e) \quad \text{（实验 5 - 9）}$$

对于给定的显著性水平 α，若由样本观察值计算出的 $F \geqslant F_\alpha$（$f_{因}$，f_e），即 $P < \alpha$，则认为该因素对试验结果影响显著。否则，认为影响不显著。

【实验内容】

（一）正交试验中无重复试验的方差分析

1. 实验示例

临床用复方丹参汤由丹参、葛根、桑寄生、黄精、首乌和甘草组成，治疗冠心病有明显疗效。为将其改制成注射液，需考察：①组方是否合理，能否减少几味药？②用水煎煮，还是用乙醇渗漉？③用调 pH，还是用明胶除杂？④是否加吐温 - 80 助溶？因素水平表如实验表 5 - 1。

实验表 5 - 1　试制复方丹参注射液的 5 因素 2 水平

水平	A	B	C	D	E
1	甘草、桑寄生	丹参	吐温 - 80	调 pH 除杂	乙醇渗漉
2	0	丹参、黄精、首乌、葛根	0	明胶除杂	水煎煮

选 $L_8(2^7)$ 表，表头设计及试验结果如实验表 5 - 2 所示，指标为兼顾冠脉血流量和毒性评出的分数 Y，越大越好。对其进行分析。

实验表 5 - 2　丹参注射液正交表及试验结果

试验号	表头和列号							试验方案	试验结果 Y
	A	B	C	D	E	$C \times E$			
	1	2	3	4	5	6	7		
1	1	1	1	1	1	1	1	$A_1B_1C_1D_1E_1$	4.0
2	1	1	1	2	2	2	2	$A_1B_1C_1D_2E_2$	8.7
3	1	2	2	1	1	2	2	$A_1B_2C_2D_1E_1$	8.6
4	1	2	2	2	2	1	1	$A_1B_2C_2D_2E_2$	9.9
5	2	1	2	1	2	1	2	$A_2B_1C_2D_1E_2$	0.3
6	2	1	2	2	1	2	1	$A_2B_1C_2D_2\mathrm{E}_1$	6.7
7	2	2	1	1	2	2	1	$A_2B_2C_1D_1E_2$	12.7
8	2	2	1	2	1	1	2	$A_2B_2C_1D_2E_1$	10.7

2. 操作

（1）数据文件　以 A、B、C、D、E、CE、X、Y 为变量名的数据文件如实验图 5－1 所示，X 表示空白列。

	A	B	C	D	E	CE	X	Y
1	1.00	1.00	1.00	1.00	1.00	1.00	1.00	4.00
2	1.00	1.00	1.00	2.00	2.00	2.00	2.00	8.70
3	1.00	2.00	2.00	1.00	1.00	2.00	2.00	8.60
4	1.00	2.00	2.00	2.00	2.00	1.00	1.00	9.90
5	2.00	1.00	2.00	1.00	2.00	1.00	2.00	.30
6	2.00	1.00	2.00	2.00	1.00	2.00	1.00	6.70
7	2.00	2.00	1.00	1.00	2.00	2.00	1.00	12.70
8	2.00	2.00	1.00	2.00	1.00	1.00	2.00	10.70

实验图 5－1　实验示例的数据格式

（2）操作步骤

1）选择菜单“分析（Analyze）→一般线性模型（General Linear Models）→单变量（Univariate）”，在弹出的“单变量（Univariate）”主对话框中，将 Y 送入“因变量（Dependent）”框，将 A、B、C、D、E、CE、X 都送入“固定因子（Fixed Factor（s））”框，见实验图 5－2。

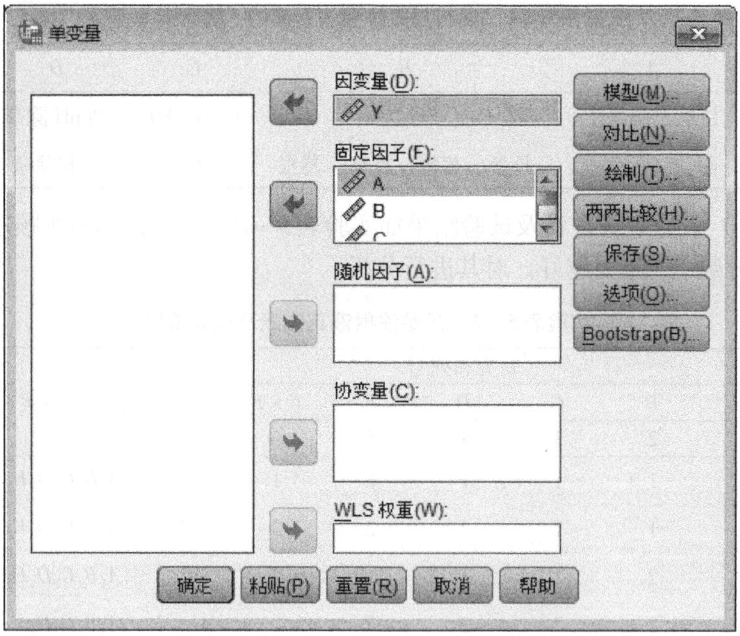

实验图 5－2　单变量（Univariate）主对话框

2）单击“模型（Model）”按钮，在对话框中选择“设定（Custom）”，将左边“因子与协变量”框中的变量 A、B、C、D、E、CE 逐个送入右边“模型（Model）”框中（空列 X 不动）见实验图 5－3。单击“继续（Continue）”，返回“单变量（Univariate）”主对话框。

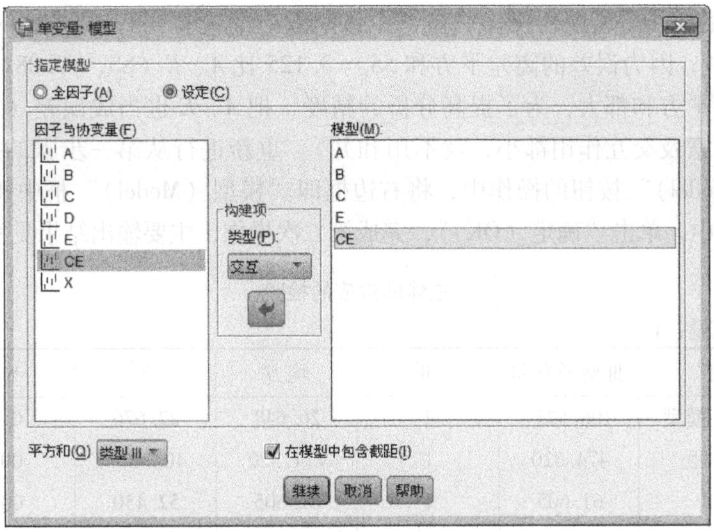

实验图 5－3　模型（Model）对话框

3）单击“选项（Options）”按钮，弹出“选项（Options）”对话框，将 A、B、C、D、E、CE 选入右边的“显示均值（Display Means for）”框，选中“描述统计（Descriptive statistics）”，见实验图 5－4。单击“继续（Continue）”，返回“单变量（Univariate）”主对话框。单击“确定（OK）”，完成第一次操作。

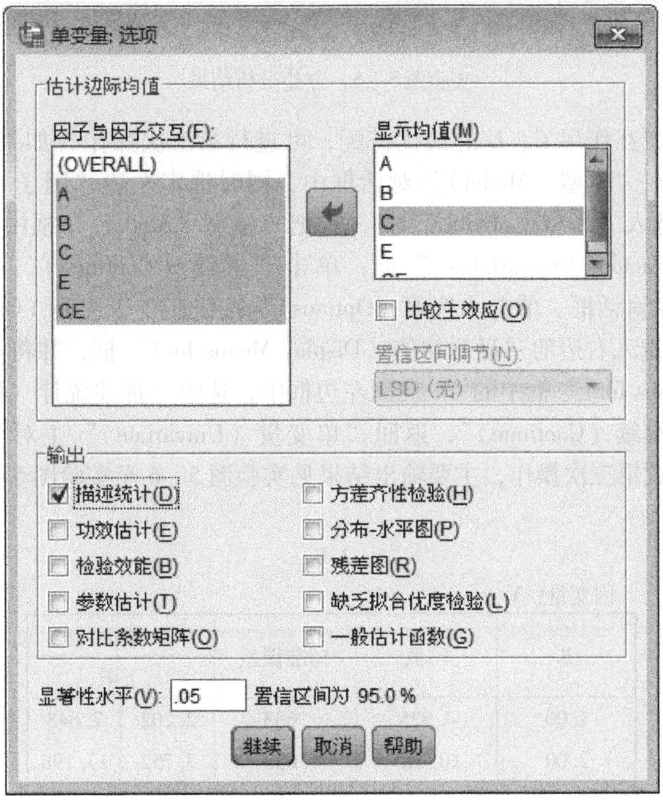

实验图 5－4　选项（Options）对话框

4）结果的初步分析及再操作。在“主体间效应的检验（Tests of Between - Subjects Effects)”图中，因为误差的离差平方和 $SS_e = 3.125$ 比 A、E（$SS_A = 0.08$、$SS_E = 0.320$）两因素的离差平方和都大，为了提高分析的精度，把 A、E 也当成误差（如果误差的离差平方和比因素及交互作用都小，就不用和并）。重新进行从第一步骤的操作，在第二步“模型（Model)”按钮的操作中，将右边框即“模型（Model)”框中 A、E 两因素分别送回左边框中。单击“确定（OK)”，完成第二次操作，主要输出结果见实验图 5 - 5。

主体间效应的检验

因变量：Y

源	Ⅲ型平方和	df	均方	F	Sig
校正模型	106.575[a]	4	26.644	22.676	014
截距	474.320	1	474.320	403.677	000
B	61.605	1	61.605	52.430	005
C	14.045	1	14.045	11.953	041
D	13.520	1	13.520	11.506	043
CE	17.405	1	17.405	14.813	031
误差	3.525	3	1.175		
总计	584.420	8			
校正的总计	110.100	7			

a. R 方 = .968（调整 R 方 = .925）

实验图 5 - 5　方差分析结果

5）为确定交互作用 C、E 的最优搭配，可进行第三次操作（如果没有交互作用，此步可省略）。在“模型（Model)”对话框中，同时选定左边“因子与协变量”框中 C、E 把 $C*E$ 选入“模型（Model)”框，并把“模型（Model)”框中的 CE 送回“因子及协变量（Factors &Covariates)”框，单击“继续（Continue)”，返回“单变量（Univariate)”主对话框。单击“选项（Options)”按钮，在“选项（Options)”对话框中将左边 $C*E$ 选入右边的“显示均值（Display Means for)”框，并将右边的“显示均值（Display Means for)”框中的 CE 放回左边框中，选中“描述统计（Descriptive statistics)”。单击“继续（Continue)”，返回“单变量（Univariate)”主对话框，单击“确定（OK)”，完成第三次操作，主要输出结果见实验图 5 - 6 至实验图 5 - 8。

2. B

因变量：Y

B	均值	标准误差	95% 置信区间	
			下限	
1.00	4.925	.633	2.202	7.648
2.00	10.475	.633	7.752	13.198

实验图 5 - 6　B 的各水平均数

6. C * E

因变量：Y

C	E	均值	标准误差	95%置信区间	
				下限	上限
1.00	1.00	7.350	.895	3.499	11.201
	2.00	10.700	.895	6.849	14.551
2.00	1.00	7.650	.895	3.799	11.501
	2.00	5.100	.895	1.249	8.951

实验图 5-7　C、E 间的各水平均数

4. D

因变量：Y

D	均值	标准误差	95%置信区间	
			下限	上限
1.00	6.400	.633	3.677	9.123
2.00	9.000	.633	6.277	11.723

实验图 5-8　D 的各水平均数

3. 结果分析

由实验图 5-5 可知，按主次关系可得：因素 B：$F=52.430$、$P=0.005<0.01$；交互作用 $C\times E$：$F=14.813$、$P=0.031<0.05$；因素 C：$F=11.953$、$P=0.041<0.05$；因素 D：$F=11.506$、$P=0.043<0.05$。均有统计学意义，为主要因素。

按主次关系，由实验图 5-6 知，因素 B 在二水平 B_2 时平均值最大，取 B_2；交互作用 $C\times E$ 的最佳组合为：由实验图 5-7 知，因素 C 的一水平 C_1 和因素 E 的二水平 E_2 搭配时平均值最大，故取 C_1E_2；由实验图 5-8 知，因素 D 在二水平 D_2 时平均值最大，取 D_2。所以最优条件应为 $B_2C_1E_2D_2$，即用中药丹参、黄精、首乌、葛根，加吐温-80，用明胶除杂，水煎煮。

本例的正交试验设计资料的方差分析先进行预分析，判断是否有离均差平方和小于误差的离均差平方和的因素和交互作用，如果有，第二次分析时，在 Model 框中把所有离均差平方和小于误差离均差平方的因素、交互作用送回到左边框中，以提高方差分析的精度。如果没有离均差平方和小于误差的离均差平方和的因素和交互作用，就不用进行预分析。

（二）正交试验中有重复试验的方差分析

1. 实验示例

在胃蛋白酶凝乳最佳工艺研究中，认为影响出品率的因素主要有 A 温度、B 作用时间、C 凝乳 pH 值、D 酶浓度四个因素，每个因素只有三个水平，因素水平表如实验表 5-3，以出品率作为质量指标重复两次进行试验，试验结果如实验表 5-4，试对此进行分析，找出最佳工艺条件。

实验表 5－3　胃蛋白酶生产工艺因素水平表

水平	*A* 水解温度	*B* 作用时间	*C* 凝乳 pH 值	*D* 酶浓度
1	35	35	6.0	2
2	45	45	6.5	3
	55	55	7.0	4

实验表 5－4　胃蛋白酶生产工艺正交表

表头	*A*	*B*	*C*	*D*	试验结果 *Y*	
列号	1	2	3	4	1	2
1	1	1	1	1	38.83	35.41
2	1	2	2	2	46.22	46.85
3	1	3	3	3	48.82	51.02
4	2	1	2	3	46.58	46.00
5	2	2	3	1	48.02	52.14
6	2	3	1	2	41.78	39.01
7	3	1	3	2	54.81	57.25
8	3	2	1	3	46.82	44.25
9	3	3	2	1	45.08	46.35

2. 操作

（1）数据文件　以 *A*、*B*、*C*、*D*、*Y* 为变量名的数据文件如实验图 5－9 所示（将正交表重复两次，试验结果列于其后）。

	A	B	C	D	Y2
1	1.00	1.00	1.00	1.00	38.83
2	1.00	2.00	2.00	2.00	46.22
6	2.00	3.00	1.00	2.00	41.78
7	3.00	1.00	3.00	2.00	54.81
8	3.00	2.00	1.00	3.00	46.82
9	3.00	3.00	2.00	1.00	45.08
10	1.00	1.00	1.00	1.00	35.41
11	1.00	2.00	2.00	2.00	46.85
15	2.00	3.00	1.00	2.00	39.01
16	3.00	1.00	3.00	2.00	57.25
17	3.00	2.00	1.00	3.00	44.25
18	3.00	3.00	2.00	1.00	46.35

实验图 5－9　实验示例的数据格式

（2）操作步骤　选择菜单"分析（Analyze）→一般线性模型（General Linear Models）→单变量（Univariate）"，在弹出的"单变量（Univariate）"主对话框中，将 *Y* 送入"因变量（Dependent）"框，将 *A*、*B*、*C*、*D* 都送入"固定因子（Fixed Factor（s））"框。

单击"模型（Model）"按钮，在弹出的对话框中，选择"设定（Custom）"，将左边框中的 *A*、*B*、*C*、*D* 逐个送入右边"模型（Model）"框中。单击"继续（Continue）"，返回"单变量（Univariate）"主对话框。

单击"选项（Options）"按钮，弹出"选项（Options）"对话框，将 *A*、*B*、*C*、*D* 选入右边的"显示均值（Display Means for）"框，选中"描述统计（Descriptive statistics）"。单击"继续（Continue）"，返回"单变量（Univariate）"主对话框。

单击"确定（OK）"，完成正交试验设计的方差分析。结果如实验图 5－10。

主体间效应的检验

因变量：Y

源	Ⅲ型平方和	df	均方	F	Sig
校正模型	484.192[a]	8	60.524	19.423	.000
截距	38756.992	1	38756.992	12437.970	.000
A	68.571	2	34.285	11.003	.004
B	12.539	2	6.270	2.012	.190
C	363.005	2	181.502	58.248	.000
D	40.077	2	20.039	6.431	.018
误差	28.044	9	3.116		
总计	3969.228	18			
校正的总计	512.236	17			

a. R 方 =.945（调整 R 方 =.897）

实验图 5－10　方差分析结果

3. 结果分析

由实验图 5－10 可知，按主次关系可得：因素 C：$F=58.248$、$P=0.000<0.01$；因素 A：$F=11.003$、$P=0.004<0.01$；因素 D：$F=6.431$、$P=0.018<0.05$，均有统计学意义，为主要因素；因素 B：$F=2.012$、$P=0.190>0.05$，无统计学意义，为次要因素。

再根据均数水平表，得最佳工艺条件为 $A_3B_1C_3D_2$，即水解温度为 55℃、作用时间为 35 分钟、凝乳 pH 值为 7、酶浓度为 3。

【实验练习】

1. 研究雌螺产卵的最优条件，在 20cm^2 的泥盒里饲养同龄雌螺 10 只，试验条件有 4 个因素见实验表 5－5，每个因素有 2 个水平，考虑温度 A 与含氧量 B 对雌螺产卵的交互作用。选用 $L_8(2^7)$ 正交表进行试验设计，表头设计和试验结果见实验表 5－6。试进行方差分析。

实验表 5－5　雌螺产卵条件的因素与水平

水平	A 因素温度（℃）	B 因素含氧量（%）	C 因素含水量（%）	D 因素 pH 值
1	5	0.5	10	6.0
2	25	5.0	30	8.0

实验表 5－6　雌螺产卵条件的正交试验方案及试验结果

试验号	1	2	3	4	5	6	7	产卵数量
	A	B	AB	C			D	
1	1	1	1	1	1	1	1	86
2	1	1	1	2	2	2	2	95

续表

试验号	1 A	2 B	3 AB	4 C	5	6	7 D	产卵数量
3	1	2	2	1	1	2	2	91
4	1	2	2	2	2	1	1	94
5	2	1	2	1	2	1	2	91
6	2	1	2	2	1	2	1	96
7	2	2	1	1	2	2	1	83
8	2	2	1	2	1	1	2	88

2. 为了探讨花生锈病药剂防治效果，进行药剂种类（A）、浓度（B）、剂量（C）3因素3水平试验，选用 $L_9(3^4)$ 正交表安排试验，试验重复两次。正交试验方案及结果见实验表5－7（产量kg/小区，小区面积133.3m^2）。试对结果进行方差分析。

实验表5－7　防治花生锈病正交表

表头	A	B	C		试验结果 Y	
列号	1	2	3	4	1	2
1	1	1	1	1	28.0	28.5
2	1	2	2	2	35.0	34.8
3	1	3	3	3	32.2	32.5
4	2	1	2	3	33.0	33.2
5	2	2	3	1	27.4	27.0
6	2	3	1	2	31.8	32.0
7	3	1	3	2	34.2	34.5
8	3	2	1	3	22.5	23.0
9	3	3	2	1	29.4	30.0

二、均匀试验设计分析

【实验目的】 掌握用SPSS统计软件进行均匀试验设计结果的分析。

【实验原理】 均匀试验设计分析的方法主要用回归分析法。

当各因素与因变量的关系是线性关系时，可采用线性回归分析的方法。线性回归方程为：

$$\hat{y} = b_0 + \sum^{m} b_i x_i = b_0 + b_1 x_i + b_2 x_2 + \cdots + b_m x_m \qquad (实验5-10)$$

当各因素与因变量的关系是非线性关系或因素之间存在交互作用时，可采用多项式回归分析的方法。如二次多项式回归方程为：

$$\hat{y} = b_0 + \sum_{i=1}^{m} b_i x_i + \sum_{i,j=1}^{T} b_{ij} x_i x_j + \sum_{i=1}^{m} b_{ii} x_i^2, T = C_m^2 \qquad (实验5-11)$$

其中 x_ix_j 反映因素间的交互效应，通过变量变换，可化为多元线性方程，即令

$$x_l = x_ix_j \quad (i = 1,2,\cdots m, j \geqslant 1)$$

方程化为

$$\hat{y} = b_0 + \sum_{l=1}^{2m+T} b_l x_l, T = C_m^2 \qquad (实验5-12)$$

【实验内容】

（一）均匀试验设计的线性回归分析

1. 实验示例

在大承气汤泻下作用的研究中，考察的因素水平表如实验表5-8，

实验表5-8　考察因素水平

水平	1	2	3	4	5	6	7
大黄（A）	16.0	8.0	4.0	2.0	1.0	0.5	0.0
芒硝（B）	6.0	3.0	1.5	0.75	0.375	0.1875	0.0
枳实（C）	16.0	8.0	4.0	2.0	1.0	0.5	0.0
厚朴（D）	24.0	12.0	6.0	3.0	1.5	0.75	0.0

选用均匀设计表 $U_7(7^6)$，根据其使用表选择1、2、3、6列，得实验结果如实验表5-9,试对结果进行回归分析并找出最佳药品搭配。

实验表5-9　大承气汤均匀设计表及实验结果

组别	大黄 A	芒硝 B	枳实 C	厚朴 D	试验结果 排便均数 Y
1	16.0	3.0	4.0	0.75	10.20
2	8.0	0.75	0.5	1.5	7.20
3	4.0	0.1875	8.0	3.0	8.40
4	2.0	6.0	1.0	6.0	2.60
5	1.0	1.5	16.0	12.0	10.10
6	0.50	.375	2.0	24.0	11.20
7	0.00	0.0	0.0	0.0	4.80

2. 操作

（1）数据文件　以 A、B、C、D、Y 为变量名建立配对格式数据文件。

（2）操作步骤　选择菜单“分析（Analyze）→回归（Regression）→线性（Linear)”，在弹出的“线性回归（Linear Regression)”主对话框将 Y 送入“因变量（Dependent)”框中，将 A、B、C、D 送入“自变量（Independent（s))”框中，单击“确定（OK)”。

3. 结果分析

输出结果见实验图 5－11 和实验图 5－12。

Anova[a]

源型		平方和	df	均方	F	Sig.
1	回归	58.874	4	14.719	59.573	.017[b]
	残差	.494	2	.247		
	总计	59.369	6			

a. 因变量：Y

b. 预测变量：（常量），D，B，C，A

实验图 5－11　回归分析的方差分析表

从实验图 5－11 可知，回归方程的 $F=59.573$，$P=0.017<0.05$，回归方程有统计学意义。

系数[a]

模型		非标准化系数		标准系数	t	Sig.
		B	标准误差	试用版		
1	（常量）	4.483	.412		10.887	.008
	A	.416	.040	.762	10.267	.009
	B	−.738	.096	−.508	−7.669	.017
	C	.201	.036	.368	5.556	.031
	D	.263	.027	.723	9.751	.010

a. 因变量：Y

实验图 5－12　回归方程的参数估计

从实验图 5－12 可知，A、B、C、D 的 P 值均小于 0.05，均有统计学意义。线性回归方程为：$Y=4.483+0.416A-0.738B+0.201C+0.263D$。因 A、C、D 前为正号，所以大黄、枳实、厚朴可明显增加排便数，而 B 前为负号，所以芒硝则明显减少排便数。

（二）均匀试验设计的二次回归分析

1. 实验示例

在阿魏酸的合成工艺考察中，为了提高产量，选取了原料配比（X_1），吡啶量（X_2）和反应时间（X_3）三个因素，它们各取 7 个水平如实验表 5－10 所示。

实验表 5－10　影响阿魏酸产量的 3 因素 7 水平

因素水平	1	2	3	4	5	6	7
A 原料配比 X_1	1.0	1.4	1.8	2.2	2.6	3.0	3.4
B 吡啶量 X_2（mL）	10	13	16	19	22	25	28
C 反应时间 X_3	0.5	1.0	1.5	2.0	2.5	3.0	3.5

将 A、B、C 放于 $U_7(7^6)$ 表的 1、2、3 列，试验结果见实验表 5－11。

实验表 5-11　$U_7(7^4)$ 表安排试验

试验号	表头与列号			试验方案	试验结果收率 Y
	A (X_1)	B (X_2)	C (X_3)		
	1	2	3		
1	1 (1.0)	2 (13)	3 (1.5)	$A_1B_2C_3$	0.330
2	2 (1.4)	4 (19)	6 (3.0)	$A_2B_4C_6$	0.336
3	3 (1.8)	6 (25)	2 (1.0)	$A_3B_6C_2$	0.294
4	4 (2.2)	1 (10)	5 (2.5)	$A_4B_1C_5$	0.476
5	5 (2.6)	3 (16)	1 (0.5)	$A_5B_3C_1$	0.209
6	6 (3.0)	5 (22)	4 (2.0)	$A_6B_5C_4$	0.451
7	7 (3.4)	7 (28)	7 (3.5)	$A_7B_7C_7$	0.482

建立 Y 关于 X_1、X_2、X_3 的二次多项式逐步回归方程，确定最优试验方案。

2. 操作

（1）数据文件　以 *A*、*B*、*C*、*AA*、*BB*、*CC*、*AB*、*AC*、*BC*、*Y* 为变量名建立数据文件如图 5-13 所示，其中 *AA*、*BB*、*CC* 为 *A*、*B*、*C* 数据的平方；*AB*、*AC*、*BC* 为 *A*、*B*、*C* 数据的两两乘积。

	A	B	C	AA	BB	CC	AB	AC	BC	Y
1	1.00	13.00	1.50	1.00	169.00	2.25	13.00	1.50	19.50	.3300
2	1.40	19.00	3.00	1.96	361.00	9.00	26.60	4.20	57.00	.3360
3	1.80	25.00	1.00	3.24	625.00	1.00	45.00	1.80	25.00	.2940
4	2.20	10.00	2.50	4.84	100.00	6.25	22.00	5.50	25.00	.4760
5	2.60	16.00	.50	6.76	256.00	.25	41.60	1.30	8.00	.2090
6	3.00	22.00	2.00	9.00	484.00	4.00	66.00	6.00	44.00	.4510
7	3.40	28.00	3.50	11.56	784.00	12.25	95.20	11.90	98.00	.4820

实验图 5-13　例题的数据格式

（2）操作步骤　选择菜单“分析（Analyze）→回归（Regression）→线性（Linear）”，在弹出的“线性回归（Linear Regression）”主对话框将 *Y* 送入“因变量（Dependent）”框中，将 *A*、*B*、*C*、*AA*、*BB*、*CC*、*AB*、*AC*、*BC* 送入“自变量（Independent(s)）”框中，在“方法（Method）”选项上选“逐步（Stepwise）”。单击“选项（Options）”按钮，弹出“线性回归：选项（Linear Regression：Options）”对话框如实验图 5-14 所示，在“步进方法标准（Stepping Method Criteria）”选项上，将进入标准改成 0.1，删除标准改成 0.15。单击“继续（Continue）”，返回“线性回归（Linear Regression）”对话框，单击“确定（OK）”。

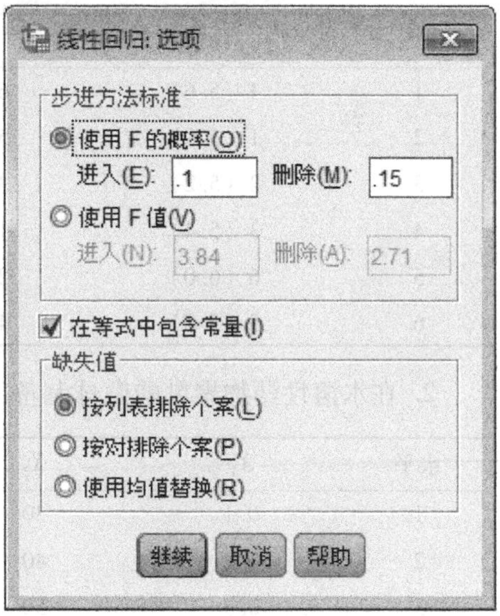

实验图 5-14　线性回归：选项（Linear Regression：Options）对话框

3. 结果分析

二次多项式逐步回归分析结果如实验图 5-15。

系数[a]

模型		非标准化系数		标准系数	t	Sig.
		B	标准误差	试用版		
1	（常量）	.264	.041		6.401	.001
	AC	.023	.007	.815	3.148	.025

a. 因变量：Y

实验图 5-15　回归系数的估计

由此得到回归方程为

$$\hat{y} = 0.264 + 0.023X_1X_3$$

因二次多项式回归方程中 X_1X_3 的偏回归系数 $b_{13}=0.023>0$，X_1、X_3 应取试验范围的最大值，X_2 根据实际取最小值，故最优点的近似估计为

$$X_1 = 3.4 \quad X_2 = 10 \quad X_3 = 3.5$$

故最优方案的近似估计为：配比 3.4，吡啶量 10mL，反应时间 3.5h。将 $X_1=3.4$，$X_2=10$，$X_3=3.5$ 代入方程得 $Y=0.5377$。

【实验练习】

1. 在木瓜蛋白酶嫩化牛肉的研究中，经单因素的方差分析，选择的因素：pH 值为：5，5.2，5.4，5.6，5.8，6.0；木瓜蛋白酶溶液的浓度：0.03%，0.04%，0.05%，0.06%，007%，0.08%；嫩化时间：9h，10h，11h，12h，13h，14h。选取 $U_6^*(6^4)$ 均匀表，使用 1、2、3 列，随机进行试验，试验方案如下，试对结果进行分析。

	pH 值	浓度	嫩化时间	剪切力
1	4（5.6）	6（0.08）	2（10）	1.82
2	1（5.0）	5（0.07）	4（12）	1.96
3	2（5.2）	3（0.05）	1（9）	2.25
4	3（5.4）	1（0.03）	5（13）	2.53
5	6（6.0）	2（0.04）	3（11）	2.31
6	5（5.8）	4（0.06）	6（14）	2.14

2. 在水溶性药物聚乳酸微球制备工艺的研究中，选定的因素水平如下表。

水平	X_1	X_2	X_3	X_4	X_5
1	0.1	30	0.5	800	0
2	0.2	40	1	900	0.1
3	0.3	50	1.5	1000	0.2
4	0.4	60	2	1100	0.3

续表

水平	X_1	X_2	X_3	X_4	X_5
5	0.5	70	2.5	1200	0.4
6	0.6	80	3	1300	0.5
7	0.7	90	3.5	1400	0.6
8	0.8	100	4	1500	0.7

选择 $U_8(8^5)$ 的均匀表，试验方案及结果如下表，试对结果进行分析。

水平	X_1	X_2	X_3	X_4	X_5	Y_1（包封率）	Y_2（平均粒径）
1	1（0.1）	5（70）	3（1.5）	4（1100）	8（0.7）	88.6	60.8
2	3（0.3）	8（100）	4（2.0）	7（1400）	2（0.1）	97.6	23.8
3	8（0.8）	6（80）	1（0.5）	5（1200）	5（0.4）	93.8	54.6
4	2（0.2）	3（50）	8（4.0）	6（1300）	4（0.3）	90.3	48.8
5	7（0.7）	4（60）	6（3.0）	3（1000）	1（0.0）	95.6	63.3
6	6（0.6）	2（40）	5（2.5）	8（1500）	7（0.6）	86.1	19.0
7	4（0.4）	1（30）	2（1.0）	2（900）	3（0.2）	94.9	68.8
8	5（0.5）	7（90）	7（3.5）	1（800）	6（0.5）	96.7	77.3

实验六　聚类分析与判别分析

一、聚类分析

【实验目的】掌握用 SPSS 统计软件进行聚类分析。

【实验原理】聚类分析能够通过样本间距离（变量之间的相关系数）将样本个体（指标变量）进行分类，从而将性质相近的事物归在一类，将性质差别较大的归在不同类，即同类内事物之间的性质差别小，类与类之间事物的性质差别大。

聚类分析可以根据对样本和指标变量聚类分为 Q 型聚类和 R 型聚类。

聚类分析的方法有系统聚类、K 类中心聚类、两步聚类等。这里只介绍系统聚类方法。

系统聚类（Hierarchical Cluster）可以对指标聚类，也可以对样本聚类。系统聚类是先将 n 个变量或样品看成 n 类，然后将性质相近（或相似程度最大）的两类合并成为一个新类，此时分成 $n-1$ 类，再从各类中找到最接近的两类合并成一类，此时分成 $n-2$ 类，以此类推，最后所有的变量或样品聚成一类。

【实验内容】

1. 实验示例

某小学 10 名 9 岁男学生六个项目的智力测验得分如实验表 6－1 所示，试对这 10 名学生的智力状态进行聚类分析。

实验表 6-1　某小学 10 名 9 岁男学生六个项目的智力测验得分

学生编号	1	2	3	4	5	6	7	8	9	10
常识 x_1	14	10	11	7	13	19	20	9	9	9
算术 x_2	13	14	12	7	12	14	16	10	8	9
理解 x_3	28	15	19	7	24	22	26	14	15	12
填图 x_4	14	14	13	9	12	16	21	9	13	10
积木 x_5	22	34	24	20	26	23	38	31	14	23
译码 x_6	39	35	39	23	38	37	69	46	46	46

2. 操作

（1）数据文件　以“常识、算术、理解、填图、积木、译码”为变量名，将表中数据建立为 10 行 6 列的数据文件。

常识	算术	理解	填图	积木	译码
14	13	28	14	22	39
10	14	15	14	34	45
11	12	19	13	24	39
7	7	7	9	20	23
13	12	24	12	26	38
19	14	22	16	23	37
20	16	26	21	38	69
9	10	14	9	31	46
9	8	15	13	14	46
9	9	12	10	23	46

实验图 6-1　聚类分析数据文件

（2）操作步骤　选择菜单“分析（Analyze）→分类（Classify）→系统聚类（Hierarchical Cluster）”，弹出如实验图 6-2 所示的“系统聚类（Hierarchical Cluster）”主对话框，将变量常识至译码送入“变量（Variables）”框中，在“聚类（Cluster）”框中，选中“变量（Variables）”。

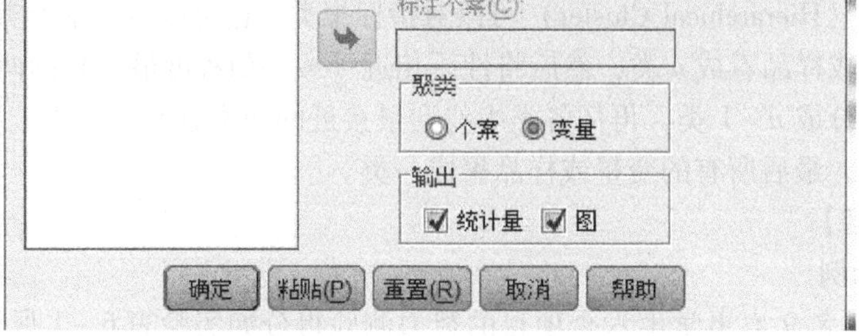

实验图 6-2　系统聚类主对话框

单击“统计量（Statistics）”按钮，弹出如实验图 6 - 3 所示“统计量”对话框，可以指定“合并进程表（Agglomeration schedule）”。

单击“绘制（Plots）”按钮，弹出如实验图 6 - 4 所示“绘制”对话框，可以选中“树状图”。

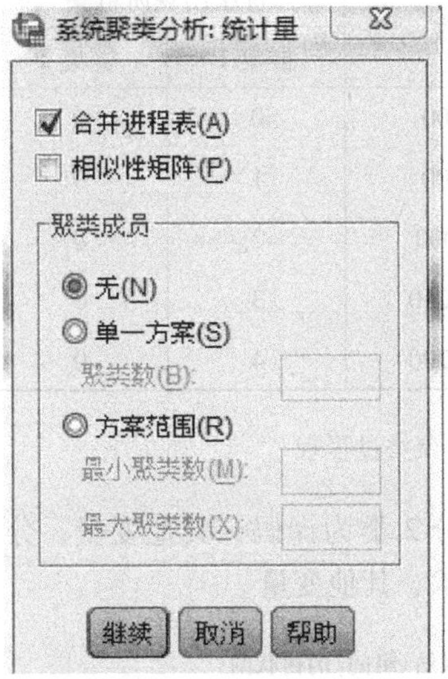

实验图 6 - 3　统计量对话框

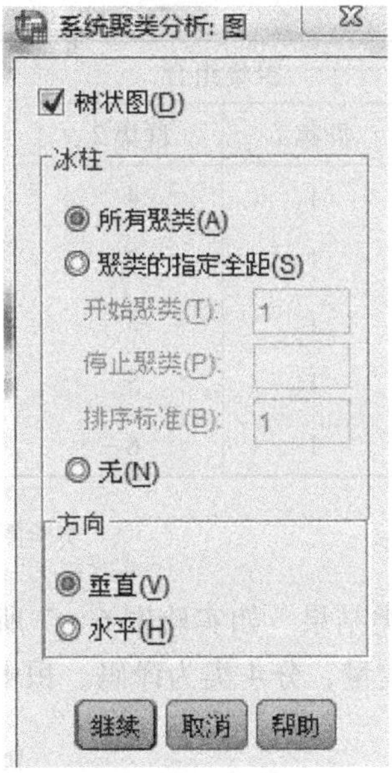

实验图 6 - 4　绘制对话框

单击“方法（Method）”按钮，弹出如实验图 6 - 5 所示“方法”对话框，选定“组间联接（Between - groups linkage）”“平方欧式距离（Squared Euclidean distance）”，最后单击主对话框中“确定（OK）”。

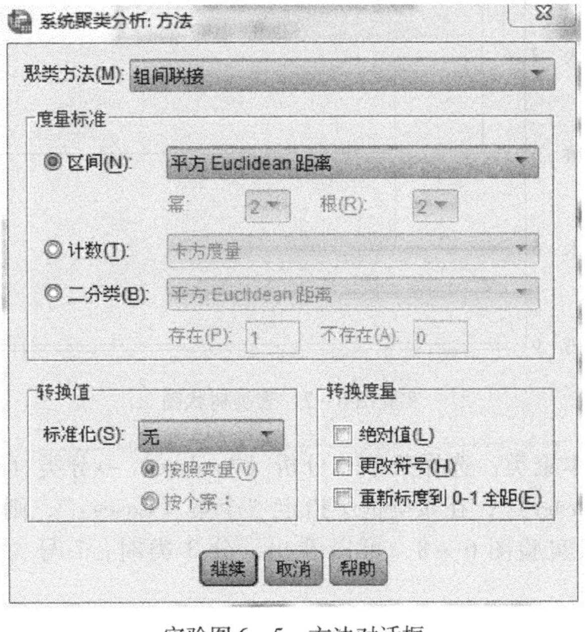

实验图 6 - 5　方法对话框

3. 结果分析

(1) 聚类过程如实验图 6 - 6，第 1 步为常识、填图并为 1 类，第 2 步与算术并为 1 类，等等。

聚类表

阶	群集组合		系数	首次出现阶群集		下一阶
	群集 1	群集 2		群集 1	群集 2	
1	1	4	52.000	0	0	2
2	1	2	62.000	1	0	3
3	1	3	551.000	2	0	4
4	1	5	1866.250	3	0	5
5	1	6	8307.200	4	0	0

实验图 6 - 6　聚类过程表

(2) 聚类结果　如实验图 6 - 7 所示，分 2 类为译码、其他变量，分 3 类为译码、积木、其他变量，分 4 类为译码、积木、算术、其他变量。

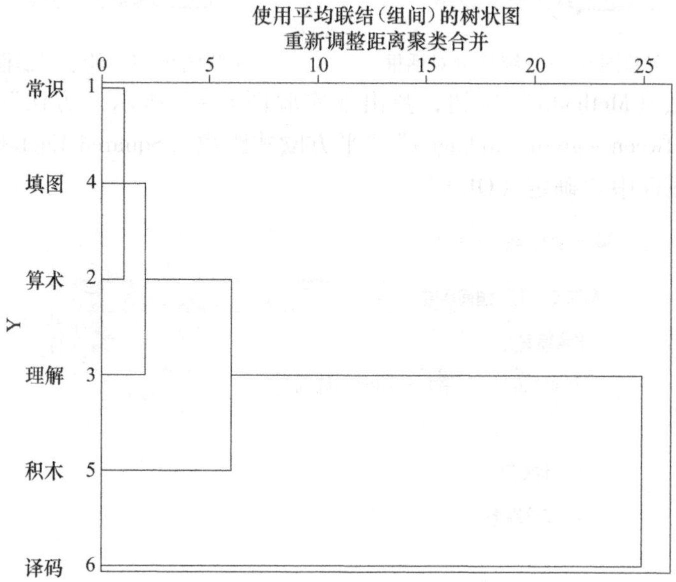

实验图 6 - 7　聚类树状图

对本例进行样本聚类：选择菜单“分析（Analyze）→分类（Classify）→系统聚类（Hierarchical Cluster）”，在聚类框中指定“个案（Cases）”，则可以得到学生的分类，聚类树状图见实验图 6 - 8，可以看出，分 3 类时，7 号、4 号、其他号各为一类。

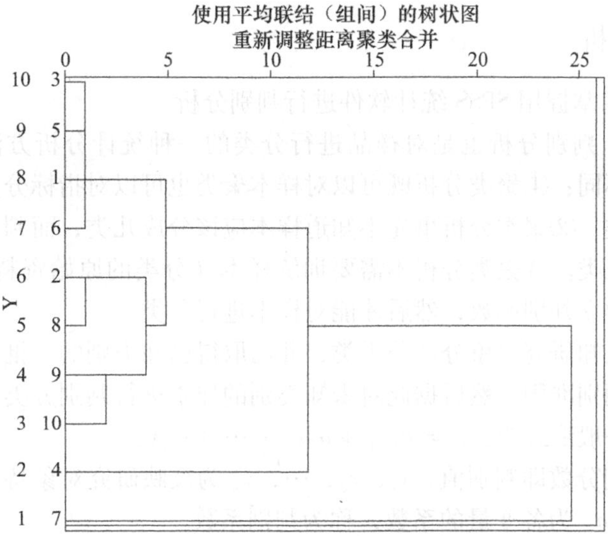

实验图 6-8　学生聚类树状图

【实验练习】

1. 对 29 个医院的床位使用率 x_1、治愈率 x_2、诊断指数 x_3 进行调查，数据见实验表 6-2，作 Q 型及 R 型聚类。

实验表 6-2　29 个医院的床位使用率、治愈率、诊断指数调查数据

编号	1	2	3	4	5	6	7	8	9	10	11	12	13	14	15
x_1	98.42	72.48	85.37	89.64	72.48	73.08	90.56	78.73	73.73	103.44	72.79	91.99	74.27	87.50	93.62
x_2	85.49	78.12	79.10	80.64	84.87	86.82	82.07	80.44	66.63	80.40	87.59	80.77	63.91	82.50	85.89
x_3	93.18	72.38	99.65	96.94	84.09	98.70	87.15	97.61	63.98	93.75	87.15	93.93	65.54	84.10	89.80

编号	16	17	18	19	20	21	22	23	24	25	26	27	28	29
x_1	81.82	78.69	73.13	86.19	80.83	72.21	70.84	77.32	68.87	88.00	73.39	80.13	76.22	80.74
x_2	88.45	77.01	92.94	83.55	80.69	80.95	83.67	79.64	82.81	80.96	71.40	87.65	80.82	80.14
x_3	97.90	76.79	92.12	93.90	85.05	85.40	90.85	89.72	92.75	79.32	92.54	85.10	86.61	92.34

2. 实验表 6-3 中是患有某疾病患者的病例数据，性别中 1、2 分别表示男、女，血压中 1、2、3 分别表示低、中、高，胆固醇浓度中 1、2 分别表示正常、高。试病人的情况进行归类，并描述每类病人的特征。

实验表 6-3　20 例患者病例数据

编号	年龄	性别	血压	胆固醇	钠含量	钾含量	编号	年龄	性别	血压	胆固醇	钠含量	钾含量
1	32	2	3	1	0.643	0.025	11	43	1	1	1	0.526	0.027
2	23	1	1	2	0.559	0.077	12	60	1	2	2	0.777	0.051
3	43	1	3	2	0.656	0.047	13	41	1	1	2	0.767	0.069
4	69	1	1	1	0.849	0.074	14	49	2	2	2	0.790	0.049
5	16	2	3	1	0.834	0.054	15	22	2	2	2	0.677	0.079
6	50	2	2	2	0.828	0.065	16	61	2	1	2	0.559	0.031
7	74	2	1	2	0.793	0.038	17	28	2	2	2	0.564	0.072
8	43	1	1	2	0.627	0.041	18	47	1	1	2	0.597	0.069
9	34	2	3	1	0.668	0.035	19	47	1	1	2	0.739	0.056
10	47	2	1	2	0.896	0.076	20	23	2	3	2	0.793	0.031

二、判别分析

【实验目的】 掌握用 SPSS 统计软件进行判别分析。

【实验原理】 判别分析也是对样品进行分类的一种统计分析方法，但是它与聚类分析有着本质的不同：①聚类分析既可以对样本聚类也可以对指标分类，而判别分析只能对样本进行分类。②聚类分析事先不知道样本应该分成几类，而判别分析必须事先知道样本应该分成几类。③聚类分析不需要训练样本（分类的原始资料），而判别分析需要根据训练样本建立判别函数，然后才能对样本进行分类。

判别分析是已知研究对象分成若干类，并已取得已知类别的一批样本，在此基础上建立判别函数和判别准则，然后据此对未知类别的样本进行判别分类。

判别函数的一般形式为：$Y = a_1x_1 + a_2x_2 + \cdots + a_mx_m$ （实验 6 - 1）

其中 Y 为判别分数即判别值，x_1，x_2，…，x_m 为反映研究对象特征的判别指标或变量，a_1，a_2，…，a_m 为各变量的系数，称为判别系数。

经典的判别分析方法有 Fisher 判别和 Bayes 判别。Fisher 判别法常用于两类判别；Bayes 判别法适用于 $g \geqslant 2$ 类的多类判别，Bayes 判别为每一类生产一个判别函数。

逐步判别法会使判别函数简洁，判别效果稳定。

【实验内容】

1. 实验示例

经名老中医辨证为实热、虚寒两种证型的 14 例功能性子宫出血患者皮质醇含量（μg/dL）x_1 和淋巴细胞转化率（%）x_2 资料见实验表 6 - 4。试建立对两种证型进行鉴别诊断的判别函数。若某功能性子宫出血就诊者 $x_1 = 18.0$（μg/dL），$x_2 = 65$（%），试判断该就诊者是何种证型。

实验表 6 - 4　实热（$y=1$）和虚寒（$y=2$）各 7 例的皮质醇含量（μg/dL）和淋巴细胞转化率（%）

编号	1	2	3	4	5	6	7	8	9	10	11	12	13	14
x_1	25.5	24.5	26.5	26	25	23.5	24.5	12.5	10.5	14.5	13	11.5	10.5	14.5
x_2	70.9	75.5	65.5	70.5	72.3	68.4	69.5	61.7	60.8	62.3	63.5	59.3	60.6	61.8
y	1	1	1	1	1	1	1	2	2	2	2	2	2	2

2. 操作

（1）数据文件　以 y、x1、x2 为变量名将表和待判样本（x1 = 18.0，x2 = 65）建立成如实验图 6 - 9 所示数据文件。

（2）操作步骤　选择菜单“分析（Analyze）→分类（Classify）→判别（Discriminant）”，弹出“判别分析（Discriminant）”主对话框如实验图 6 - 10，将 y 送入“分组变量（Grouping Variable）”，单击“定义范围（Define Range）”按钮，在弹出的对话框中的“最小值（Minimum）”框内键入 1，“最大值（Maximum）”框键入 2，单击“继续（Continue）”返回主对话框；将 x1，x2 送入

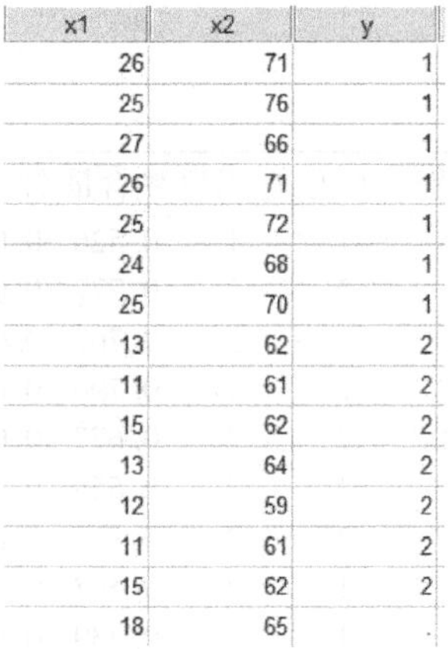

x1	x2	y
26	71	1
25	76	1
27	66	1
26	71	1
25	72	1
24	68	1
25	70	1
13	62	2
11	61	2
15	62	2
13	64	2
12	59	2
11	61	2
15	62	2
18	65	.

实验图 6 - 9　判别分析数据文件

“自变量（Independents）”框中，选择“一起输入自变量（Enter independents together）”。

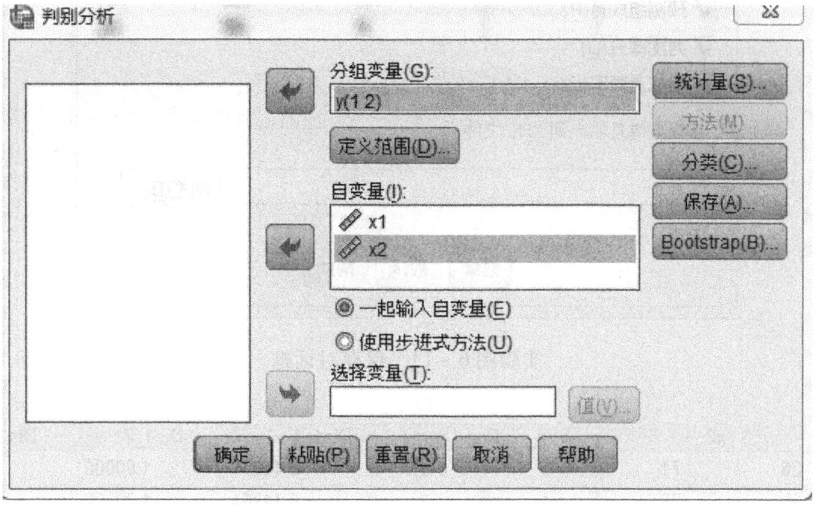

实验图 6-10　判别分析主对话框

单击“统计量（Statistics）”按钮，弹出实验图 6-11 所示“统计量”对话框，按图进行选择；单击“分类（Classify）”按钮，弹出实验图 6-12 所示分类对话框，按图进行选择；单击“保存（Save）”按钮，在弹出的如实验图 6-13 所示的对话框中选中“预测组成员（Predicted group membership）”“判别得分（Discriminant scores）”“组成员概率（Probabilities of group membership）”。单击主对话框中“确定（OK）”按钮，完成判别分析。

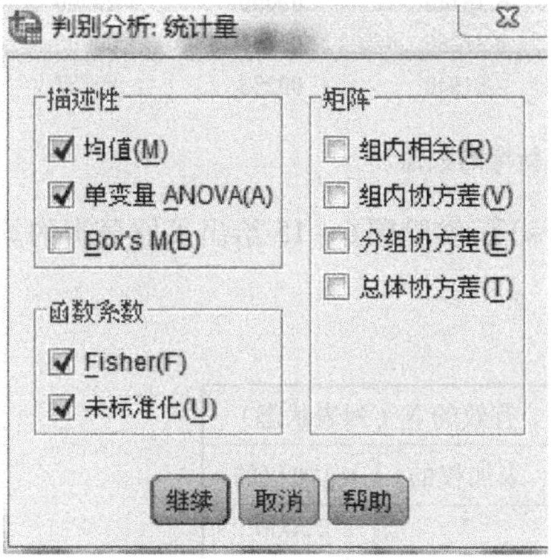

实验图 6-11　统计量对话框

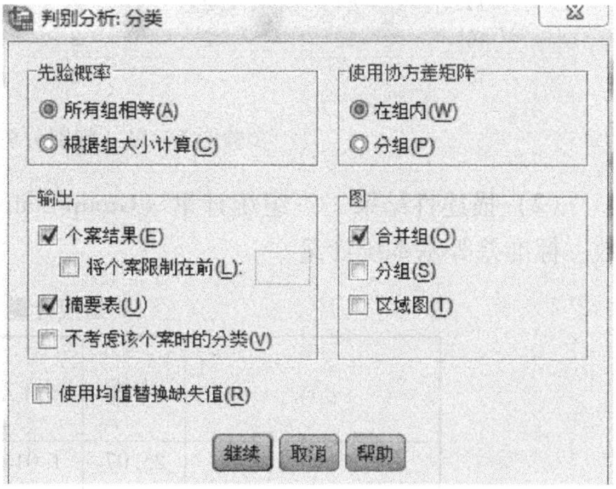

实验图 6-12　分类对话框

3. 结果分析

（1）数据的增加　数据文件中新增三个变量，即“各观测的判别分类（Dis_ 1）”“判别分数（Dis1_ 1）”“属于某一类的概率（Dis1_ 2、Dis2_ 2）”，如实验图 6-14。

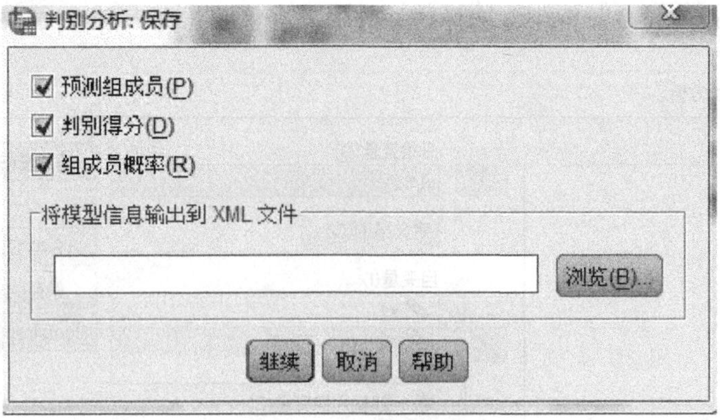

实验图 6 - 13　保存对话框

x1	x2	y	Dis_1	Dis1_1	Dis1_2	Dis2_2
26	71	1	1	5.14874	1.00000	.00000
25	76	1	1	5.11964	1.00000	.00000
27	66	1	1	5.06794	1.00000	.00000
26	71	1	1	5.42430	1.00000	.00000
25	72	1	1	5.01055	1.00000	.00000
24	68	1	1	3.48327	1.00000	.00000
25	70	1	1	4.29540	1.00000	.00000
13	62	2	2	-4.70833	.00000	1.00000
11	61	2	2	-6.15400	.00000	1.00000
15	62	2	2	-3.30387	.00000	1.00000
13	64	2	2	-4.13055	.00000	1.00000
12	59	2	2	-5.69905	.00000	1.00000
11	61	2	2	-6.18148	.00000	1.00000
15	62	2	2	-3.37256	.00000	1.00000
18	65	.	2	-.61940	.00263	.99737

实验图 6 - 14　判别分析后新增的数据

（2）描述性结果　“组统计量（Group Statistics）”实验图 6 - 15 给出了原分类的均数、标准差等基本统计量。

组统计量

Y		均值	标准差	有效的 N（列表状态）	
				未加权的	已加权的
1	x1	25.07	1.018	7	7.000
	x2	70.37	3.128	7	7.000
2	x1	12.43	1.694	7	7.000
	x2	61.43	1.346	7	7.000
合计	x1	18.75	6.696	14	14.000
	x2	65.90	5.185	14	14.000

实验图 6 - 15　组统计量

（3）判别函数表达式　实验图6－16中，原分类各指标间的方差分析，两自变量的P值都为0.000，可认为实热、虚寒两种辨证分型的判别函数中，皮质醇含量和淋巴细胞转化率都有统计学意义。

组均值的均等性的检验

	Wilks 的 Lambda	F	df1	df2	Sig.
x_1	.040	286.546	1	12	.000
x_2	.199	48.282	1	12	.000

实验图6－16　组均值的均等性检验

本例为两分类判别，只建立了1个典则判别函数。

标准化典则判别函数的系数不便于使用，如实验图6－17。非标准化典则判别函数使用起来方便，可以将实测的样品值直接代入求出判别得分，如实验图6－18。

$$y = 0.661x_1 + 0.137x_2 - 21.447$$

非标准化典则判别函数对观察对象进行两分类判别的规则是：$y>0$判为1类，$y<0$判为2类。对于待判样本（$x_1=18.0$，$x_2=65$），$y=0.661\times18.0+0.137\times65-21.447=-0.644<0$所以，判为2类（虚寒证型）。

结构矩阵

	函数
	1
x1	.944
x_2	.387

实验图6－17　标准化判别函数系数

典型判别式函数系数

	函数
	1
x1	.661
x2	.137
（常量）	-21.447

非标准化系数

实验图6－18　非标准化判别函数系数

（4）判别　函数的统计意义$\lambda=0.036$，$P=0.000$，这个典则判别函数有统计学意义，如实验图6－19。

Wilks 的 Lambda

函数检验	Wilks 的 Lambda	卡方	df	Sig.
1	.036	36.576	2	.000

实验图6－19　λ值

由实验图6－20可知，本例Fisher线性判别函数如下：

$y_1=11.601x_1+11.725x_2-558.679$，$y_2=5.265x_1+10.408x_2-353.095$。

Fisher线性判别函数对观察对象进行判别的规则：将观察对象的指标分别代入各类对应的判别函数中，求出判别函数值，比较哪个最大，该观察对象就判为那一类。对于待判样本（$x_1=18.0$，$x_2=65$）：

$$y_1 = 11.601\times18.0+11.725\times65-558.679=412.264$$

$$y_2 = 5.265\times18.0+10.408\times65-353.095=418.195$$

因为 $y_1 < y_2$，所以判为2类（虚寒证型）。

分类函数系数

	y	
	1	2
x1	11.601	5.265
x2	11.725	10.408
（常量）	-558.679	-353.095

Flsher 的线性判别式函数

实验图 6-20　Fisher 判别函数

用已知的训练样本回代得出的判别函数判别符合率，1类（实热证）为7人全判为1类，2类（虚热证）7人全判为2类，与原分类对照判别符合率100%，可以认为这个判别模型效果很好。待判样品1人判为2类，如实验图6-21。

分类结果[a]

Y			预测组成员		合计
			1	2	
初始	计数	1	7	0	7
		2	0	7	7
		未分组的案例	0	1	1
	%	1	100.0	.0	100.0
		2	.0	100.0	100.0
		未分组的案例	.0	100.0	100.0

a. 已对初始分组案例中的100.0%个进行了正确分类

实验图 6-21　判别函数的判别结果

【实验练习】

1. 测得15名冠心病人（$y=1$）和16名正常人（$y=2$）的舒张压 x_1（kPa）和血浆胆固醇 x_2（mmol/L）两项指标，数据如实验表6-5所示，试作判别分析。某3位受试者这两项指标数据为：①9.06、5.68；②13.00、3.43；③12.66、2.82。判断其归属。

实验表 6-5　15 名冠心病人和 16 名正常人舒张压和血浆胆固醇指标数据

y	x_1	x_2	y	x_1	x_2	y	x_1	x_2	y	x_1	x_2
1	9.86	5.18	1	13.33	5.96	2	10.66	2.07	2	10.66	3.21
1	13.33	3.73	1	13.33	5.70	2	12.53	4.45	2	10.66	5.02
1	14.66	3.89	1	12.00	6.19	2	13.33	3.06	2	10.40	3.94
1	9.33	7.10	1	14.66	4.01	2	9.33	3.94	2	9.38	4.92
1	12.80	5.49	1	13.33	4.01	2	10.66	4.45	2	10.66	2.69
1	10.66	4.09	1	12.80	3.63	2	10.66	4.92	2	10.66	2.43
1	10.66	4.45	1	13.33	5.96	2	9.33	3.68	2	11.20	3.42
1	13.33	3.63				2	10.66	2.77	2	9.33	3.63

2. 欲用4个指标鉴别3类疾病，现收集17例完整确诊的资料，见实验表6-6。试作逐步判别分析。

实验表 6-6 4 个指标的观测数据与判别结果

编号	x_1	x_2	x_3	x_4	原分类	编号	x_1	x_2	x_3	x_4	原分类
1	6.0	-11.5	19	90	1	10	-100.0	-21.4	7	-15	1
2	-11.0	-18.5	25	-36	3	11	-100.0	-21.5	15	-40	2
3	90.2	-17.0	17	3	2	12	13.0	-17.2	18	2	2
4	-4.0	-15.0	13	54	1	13	-5.0	-18.5	15	18	1
5	0.0	-14.0	20	35	2	14	10.0	-18.0	14	50	1
6	0.5	-11.5	19	37	3	15	-8.0	-14.0	16	56	1
7	-10.0	-19.0	21	-42	3	16	0.6	-13.0	26	21	3
8	0.0	-23.0	5	-35	1	17	-40.0	-20.0	22	-50	3
9	20.0	-22.0	8	-20	3						

3. 对健康人（$y=1$）、主动脉硬化患者（$y=2$）、冠心病患者（$y=3$），测得心电图5个指标 x_1、x_2、…、x_5 数据，如实验表 6-7 所示，作逐步判别分析。某受试者心电图5个指标数据为5.02、280.20、15.03、5.03、9.08，判断其归属。

实验表 6-7 3 种人群的心电图 5 个指标数据

编号	x_1	x_2	x_3	x_4	x_5	y_1	编号	x_1	x_2	x_3	x_4	x_5	y
1	6.80	308.90	15.11	5.52	8.49	2	13	4.71	352.50	20.79	5.07	11.00	3
2	8.11	261.10	13.23	6.00	7.36	1	14	8.10	287.63	7.38	5.32	11.32	2
3	9.36	185.39	9.02	5.66	5.99	1	15	8.90	159.51	14.16	4.91	9.79	1
4	5.22	330.34	18.19	4.96	9.61	3	16	3.71	297.79	17.12	6.04	8.17	2
5	8.68	258.69	14.02	4.79	7.16	2	17	3.36	347.31	17.90	4.65	11.19	3
6	9.85	249.58	15.61	6.06	6.11	1	18	7.71	203.43	16.01	5.15	8.79	2
7	2.55	137.13	9.21	6.11	4.35	1	19	5.37	274.32	16.75	4.98	9.67	2
8	5.67	355.54	15.13	4.97	9.43	3	20	8.27	289.52	12.74	5.46	6.94	3
9	6.01	231.34	14.27	5.21	8.79	1	21	7.51	303.59	19.14	5.70	8.53	3
10	4.71	331.47	21.26	4.30	13.72	3	22	9.89	251.00	19.47	5.19	10.49	2
11	9.64	231.38	13.03	4.88	8.53	1	23	8.06	189.31	14.41	5.72	6.15	1
12	4.11	260.25	14.72	5.36	10.02	3							

实验七 主成分分析与因子分析

一、主成分分析

【实验目的】 掌握用SPSS统计软件进行主成分分析。

【实验原理】 主成分分析能够通过线性组合，将原来的多个（p 个）指标组合成少数几个（m 个，$m<p$）互不相关的、能充分反映总体信息的指标，从而能够在保留大部分原始信息的同时，避开了原始指标的共线性问题，便于继续做进一步的统计分析。

设 X_1，X_2，…，X_m 为原始的 m 个指标，欲寻找能概括这 m 个指标主要信息的综合指标 Z_1，Z_2，…，Z_p（$p<m$），且综合指标之间互不相关。主成分分析的模型为：

$$\begin{cases} Z_1 = a_{11}X_1 + a_{12}X_2 + \dots + a_{1m}X_m \\ Z_2 = a_{21}X_1 + a_{22}X_2 + \dots + a_{2m}X_m \\ \qquad \dots \\ Z_p = a_{p1}X_1 + a_{p2}X_2 + \dots + a_{pm}X_m \end{cases} \qquad (实验 7-1)$$

SPSS 进行主成分分析时，原则上如果有 m 个变量，则最多可以提取 m 个主成分，但是如果全部提取出来就失去了简化数据的意义，所以提取的主成分的个数小于原来变量的个数 m。确定提取主成分的数目常用的方法有：①累积贡献率原则，一般要求累计贡献率大于70% ~85%。②特征值原则，若主成分的特征值≥1，便可考虑保留这个主成分。③综合考虑累积贡献率和特征值。

【实验内容】

1. 实验示例

测得 20 名 3 岁儿童的 6 项基本体格指标，体重 x_1、身高 x_2、胸围 x_3、上臂围 x_4、三头肌 x_5、肩胛下骨 x_6，数据如实验表 7-1 所示，试做主成分分析。

实验表 7-1　20 名 3 岁儿童的 6 项基本体格指标

儿童	x_1	x_2	x_3	x_4	x_5	x_6	儿童	x_1	x_2	x_3	x_4	x_5	x_6
1	13.5	95.0	52.2	15.5	10.0	6.0	11	15.0	100.	52.0	15.5	10.0	6.0
2	14.5	102.	49.0	16.0	8.0	7.0	12	15.3	100.	53.0	16.0	9.0	7.0
3	13.0	97.6	49.0	15.0	8.0	6.0	13	11.7	93.4	45.0	14.0	7.0	6.0
4	15.4	100.	53.5	15.5	8.0	5.0	14	12.5	93.3	48.5	15.5	8.0	6.0
5	16.5	100.	54.0	17.0	9.0	8.0	15	14.3	92.8	52.5	16.0	11.0	9.0
6	13.1	93.5	51.0	15.0	9.0	8.0	16	14.8	100.	51.5	15.3	6.0	7.0
7	14.7	97.5	50.0	15.5	9.0	7.0	17	14.8	98.5	51.5	16.0	7.0	5.0
8	14.3	95.1	51.4	15.7	9.0	6.0	18	13.3	92.5	48.0	15.3	7.0	6.0
9	13.9	95.6	52.0	14.5	10.0	6.0	19	13.5	93.5	49.5	16.0	12.0	7.0
10	11.3	99.0	51.0	13.7	7.0	5.0	20	12.5	93.0	49.0	15.9	8.0	7.0

2. 操作

（1）数据文件　以 x1、x2、x3、x4、x5、x6 为变量名将表中数据建立成 20 行 6 列的数据文件，如实验图 7-1。

x1	x2	x3	x4	x5	x6
13.50	95.00	52.20	15.50	10.00	6.00
14.50	102.00	49.00	16.00	8.00	7.00
13.00	97.60	49.00	15.00	8.00	6.00
15.40	100.00	53.50	15.50	8.00	5.00
16.50	100.00	54.00	17.00	9.00	8.00
13.10	93.50	51.00	15.00	9.00	8.00
14.70	97.50	50.00	15.50	9.00	7.00
14.30	95.10	51.40	15.70	9.00	6.00
13.90	95.60	52.00	14.50	10.00	6.00
11.30	99.00	51.00	13.70	7.00	5.00
15.00	100.00	52.00	15.50	10.00	6.00
15.30	100.00	53.00	16.00	9.00	7.00
11.70	93.40	45.00	14.00	7.00	6.00
12.50	93.30	48.50	15.50	8.00	6.00
14.30	92.80	52.50	16.00	11.00	9.00
14.80	100.00	51.50	15.30	6.00	7.00
14.80	98.50	51.50	16.00	7.00	5.00
13.30	92.50	48.00	15.30	7.00	6.00
13.50	93.50	49.50	16.00	12.00	7.00
12.50	93.00	49.00	15.90	8.00	7.00

实验图 7-1　主成分分析数据格式

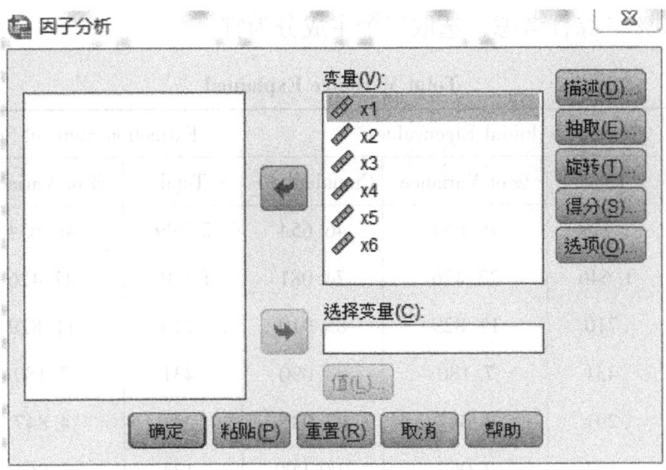

实验图 7-2　主成分分析数据格式

（2）操作步骤　选择菜单“分析（Analyze）→降维（Data Reduction）→因子分析（Factor）”，弹出“因子分析”主对话框，见实验图 7-2，将 x1 至 x6 送入“变量（Variables）”框中，单击“抽取（Extraction）”，弹出抽取对话框见实验图 7-3，选择“因子的固定数量（Number of factors）”键入原始变量的数目 6，单击“继续（Continue）”，返回主对话框，单击“确定（OK）”。

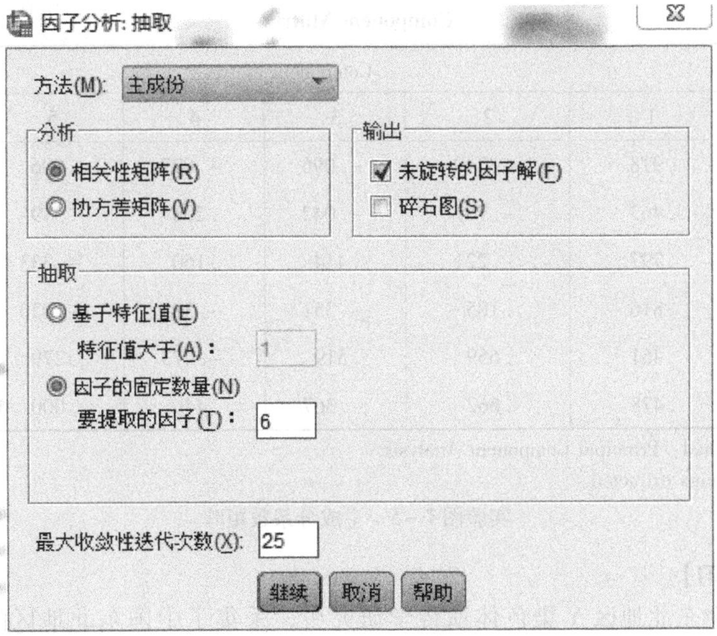

实验图 7-3　主成分分析抽取对话框

3. 结果分析

（1）确定主成分数目　从实验图 7-4 中看出前两个主成分的特征值大于 1，分别是 2.799 和 1.646。但其累计贡献率为 75.081% <75%，前三个主成分的总方差的累计

贡献率为 85.910%。综合考虑，选取三个主成分为宜。

Total Variance Explained

Component	Initial Eigenvalues			Extraction Sums of Squared Loadings		
	Total	% of Variance	Cumulative%	Total	% of Variance	Cumulative%
1	2.799	46.654	46.654	2.799	46.654	46.654
2	1.646	27.426	74.081	1.646	27.426	74.081
3	.710	11.829	85.910	.710	11.829	85.910
4	.431	7.180	93.090	.431	7.180	93.090
5	.291	4.847	97.936	.291	4.847	97.936
6	.124	2.064	100.000	.124	2.064	100.000

Extraction Method: Principal Component Analysis.

实验图 7－4　主成分的方差贡献

（2）主成分的表达式　由实验图 7－5 可知主成分的表达式为：

$$z_1 = 0.918x_1 + 0.463x_2 + 0.797x_3 + 0.816x_4 + 0.461x_5 + 0.478x_6$$

$$z_2 = 0.249x_1 + 0.793x_2 - 0.221x_3 + 0.185x_4 + 0.659x_5 + 0.662x_6$$

$$z_3 = -0.096x_1 - 0.042x_2 + 0.414x_3 - 0.351x_4 + 0.519x_5 - 0.367x_6$$

Component Matrix[a]

	Component Matrix[a]					
	1	2	3	4	5	6
x1	.918	-.249	-.096	-.097	.006	-.279
x2	.463	-.793	-.042	.208	.319	.105
x3	.797	-.221	.414	.160	-.333	.087
x4	.816	.185	-.351	-.385	-.020	.166
x5	.461	.659	.519	-.073	.279	.002
x6	.478	.662	-.367	.446	.000	.002

Extraction Method: Principal Component Analysis.
a. 6 components extracted.

实验图 7－5　主成分系数矩阵

【实验练习】

1. 在一个东北地区 Y 染色体遗传学研究中，采集了中国东北地区的汉族、鄂伦春族、朝鲜族、达斡尔族、鄂温克族、蒙古族、鄂伦春族、赫哲族和西北地区的汉族、锡伯族、维吾尔族、哈萨克族及朝鲜半岛的朝鲜族和日本人 13 个人群共 454 名男性个体 Y 染色体 16 个多态性位点进行分析，共发现 18 种单体群汇总的 12 种，依据各单位群在不同人群的分布，得到 13 个人群的 12 种单位群的双等位基因频率，见实验表 7－2。

实验表 7-2　Y 染色体 12 个单体群双等位基因频率

人群	P_1	P_2	P_3	P_4	P_5	P_6	P_7	P_8	P_9	P_{10}	P_{11}	P_{12}
中国朝鲜族	0.00	0.07	0.00	0.00	0.04	0.00	0.11	0.04	0.04	0.00	0.26	0.44
鄂温克族	0.00	0.05	0.00	0.00	0.03	0.00	0.31	0.00	0.15	0.08	0.00	0.39
达斡尔族	0.00	0.00	0.00	0.00	0.00	0.00	0.59	0.00	0.04	0.00	0.00	0.37
赫哲族	0.00	0.00	0.00	0.00	0.00	0.00	0.31	0.16	0.09	0.00	0.07	0.38
哈萨克族	0.00	0.35	0.06	0.00	0.00	0.00	0.33	0.00	0.00	0.00	0.00	0.29
内蒙汉族	0.00	0.00	0.00	0.00	0.00	0.00	0.33	0.24	0.00	0.10	0.00	0.33
蒙古族	0.00	0.02	0.00	0.02	0.00	0.00	0.44	0.00	0.04	0.13	0.00	0.33
鄂伦春族	0.00	0.00	0.00	0.00	0.00	0.00	0.62	0.07	0.10	0.00	0.00	0.23
维吾尔族	0.13	0.15	0.15	0.05	0.00	0.03	0.10	0.05	0.00	0.00	0.00	0.33
锡伯族	0.00	0.02	0.00	0.02	0.00	0.07	0.27	0.15	0.05	0.02	0.02	0.37
新疆汉族	0.06	0.06	0.06	0.03	0.00	0.00	0.06	0.00	0.16	0.00	0.00	0.59
日本人群	0.00	0.00	0.00	0.28	0.23	0.00	0.11	0.09	0.00	0.00	0.06	0.28
朝鲜朝鲜族	0.02	0.00	0.02	0.02	0.14	0.02	0.16	0.01	0.01	0.00	0.10	0.37

2. 对 20 例肝病患者进行肝功能测试，即收集 4 个指标转氨酶、肝大指数、硫酸锌浊度、胎甲球的测定得分，来评价患者的肝功能。数据见实验表 7-3。

实验表 7-3　20 名肝病患者 4 个指标的数据

编号	1	2	3	4	5	6	7	8	9	10
转氨酶	40	10	120	250	120	10	40	270	280	170
肝大指数	2	1.5	3	4.5	3.5	1.5	1	4	3.5	3
硫酸锌浊度	5	5	13	18	9	12	19	13	11	9
胎甲球	20	30	50	0	50	50	40	60	60	60
编号	11	12	13	14	15	16	17	18	19	20
转氨酶	180	130	220	160	220	140	220	40	20	120
肝大指数	3.5	2	1.5	1.5	2.5	2	2	1	1	2
硫酸锌浊度	14	30	17	35	14	20	14	10	12	20
胎甲球	40	50	20	60	30	20	10	0	60	0

二、因子分析

【实验目的】 掌握用 SPSS 统计软件进行因子分析。

【实验原理】 因子分析能够根据原始变量的相关性大小进行分组，同时能够找到那些隐藏在原始变量中，无法直接观测到的，却影响和支配着这些可测变量的公因子。因子分析还能够估计公因子对可测变量的影响程度以及公因子之间关联性。

假设对 n 个样本观测了 m 个指标 X_1，X_2，…，X_m，因子分析的模型为：

$$\begin{cases} X_1 = a_{11}F_1 + a_{12}F_2 + \cdots + a_{1q}F_q + e_1 \\ X_2 = a_{21}F_1 + a_{22}F_2 + \cdots + a_{2q}F_q + e_2 \\ \cdots \\ X_m = a_{m1}F_1 + a_{m2}F_2 + \cdots + a_{mq}F_q + e_q \end{cases} \quad (实验 7-2)$$

其中 F_1，F_2，…，F_q（$q \leq m$）为公因子且公因子之间不相关；各个 e_i 只与相应的 X_i 有关，为 X_i 的特殊因子（个性因子）；a_{ij}是待估计的系数，称为因子载荷。找到公因子之后，就可以像主成分分析那样，用每个样本在每个公因子上得取值（因子得分）代替原始变量，从而达到降维的目的。即

$$\begin{cases} F_1 = b_{11}X_1 + b_{12}X_2 + \cdots + b_{1m}X_m \\ F_2 = b_{21}F_1 + b_{22}X_2 + \cdots + b_{2m}X_m \\ \cdots \\ F_q = b_{q1}X_1 + b_{q2}X_2 + \cdots + b_{qm}X_m \end{cases} \quad (实验 7-3)$$

【实验内容】

1. 实验示例 24 名女子七项全能运动员的比赛成绩如实验表 7－4。试进行因子分析。

实验表 7－4 24 名女运动员七项全能项目中各项成绩

编号	1	2	3	4	5	6	7	8	9	10	11	12
百米栏	990	1005	916	978	928	963	935	954	1138	1011	1028	1037
跳高	1054	978	867	1054	941	903	903	941	1106	1067	953	991
铅球	839	726	686	689	666	641	685	632	928	905	948	779
二百米	866	931	932	869	859	914	803	831	1048	935	915	1025
跳远	975	969	908	890	868	871	807	874	1220	953	953	1062
标枪	716	631	709	574	617	614	663	650	777	962	795	587
八百米	748	794	859	772	804	799	734	610	875	731	910	979
编号	13	14	15	16	17	18	19	20	21	22	23	24
百米栏	1111	1028	1056	1069	1172	1147	1094	1049	1034	1014	1068	1043
跳高	916	991	1029	953	1054	978	1016	903	978	1016	978	978
铅球	735	753	742	869	915	943	807	845	876	761	719	803
二百米	972	964	972	982	1123	1015	1069	987	988	919	1020	935
跳远	1036	994	887	880	1264	1076	1066	949	927	953	965	965
标枪	703	641	580	733	776	716	755	811	721	721	673	629
八百米	852	925	992	725	987	1022	1051	996	932	1027	928	912

2. 操作

（1）数据文件 以百米栏、跳高、铅球、二百米、跳远、标枪、八百米为变量名，将表中数据建立成 24 行 8 列的数据文件，如实验图 7－6。

（2）操作步骤

① 确定因子数目 选择菜单“分析（Analyze）→降维（Data Reduction）→因子（Factor）”，弹出“因子分析（Factor Analysis）”主对话框如实验图 7－7，将百米栏、

跳高、铅球、二百米、跳远、标枪、八百米送入“变量（Variables）”框中，单击“确定（OK）”。

百米栏	跳高	铅球	二百米	跳远	标枪	八百米
990	1054	839	866	975	716	748
1005	978	726	931	969	631	794
916	867	686	932	908	709	859
978	1054	689	869	890	574	772
928	941	666	859	868	617	804
963	903	641	914	871	614	799
935	903	685	803	807	663	734
954	941	632	831	874	650	610
1138	1106	928	1048	1220	777	875
1011	1067	905	935	953	962	731
1028	953	948	915	953	795	910
1037	991	779	1025	1062	587	979
1111	916	735	972	1036	703	852
1028	991	753	964	994	641	925
1056	1029	742	972	887	580	992
1069	953	869	982	880	733	725
1172	1054	915	1123	1264	776	987
1147	978	943	1015	1076	716	1022
1094	1016	807	1069	1066	755	1051
1049	903	845	987	949	811	996
1034	978	876	988	927	721	932
1014	1016	761	919	953	721	1027
1068	978	719	1020	965	673	928
1043	978	803	935	965	629	912

实验图 7－6　因子分析数据文件

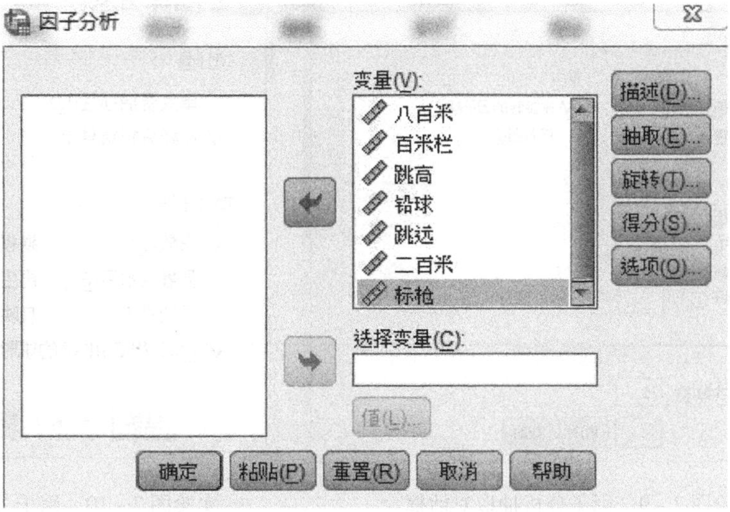

实验图 7－7　因子分析主对话框

解释的总方差

成分	初始特征值			提取平方和载入		
	合计	方差的%	累积%	合计	方差的%	累积%
1	4.085	58.363	58.363	4.085	58.363	58.363
2	1.194	17.053	75.416	1.194	17.053	75.416
3	.822	11.745	87.161			
4	.402	5.739	92.901			
5	.245	3.501	96.402			
6	1.157	2.245	98.647			
7	.095	1.353	100.000			

提取方法：主成分分析

实验图 7－8　因子分析解释的总方差

由实验图 7－8 可知，综合累计贡献率和特征值原则，可以提取 3 个因子进行计算。(2 个因子的特征值大于 1，分别为 4.085 和 1.194，同时 3 个因子的累计贡献率达到 75% 以上即 87.161%)

② 正式计算　选择菜单“分析（Analyze）→降维（Data Reduction）→因子分析(Factor)”，在弹出“因子分析”主对话框中将百米栏、跳高、铅球、二百米、跳远、标枪、八百米送入“变量（Variables)”框中，单击“抽取（Extraction)”，弹出抽取对话框如实验图 7－9，选择“因子的固定数量（Number of factors)”键入 3，单击“继续(Continue)”，返回主对话框；单击主对话框中“描述（Descriptives)”，弹出如实验图 7－10所示对话框；单击主对话框中“旋转（Rotation)”，弹出如实验图 7－11 所示对话框；单击主对话框中“Scores（因子得分)”，弹出如实验图 7－12 所示对话框。最后单击主对话框中的“确定（OK)”。

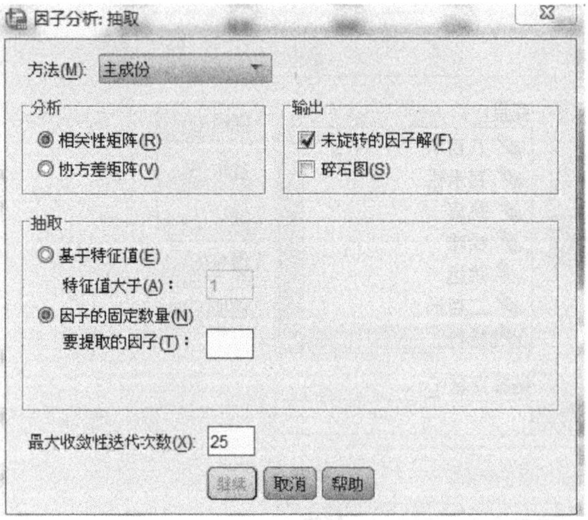

实验图 7－9　因子分析抽取对话框

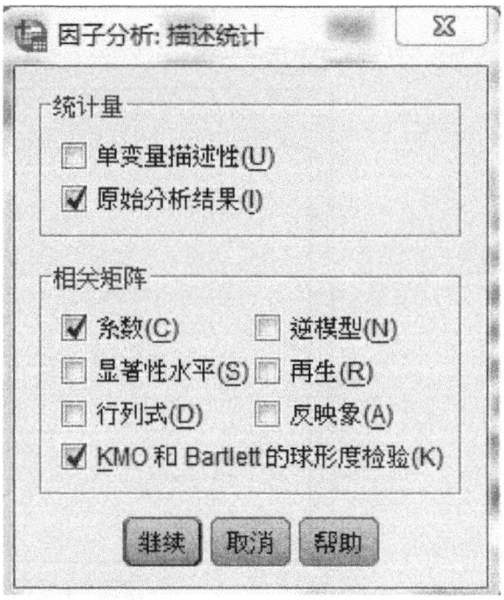

实验图 7－10　因子分析描述统计对话框

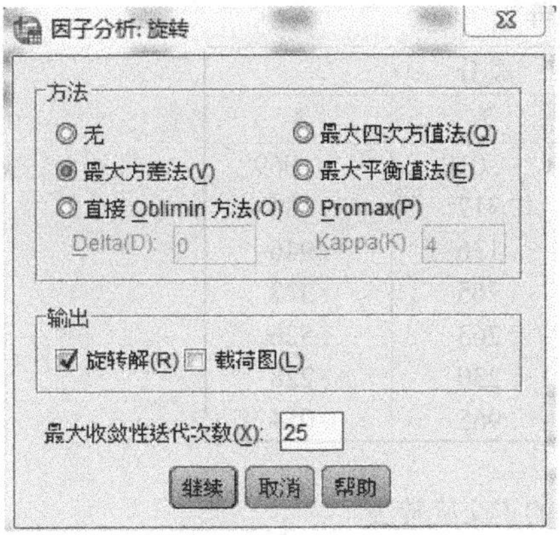

实验图 7－11　因子分析旋转对话框

实验图 7－12　因子分析因子得分对话框

3. 结果分析

（1）因子分析适应性分析　由结果实验图 7－13 可知：KMO 统计量 =0.747，球形检验卡方统计量 =101.881，$P=0.000<0.01$，适于因子分析。

KMO 和 Bartlett 的检验

取样足够度的 Kaiser－Meyer－Olkin 度量		.747
Bartlett 的球形度检验	近似卡方	101.881
	df	21
	Sig.	.000

实验图 7－13　因子分析 KMO 和 Bartlett 检验

（2）因子表达式

成分矩阵[a]

	成份		
	1	2	3
八百米	.648	-.557	-.268
百米栏	.915	-.144	.012
跳高	.578	.241	.732
铅球	.814	.415	-.150
跳远	.886	-.096	.177
二百米	.887	-.304	-.113
标枪	.507	.729	-.383

提取方法：主成分

a. 已提取了 3 个成分

实验图 7－14　未旋转的因子载荷阵

旋转成分矩阵[a]

	成分		
	1	2	3
八百米	.893	-.010	-.069
百米栏	.784	.312	.384
跳高	.124	.136	.946
铅球	.410	.765	.323
跳远	.693	.263	.526
二百米	.888	.230	.228
标枪	.043	.965	.054

提取方法：主成分。

旋转法：具有 Kaiser 标准化的正交旋转法。

a. 旋转在 4 次迭代后收敛。

实验图 7－15　旋转后的因子载荷阵

由实验图 7－14 和实验图 7－15 可知因子模型为：

百米栏 $=0.784f_1+0.312f_2+0.384f_3$

跳　高 $=0.124f_1+0.136f_2+0.946f_3$

铅　球 $=0.410f_1+0.765f_2+0.323f_3$

二百米 $=0.888f_1+0.230f_2+0.228f_3$

跳　远 $=0.693f_1+0.263f_2+0.526f_3$

标　枪 $=0.043f_1+0.965f_2+0.054f_3$

八百米 $=0.893f_1-0.010f_2-0.069f_3$

女子七项全能主要考核运动员的 3 种公共能力 f_1、f_2、f_3，其重要性依次为 $f_1>f_2>f_3$。由实验图 7－15 可知，f_1 中百米栏、二百米、跳远、八百米的载荷较高，可命名 f_1 为速度能力因子，f_2 中铅球、标枪的载荷较高，可命名 f_2 为投掷能力因子，f_3 中跳高、跳远的载荷较高，可命名 f_3 为弹跳能力因子，所以对女子七项全能运动员来讲，速度 f_1 是第一位的，往下依次是投掷 f_2 和弹跳 f_3。

（3）因子得分

成分得分系数矩阵

	成分		
	1	2	3
八百米	.478	-.143	-.317
百米栏	.240	.006	.085
跳高	-.224	-.166	.881
铅球	-.012	.440	.007
跳远	.163	-.054	.266
二百米	.351	-.035	-.080
标枪	-.159	.731	-.214

提取方法：主成分。

旋转法：具有 Kaiser 标准化的正交旋转法构成得分

实验图 7－16　因子分析因子得分

由实验图 7－16 可知，用标准化值计算因子得分的公式为：

f_1 =0.240 百米栏 －0.224 跳高 －0.012 铅球 +0.351 二百米 +0.163 跳远 －0.159 标枪 +0.478 八百米

f_2 =0.006 百米栏 －0.166 跳高 +0.440 铅球 －0.035 二百米 －0.054 跳远 +0.731 标枪 －0.143 八百米

f_3 =0.085 百米栏 +0.881 跳高 +0.007 铅球 －0.080 二百米 +0.226 跳远 －0.214 标枪 －0.317 八百米

将每位运动员标准化的变量值代入上式，可以计算出速度 f_1、投掷 f_2 和弹跳 f_3 3 个因子的得分。由于在实验图 7－12 所示因子得分对话框中，选中了“将因子得分存为新变量（Save as variables）”，所以 SPSS 直接保存 3 个因子得分为 3 个新变量（FAC1_ 1、FAC1_ 2、FAC1_ 3），可对这 3 个变量采用其他多元统计方法继续进行分析。

【实验练习】

1. 对 20 例戒毒者进行心理、情绪等 7 项指标测定，综合得分结果见实验表 7－5，其中 X_1 表示抑郁，X_2 表示焦虑，X_3 表示情绪管理，X_4 表示情绪判断，X_5 表示与他人的关系，X_6 表示对社会满意度，X_7 表示对工作满意度。试对 7 项指标进行主成分分析和因子分析。

实验表 7－5　20 例戒毒者的心理、情绪等 7 项指标综合得分

编号	X_1	X_2	X_3	X_4	X_5	X_6	X_7	编号	X_1	X_2	X_3	X_4	X_5	X_6	X_7
1	8	8	6	5	7	5	18	11	6	5	6	5	5	5	9
2	7	9	7	5	7	6	18	12	6	5	9	5	7	6	13
3	5	5	7	5	5	7	18	13	6	5	9	5	7	5	18
4	6	5	9	5	5	5	18	14	5	5	8	5	7	6	10
5	8	7	9	5	7	5	18	15	6	6	9	8	7	6	12
6	5	5	6	5	5	5	18	16	5	5	9	5	7	6	18
7	5	5	8	5	7	6	18	17	6	5	10	6	5	6	18
8	7	7	9	5	7	6	9	18	7	6	9	7	7	5	11
9	5	5	7	5	7	5	9	19	6	6	9	5	6	5	13
10	6	6	7	5	8	6	12	20	6	6	10	8	7	6	12

2. 实验表 7－6 资料为 25 名健康人的 7 项生化检验结果，7 项生化检验指标依次命名为 X_1 至 X_7，请对该资料进行因子分析。

实验表 7－6　25 名健康人的 7 项生化检验指标

X_1	X_2	X_3	X_4	X_5	X_6	X_7
3.76	3.66	0.54	5.28	9.77	13.74	4.78
8.59	4.99	1.34	10.02	7.50	10.16	2.13
6.22	6.14	4.52	9.84	2.17	2.73	1.09
7.57	7.28	7.07	12.66	1.79	2.10	0.82

续表

X_1	X_2	X_3	X_4	X_5	X_6	X_7
9.03	7.08	2.59	11.76	4.54	6.22	1.28
5.51	3.98	1.30	6.92	5.33	7.30	2.40
3.27	0.62	0.44	3.36	7.63	8.84	8.39
8.74	7.00	3.31	11.68	3.53	4.76	1.12
9.64	9.49	1.03	13.57	13.13	18.52	2.35
9.73	1.33	1.00	9.87	9.87	11.06	3.70
8.59	2.98	1.17	9.17	7.85	9.91	2.62
7.12	5.49	3.68	9.72	2.64	3.43	1.19
4.69	3.01	2.17	5.98	2.76	3.55	2.01
5.51	1.34	1.27	5.81	4.57	5.38	3.43
1.66	1.61	1.57	2.80	1.78	2.09	3.72
5.90	5.76	1.55	8.84	5.40	7.50	1.97
9.84	9.27	1.51	13.60	9.02	12.67	1.75
8.39	4.92	2.54	10.05	3.96	5.24	1.43
4.94	4.38	1.03	6.68	6.49	9.06	2.81
7.23	2.30	1.77	7.79	4.39	5.37	2.27
9.46	7.31	1.04	12.00	11.58	16.18	2.42
9.55	5.35	4.25	11.74	2.77	3.51	1.05
4.94	4.52	4.50	8.07	1.79	2.10	1.29
8.21	3.08	2.42	9.10	3.75	4.66	1.72
9.41	6.44	5.11	12.50	2.45	3.10	0.91

实验八　Logistic 回归分析

【实验目的】 掌握用 SPSS 统计软件进行 Logistic 回归分析的方法。

【实验原理】 Logistic 回归分析类似于线性回归分析，也是想研究一个或多个自变量与一个因变量之间的相关关系。但是线性回归分析要求因变量是服从或者近似服从正态分布的连续性数值变量，Logistic 回归分析多能够处理那些因变量是分类变量的线性回归分析的情况（包括两分类因变量和多分类因变量），如治愈与未愈，生存与死亡，疗效评价分显效、好转、无效等等。

随着模型的发展，Logistic 家族也变得人丁兴旺起来，除了最早的两分类 Logistic 外，还有配对 Logistic 模型、多分类 Logistic 模型、随机效应的 Logistic 模型等。SPSS 对话框只能完成其中的两分类和多分类模型，这里只介绍最重要和最基本的两分类模型。模型为：

$$\text{logit}(p) = \ln\left(\frac{p}{1-p}\right) = b_0 + b_1X_1 + \cdots + b_mX_m \qquad (\text{实验 } 8-1)$$

因变量 Y 是二分类变量，其取值只有两种，如阳性（赋值为 1）和阴性（赋值为 0），这时要说明的问题是阳性率 $p=P_r(Y=1)$ 与自变量 X 间的关系，可进行因变量为二分类资料的 Logistic 回归。二分类 Logistic 回归对自变量没有特殊要求，自变量可以是分类变量和连续变量。

【实验内容】

1. 实验示例

某研究人员在探讨肾细胞癌转移的有关临床病理因素研究中，收集了一批行根治性肾切除术患者的肾癌标本资料，现从中抽取 26 例资料如实验表 8－1 作为示例进行 Logistic 回归分析。其中年龄指确诊时患者的年龄（岁）；VEGF 为肾细胞癌血管内皮生长因子，其阳性表述由低到高共 3 个等级，分别赋值为 1、2、3；MVC 为肾细胞癌组织内微血管数；组织学分级指肾癌细胞核组织学分级，由低到高共 4 级，分别赋值为 1、2、3、4；分期指肾细胞癌分期，由低到高共 4 期，分别赋值为 1、2、3、4；转移指肾细胞癌转移情况（有转移 $y=1$；无转移 $y=0$）。

实验表 8－1　26 例行根治性肾切除术患者的肾癌标本资料

编号	年龄	VEGF	MVC	组织学分级	分期	转移
1	59	2	43.4	2	1	0
2	36	1	57.2	1	1	0
3	61	2	190	2	1	0
4	58	3	128	4	3	1
5	55	3	80	3	4	1
6	61	1	94.4	2	1	0
7	38	1	76	1	1	0
8	42	1	240	3	2	0
9	50	1	74	1	1	0
10	58	3	68.6	2	2	0
11	68	3	132.8	4	2	0
12	25	2	94.6	4	3	1
13	52	1	56	1	1	0
14	31	1	47.8	2	1	0
15	36	3	31.6	3	1	1
16	42	1	66.2	2	1	0
17	14	3	138.6	3	3	1
18	32	1	114	2	3	0
19	35	1	40.2	2	1	0
20	70	3	177.2	4	3	1
21	65	2	51.6	4	4	1
22	45	2	124	2	4	0

续表

编号	年龄	VEGF	MVC	组织学分级	分期	转移
23	68	3	127.2	3	3	1
24	31	2	124.8	2	3	0
25	58	1	128	4	3	0
26	60	3	149.8	4	3	1

2. 操作

（1）数据文件　分别以年龄、VEGF、MVC、分级、分期、转移为变量名建立起 26 行 6 列的数据文件，如实验图 8-1

年龄	VEGF	MVC	分级	分期	转移
59	2	43.40	2	1	0
36	1	57.20	1	1	0
61	2	190.00	2	1	0
58	3	128.00	4	3	1
55	3	80.00	3	4	1
61	1	94.40	2	1	0
38	1	76.00	1	1	0
42	1	240.00	3	2	0
50	1	74.00	1	1	0
58	3	68.60	2	2	0
68	3	132.80	4	2	0
25	2	94.60	4	3	1
52	1	56.00	1	1	0
31	1	47.80	2	1	0
36	3	31.60	3	1	1
42	1	66.20	2	1	0
14	3	138.60	3	3	1
32	1	114.00	2	3	0
35	1	40.20	2	1	0
70	3	177.20	4	3	1
65	2	51.60	4	4	1
45	2	124.00	2	4	0
68	3	127.20	3	3	1
31	2	124.80	2	3	0
58	1	128.00	4	3	0
60	3	149.80	4	3	1

实验图 8-1　Logistic 回归分析数据文件

（2）操作步骤　选择菜单"分析（Analyze）→回归（Regression）→二元 Logistic（Binary Logistic...）"，系统弹出"Logistic 回归"对话框如实验图 8-2，将转移送入"因变量（Dependent）"框中，年龄、VEGF、MVC、分级、分期送入到"协变量（Covariates）"框中，单击"确定（OK）"。

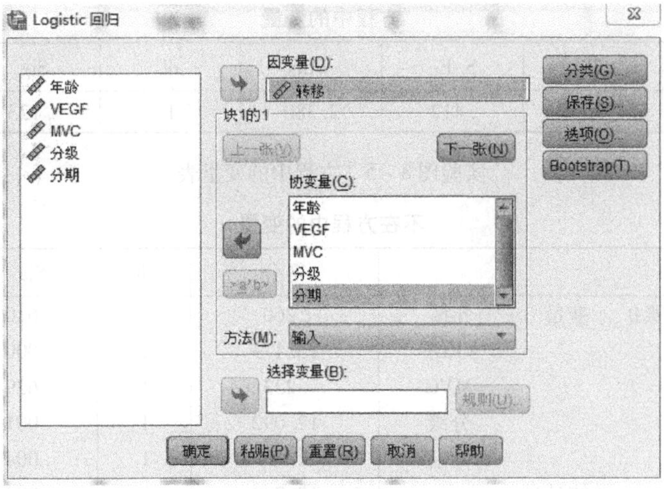

实验图 8－2　Logistic 回归分析主对话框

3. 结果分析

（1）二元 Logistic 回归分析　默认以内部值 1 所对应的因变量的取值的概率建立模型，本例以 P（$Y=1$）即有转移的概率建立模型，如实验图 8－3。

因变量编码

初始值	内部值
0	0
1	1

实验图 8－3　因变量编码表

（2）初步拟合模型（输出结果中块 0：方法＝输入部分）　实验图 8－4 给出的分析结果是模型中不含任何自变量，只有常数项的情况。“分类表（Classification Table）”，给出模型不含任何自变量时，对所有观察对象的疗效情况进行预测，正确预测的百分率为 65.4%；实验图 8－5 方程中的“变量表（Variables in the Equation）”，给出只有常数项的参数检验结果；实验图 8－6“不在方程中的变量（Variables not in the Equation）表”，给出若将现有模型外的各个变量纳入模型，对整个模型的拟合优度改变是否有统计学意义。从实验图 8－6 中可以看出，将变量 VEGF、组织学分级、分期分别引入模型时，对整个模型的拟合优度改变具有统计学意义。

分类表[a,b]

已观测			已预测		
			转移		合计
			1	2	
步骤 0	转移	0	17	0	100.0
		1	9	0	.0
	总计百分比				65.4

a. 模型中包括常量

b. 切割值为 .500

实验图 8－4　分类表

方程中的变量

		B	S. E.	Wals	df	Sig.	Exp（B）
步骤 0	常量	-.636	.412	2.380	1	.123	.529

实验图 8－5　方程中的变量表

不在方程中的变量

			得分	df	Sig.
步骤 0	变量	年龄	.260	1	.610
		VEGF	13.173	1	.000
		MVC	.233	1	.629
		分级	12.092	1	.001
		分期	8.164	1	.004
	总统计量		17.740	5	.003

实验图 8－6　不在方程中的变量表

（3）引入自变量后的模型分析结果（输出结果中块 1：方法 = 输入部分）　SPSS 提供了 7 种建立 Logistic 回归模型的方法，可通过 Logistic 回归对话框（见实验图 8－2）中“方法（Method）”下拉列表框来选择，默认“进入（Enter）”法，即强迫所有的自变量同时进入模型，本例为进入（Enter）法。结果如下：

① 模型系数总检验　如实验图 8－7，图中给出了三个结果：“步骤统计量（Step）”为每一步与前一步相比的似然比检验结果；“块统计量（Block）”是指若将“块 1（block1）”与“块 0（block0）”相比的似然比检验结果；“模型统计量”则是上一个模型与当前模型的似然比检验结果。本例由于选择了默认的“进入（Enter）”法，三个统计量及其假设检验结果是一样的。$\chi^2 = 33.542$，$P < 0.05$（Sig. = 0.000），表明至少有一个自变量有统计学意义，引入模型有统计学意义。

模型系数的综合检验

		卡方	df	Sig.
步骤 1	步骤	33.542	5	.000
	块	33.542	5	.000
	模型	33.542	5	.000

实验图 8－7　模型系数的综合检验表

② 模型的贡献　如实验图 8－8，图中给出 -2 倍的似然对数值为 0.000，Cox and Snell R^2 和 Nagelkerke R^2 分别为 0.725 和 1.000，表示回归模型对因变量变异贡献的百分比。

模型汇总

步骤	-2 对数似然值	Cox & Snell R 方	Nagelkerke R 方
1	.000[a]	.725	1.000

a. 因为已达到最大迭代次数，所以估计在迭代次数 20 处终止。无法找到最终解

实验图 8－8　模型汇总表

③ 分类表　如实验图 8－9，给出了目前的模型对因变量的分类预测情况。

分类表[a]

已观测			已预测		
			转移		百分比校正
			1	2	
步骤 1	转移	0	17	0	100.0
		1	0	9	100.0
	总计百分比				100.0

a. 切割值为 .500

实验图 8－9　分类表

④ 方程中的变量分析结果　如实验图 8－10 是 Logistic 回归分析结果最重要的一部分。包括最终引入模型的自变量及常数项的系数值（B）、标准误（SE）、Wald 卡方值（*Wald*）、自由度（*df*）、*P* 值（Sig.）、*OR* 值（Exp（B））及其 95% 的可信区间。

方程中的变量

		B	S. E.	Wals	df	Sig.	Exp（B）
步骤 1[a]	年龄	－2.189	274.746	.000	1	.994	.112
	VEGF	113.627	10028.895	.000	1	.991	2.225E＋049
	MVC	－.407	78.491	.000	1	.996	.666
	分级	24.715	3560.740	.000	1	.994	54123168789
	分期	54.241	5069.186	.000	1	.991	3.601E＋23
	常量	－361.013	31133.872	.000	1	.991	.000

a. 在步骤 1 中输入变量：年龄、VEGF、MVC、分级、分期

实验图 8－10　方程中的变量表

本例中各个自变量的 Wald 卡方检验的 $P>0.05$，即将自变量全部引入模型没有显著的统计学意义。

（4）模型的改进——逐步 Logistic 回归分析。选择回归的方法为“向前 Wald”（如实验图 8－11）。

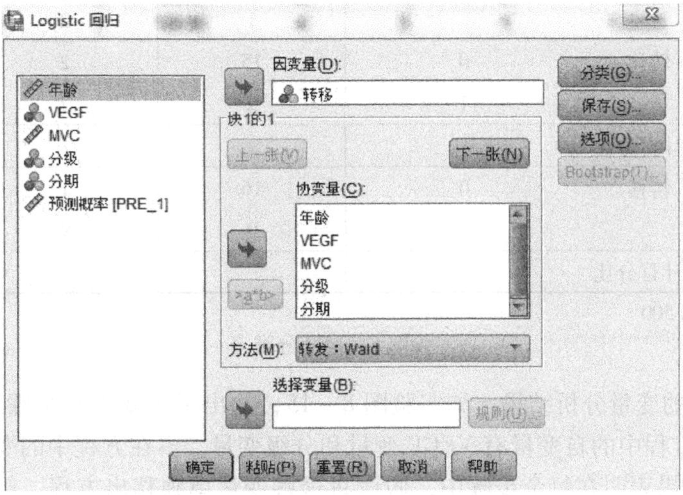

实验图 8－11　Logistic 回归分析主对话框

① 模型系数总检验　如实验图 8－12，对每一步都作了步骤（Step）、块（Block）和模型（Model）统计量的检验，可见6个检验都是有意义的。

模型系数的综合检验

		卡方	df	Sig.
步骤1	步骤	15.538	1	.000
	块	15.538	1	.000
	模型	15.538	1	.000
步骤2	步骤	6.178	1	.013
	块	21.716	2	.000
	模型	21.716	2	.000

实验图 8－12　模型系数的综合检验表

② 模型的贡献　如实验图 8－13，从步骤1到步骤2，两种决定系数都有上升。

模型汇总

步骤	－2 对数似然值	Cox & Snell R 方	Nagelkerke R 方
1	18.004[a]	.450	.621
2	11.826[b]	.566	.781

实验图 8－13　模型汇总表

③ 分类表　如实验图 8－14，每一步的预测情况汇总，准确率由块0（Block 0）的65.4%上升到了84.6%，最后达到96.2%，最终只出现了一例错判。

分类表[d]

已观测			已预测		
			转移		百分比校正
			1	2	
步骤1	转移	0	15	2	88.2
		1	2	7	77.8
	总计百分比				84.6
步骤2	转移	0	16	1	94.1
		1	0	9	100.0
	总计百分比				96.2

d. 切割值为.500

实验图 8－14　分类表

④ 方程中的变量分析结果　如实验图 8－15，给出了步骤1和步骤2的拟合情况。最终确定进入方程中的自变量有VEGF变量和分级变量。不在方程中的变量（见实验图8－16）分析结果表明在每个步骤中，假设将这些变量单独移出方程，则方程的改变有统计学意义，可见都是有统计学意义的，因此它们应当保留在方程中。Logistic 回归方

程为：

$$\text{logit}(p) = \ln(\frac{p}{1-p}) = 2.413VEGF + 2.096\,\text{分级} - 12.328$$

自变量 *VEGF* 的比数比 *OR* = 11.172，分级的比数比 *OR* = 8.136。

OR 值在不同的设计中意义不同：首先，病例 - 对照研究（回顾性研究），*OR* 值为比数比，要注意病例与对照两组人数的比例是人为规定的，不代表自然人群中真实的病人数与正常人数的比值，因此，根据病例 - 对照研究资料建立的 Logistic 回归方程中，常数项意义不大，主要针对结果中自变量的回归系数及其相应的比数比 *OR* 值的意义作解释，不适宜直接用于所研究事件发生概率的预测和判别。其次，队列研究（即前瞻性研究），当队列研究的事件发生的阳性率很低（接近于 0）时，可把 *OR* 近似看作相对危险度（*RR*），另外可用建立的 Logistic 回归方程对所研究的事件发生概率进行预测和判别。第三，疗效评价中的设计类似队列研究，但 *OR* 不能当作 *RR*，还是作为比数比且结合具体问题加以解释为好。

方程中的变量

		B	S. E.	Wals	df	Sig.	Exp (B)
步骤 1[a]	VEGF	2.563	.916	7.829	1	.005	12.978
	常量	-6.256	2.289	7.468	1	.006	.002
步骤 2[b]	VEGF	2.413	1.916	4.072	1	.044	11.172
	分级	2.096	1.088	3.713	1	.054	8.136
	常量	-12.328	5.431	5.154	1	.023	.000

a. 在步骤 1 中输入变量 VEGF

b. 在步骤 2 中输入变量 VEGF、分级

实验图 8-15　方程中的变量表

不在方程中的变量

			得分	df	Sig.
步骤 1	变量	年龄	.806	1	.369
		MVC	.188	1	.664
		分级	6.199	1	.013
		分期	3.689	1	.055
	总统计量		8.876	4	.064
步骤 2	变量	年龄	1.398	1	.237
		MVC	.726	1	.394
		分期	1.662	1	.197
	总统计量		5.097	3	.165

实验图 8-16　不在方程中的变量表

模型还可以进行进一步的优化和简单诊断，如引入哑变量进入模型等等。

【实验练习】

1. 研究性别、疾病的严重程度对某病疗效的影响，得数据如实验表 8-2。试作 Lo-

gistic 回归分析。

实验表 8－2 性别及疾病严重程度对某病疗效的影响

性别	疾病严重程度	疗效		合计
		有效例数（$C=1$）	无效例数（$C=0$）	
男（$A=1$）	严重（$B=1$）	11	4	15
	不严重（$B=0$）	10	8	18
女（$A=0$）	严重（$B=1$）	9	9	19
	不严重（$B=0$）	6	21	27

2.《实用中医药杂志》2006 年 1 月第 22 卷 1 期报道，用复方血栓通胶囊配合肌苷片治疗青少年近视，数据见实验表 8－3。试作 Logistic 回归。

实验表 8－3 复方血栓通胶囊疗效观察

组别	例数	有效	无效
治疗组	131	102	29
对照组	76	18	58

参考文献

1. 李秀昌. 医药数理统计 [M]. 北京：人民卫生出版社，2012.
2. 刘仁权. SPSS统计软件 [M]. 北京：中国中医药出版社，2007.
3. 史周华，张雪飞. 中医药统计学 [M]. 北京：科学出版社，2009.
4. 刘明芝，周仁郁. 中医药统计学与软件应用 [M]. 北京：中国中医药出版社，2006.
5. 余日跃，朱家谷. 均匀设计法对大承气汤泻下作用的实验研究 [J]. 中药药理与临床，1999 (5)：7-9.
6. 隋治华，计志忠. 均匀设计在工艺考察中的应用——合成阿魏酸的条件考察 [J]. 沈阳药科大学学报，1986，(3)：218-220.
7. 刘昭，宋江良，安风平. 均匀试验设计法在木瓜蛋白酶嫩化牛肉中的应用研究 [J]. 福建轻纺，2010 (3)：51-53.
8. 林雅铃，等. 均匀试验设计在水溶性药物聚乳酸微球制备中的应用 [J]. 中国医院药学杂志，2009，29 (7)：531-534.

全国中医药行业高等教育“十二五”创新教材
高等中医药院校中药学、药学类专业实践教学创新系列教材

数学物理基础实验
（下册）

（供中药学、制药工程、中医学、针灸推拿学等专业用）

主　编　王文龙（长春中医药大学）
郑艳彬（长春中医药大学）
李　光（长春中医药大学）
副主编　周劭宣（长春中医药大学）
王　焱（长春中医药大学）
编　委　王文龙（长春中医药大学）
王亚平（辽宁医学院）
王　焱（长春中医药大学）
刘　慧（成都中医药大学）
李　光（长春中医药大学）
郑艳彬（长春中医药大学）
周劭宣（长春中医药大学）

中国中医药出版社
·北　京·

图书在版编目（CIP）数据

数学物理基础实验：全2册/李秀昌，王文龙，郑艳彬等著．—北京：中国中医药出版社，2015．3（2018.1重印）
全国中医药行业高等教育“十二五”创新教材
ISBN 978－7－5132－2422－2

Ⅰ．①数…　Ⅱ．①李…②王…③郑…　Ⅲ．①数理统计－实验－中医药院校－教材②物理学－实验－中医药院校－教材　Ⅳ．①0212－33②04－33

中国版本图书馆CIP数据核字（2015）第037703号

中国中医药出版社出版
北京市朝阳区北三环东路28号易亨大厦16层
邮政编码　100013
传真　010 64405750
河北纪元数字印刷有限公司印刷
各地新华书店经销
*
开本787×1092　1/16　印张14.25　字数321千字
2015年3月第1版　2018年1月第2次印刷
书　号　ISBN 978－7－5132－2422－2
*
定价38.00元（含上、下册）
网址　www.cptcm.com

社长热线　010 64405720
购书热线　010 64065415　010 64065413
微信服务号　zgzyycbs
书店网址　csln.net/qksd/
官方微博　http://e.weibo.com/cptcm
淘宝天猫网址　http://zgzyycbs.tmall.com

高等中医药院校中药学、药学类专业
实践教学创新系列教材编委会

序

实践教学是高等学校最基本的教学形式和育人形式之一，对培养学生的科学思维方法、创新意识与能力，全面推进素质教育有着重要的作用。科学技术的进步与发展，已成为主导社会进步的重要因素。高等中医药院校必须不断地深化实践教育教学改革，以此推动人才培养观念、培养模式的转变。

2012年，教育部出台了《关于进一步加强高校实践育人工作的若干意见》（教思政［2012］1号）（下称《若干意见》），强调在教学中突出实践环节，指出：实践教学是学校教学工作的重要组成部分，是深化课堂教学的重要环节，是学生获取、掌握知识的重要途径。要求高校结合本学校的专业特点和人才培养要求，分类制订实践教学标准，增加实践教学比重，确保理工农医类本科专业的实践教学比重不少于25%。《若干意见》的这一要求，对于深化教育教学改革、提高人才培养质量，服务于加快转变经济发展方式、建设创新型国家和人力资源强国，具有重要而深远的意义。

在落实《若干意见》要求、强化实践教学方面，长春中医药大学药学院全体师生进行了有益的探索。近年来，他们通过承担国家级人才培养模式创新实验区、国家级特色专业、国家级大学生创新创业训练项目基地等国家级质量工程项目，以及省校教学改革课题等多种方式，以教研促教改，努力增强整体教学中的实践教学比重，取得了一系列实践教学改革成果。此次组织编写的《高等中医药院校中药学、药学类专业实践教学创新系列教材》暨《全国中医药行业高等教育“十二五”创新教材》，就是广大教师长期致力于实践教学体系、实践教学内容与实践教学模式改革的重要成果之一。

本套实践教材改革了以往实践教学附属于理论教学、实践内容侧重于验证理论的做法，经过精选、整合和创新，强调以专业培养目标为主线，形成梯度层次型教学模式和相对独立的实践教学体系，体现了实践教学的科学性、系统性、独立性和完整性，同时避免了教学和训练内容不必要的重复，使各知识点及训练项目很好地衔接，有助于学生更好地掌握规范的基本操作技术，提高学生实践能力，培养学生严谨、求是、创新的科学态度。教材结合独立开设的实验课程，增加了综合性设计性实验、科学研究训练和创新实验等内容；综合性设计性实验有助于学生专业能力教育；科学研究训练有助于学生个性发展，培养学生分析问题和解决问题的能力；创新实验有助于使学生在掌握基本实验技术的同时，对专业学科前沿有所了解，并在此基础上进行创新探索，以激发学生的专业兴趣和创新意识。编写者们在教材结构设计方面的创新之举，体现了他们在强化实践教育方面的良苦用心，更展示了他们践行实践教育的坚定决心！

衷心期待本套实践教材的出版，对推动我国中医药教育发展、促进人才培养模式改革、加强专业内涵建设、提高人才培养质量会起到积极的促进作用。

长春中医药大学校长　宋柏林

2015 年 3 月

前 言

实践教学是高等学校特别是高等中医药院校人才培养过程中贯穿始终、不可缺少的重要组成部分，是培养学生综合素质、实践能力、实现人才培养目标的重要环节，是巩固学科知识、训练科研素养、培养创新创业意识的重要途径。转变传统的教育观念，树立科学的质量观和人才观，转变重理论轻实践、重论证轻探究、重知识传授轻能力培养的观念，注重学思结合、知行合一、因材施教、创新实践教育和实践育人模式，是培养具有科研创新能力的研究型人才和具有实践创新能力的应用型人才的必然要求。

实践教材是实践教学的载体和依据，实践教材建设是保证实践教学质量、教材专业内涵建设的基础。因此，长春中医药大学在中药学“两段双向型”国家级人才培养模式创新实验区、中药学国家级特色专业、国家级大学生创新创业训练项目基地等质量工程项目长期研究、实践与总结的基础上，组织编写了本套《高等中医药院校中药学、药学类专业实践教学创新系列教材》，对中医药院校中药学、药学类专业实验课程和实践训练的教学内容进行了“精选”“整合”和“创新”，强调对学生的动手能力、创新思维、科学素养等综合素质的全面培养。本套教材具有以下特点：

1. 体现教学研究型大学人才培养理念　本着教学研究型大学“厚基础、宽口径、精技能、重个性”的教育理念，体现“两段双向型”培养模式。“两段”，即第一阶段为通识认知教育，第二阶段为形成和创新教育。“双向型”，一是培养与科学学位研究生教育接轨的以创新思维和创新能力为主的研究型人才；二是培养以具有创新、实践动手能力和具有实践经验为主的应用型人才。

2. 构建实践教学和实践教材新体系　按照循序渐进的教育规律，整合、更新和重组实验教学内容，将原来按课程开设的实验整合为按专业、分模块进行开设；做好课程衔接，减少不必要的重复；纵向构建“三个平台四个层次”。“三个平台”，即针对大一至大二学年，建立宽泛、雄厚的实验基本技能平台；大三学年，建立初步的分析问题、解决问题能力的专业基础平台；大四学年，建立能够对所学知识综合运用的专业平台。“四个层次”，即第一层次为基础实验，以此进行基本技能强化训练；第二层次为探索性与设计性实验，给定题目，让学生自己动手查阅文献，自行设计，独立操作，最后总结；第三层次为综合性实验，完成一个中药或化学药或生物药物从原料到成品到药效及质量评价的全过程的设计与训练，为毕业实习和就业打下良好的基础；第四层次为自主研究性实验，结合大学生研究训练计划（SRT）和大学生创新创业训练计划进行科研能力训练。

3. 突出标准操作规范 根据专业标准，科学、合理地精选实验内容，特别增加了基本知识与技能篇幅，涵盖专业标准中所涉及的基本技能操作，并以此对学生进行基本技能的规范化训练。

本套教材从整体上体现课程、学科与专业的结合，以及医药结合、学思结合、实验方法与技能训练结合，继承、发展与创新结合，集系统性、学术性、前瞻性、适用性于一体。本套教材亦可以作为学生、专业技术人员培训、竞赛及科研、生产工作的参考用书。

尽管我们在编写过程中竭尽所能，但由于涉及多学科交叉整合，时间较为仓促，因此，不妥之处在所难免，敬请各位专家、同仁和广大读者提出宝贵意见和建议，以便今后进一步完善。

邱智东

2015年3月

编写说明

数学物理基础实验包括数理统计、大学物理两门课程的实验。上册为数理统计实验，下册为大学物理实验。

大学物理实验是为满足中药学、制药工程、中医学、针灸推拿学等本科各专业及研究生大学物理课程教学的需求编写的。同时，为满足制药工程和药物制剂专业电工电子技术课程的教学需求，本书又增加了部分电工电子线路实验。本书所选实验经过开课专业所涉及的许多学科的专家论证，并由具有多年大学物理和电工电子技术教学经验的教师共同编写而成，是供高等中医药院校中药学、中医学、制药工程、针灸推拿学等本科专业使用的实验教材，也可供从事大学物理教学和电工电子技术教学的人员参考。

本教材所列实验具有较强的针对性，是学生进入大学后实际技能训练的开端。本教材精选了流体力学、热学、光学、电学、电子线路的实验共11个，其中普通物理学实验8个、相关电工和电子技术实验3个。每个实验对实验目的、实验仪器与器材、仪器描述、实验原理、实验步骤、数据记录与处理、实验注意事项等都提出了明确的要求，目的是培养学生的实际操作技能、独立思考能力、数据处理能力以及创新意识，同时也为其他相关学科阶梯式实验教学及毕业论文中的数据处理和分析打下坚实的基础。书后附有与实验相关的常数等。

本教材在编写过程中得到了长春中医药大学领导及全国中医药院校同行的支持与帮助，在此表示衷心的感谢。

由于编写时间仓促，水平有限，书中不足之处在所难免，望广大师生提出宝贵意见，以便再版时修订提高。

《数学物理基础实验》(下册)
编委会
2015 年 2 月

目 录

（下册）

上篇 基础知识与技能

下篇 实验内容

上篇　基础知识与技能

第一章　绪　论

第一节　课程的性质

物理学从本质上说是一门实验科学。物理规律的发现和物理理论的建立，都必须以严格的物理实验为基础，并接受实验的检验。所以，实验是物理学理论的基础和源泉，也是物理学发展的动力。在物理学的发展过程中，实验起了决定性的作用。当然，一些实验问题的提出，以及实验的设计、分析和概括也必须应用已有的理论。在某些历史时期，震撼世界的物理实验，不仅对物理学的发展起着划时代的作用，而且推动着社会文明的大步前进，甚至引发人类思想观念的全新转变。总之，历史表明，物理学的发展是在实验和理论两方面相互推动和密切结合下进行的。因此，在学习物理学时，我们要正确处理好理论课与实验课的关系，要求学生既要动脑，又要动手，不可偏废于某一方。

大学物理实验是中医中药等专业物理课程的重要组成部分，是学生进入大学后受到系统实验技能训练的开端，是后续课程实验的基础，是培养实际工作能力的最好途径。

第二节　课程的目的、任务

大学物理实验课的目的和任务：

1. 学习和掌握运用实验原理、方法研究物理现象，并进行具体测试，得出结论。

2. 在具有一定的物理理论和物理实验的基础上，初步培养学生进行科学实验的能力。即从测量目的和课题要求出发，明确依据哪项原理，使用什么方法，选用哪种合适的仪器设备，确定合理的实验步骤去获得准确的实验结果。

3. 实验技能的基本训练。熟悉常用仪器的基本原理和性能，掌握其使用方法。

4. 学习实验数据的处理方法。能够正确记录、处理实验数据，分析并判断实验方法、操作技能、测量仪器、周围环境、测量次数对实验结果的影响，能写出比较完备的实验报告。

5. 培养并逐步提高学生观察和分析实验现象的能力以及理论联系实际的独立工作能力。通过实验的观察、测量和分析，加深对物理学的某些概念、规律和理论的理解，为后续课程和今后走向工作岗位打下良好基础。

6. 培养学生严肃认真、细致踏实的工作作风，实事求是的科学态度和爱护实验设备、遵守纪律的优良品德。

第三节 要求与考核方法

一、上好物理实验课必须做好的三个环节

1. 上实验课前必须进行预习

由于实验课课时有限，而熟悉仪器和测量数据任务一般都比较重，不允许在实验课内才开始研究实验的原理。如果不了解实验原理，实验时就不知道要研究什么问题，要测量哪些物理量，也不了解将会出现什么现象，只是按照教材所规定的步骤机械地进行操作，离开了教材就不知道怎样动手。这样呆板地做实验，虽然也得到了实验数据，却不了解它们的物理意义，也不会根据所测数据去推求实验的最后结果。因此，为了在规定时间内高质量地完成实验课的任务，学生必须做好实验前的预习。

预习应做到以下几点：

（1）明确实验目的。每次做实验都要明确实验目的，明确实验目的是达到实验目的和要求的前提和保证。

（2）熟悉并能正确操作实验仪器。要知道每次做实验都需要哪些实验器材，并重点掌握没用过的实验仪器的原理和使用方法，对一些需要读数获取实验数据的实验仪器要掌握其读数方法。

（3）理解实验原理。实验原理是设计每个实验的依据，明确了实验原理才能知道在实验中待测物理量有哪些，根据待测物理量才能合理地选择实验仪器。对于实验原理中所涉及的公式，要明确各项物理量所代表的物理意义，要能看懂实验原理中所涉及的一些电路图和光路图。

（4）对于实验步骤要做到心中有数，以便能够抓住实验的关键，做到较好地控制实验的物理过程和观察物理现象，及时、迅速、准确地获得待测物理量的数据。

（5）明确整个实验过程中需要注意的事项。明确实验注意事项是保证人身安全、实验仪器安全和获得正确测量结果的前提和保证。要总结好实验仪器的使用注意事项，实验过程中需要注意的一些具体细节。

（6）为了使测量结果清楚，防止漏测数据，预习时应根据实验要求画好数据记录表格。表格中标明待测物理量及其单位，并确定测量次数。此外，表格还应有表格名称。

（7）预习中遇到不懂的问题，要查找资料或者向他人请教，及时解决。解决不了的要做好标记，上实验课时，教师会对实验做大概的讲解，要重点听预习中没有解决的问题。

（8）预习后要写出实验预习报告。实验预习报告包括实验名称、实验目的、实验器材、实验原理、实验步骤、实验注意事项6项内容。实验预习报告不要一字不漏地照抄课本，要多看几遍实验课本，在理解的基础之上用简练的语言概括出各项的要点。

2. 做实验时要按要求进行，操作要规范

实验操作前教师会对实验做简单的讲解，不懂的问题要举手提问。在熟悉实验仪器，了解仪器的工作原理、使用方法和实验注意事项的前提下，按要求将仪器安装调整好，经指导教师检查后方可进行测定。

测量前，要先记录好实验仪器的仪器误差、最小分度值、准确度等级等信息，以便计算不确定度。每次测量后，应立即将实验数据记录在预习过程中画好的实验数据记录表上。要根据仪表的最小刻度值或准确度等级确定实验数据的有效数字位数。各个数据之间、数据与图表之间不要太挤，应留有间隙，以供必要时补充或更正。如果觉得测量的数据有错误，可在错误的数字上画一条整齐的直线。在情况允许时，可以简单地说明为什么是错误的。记录的错误数据不要用黑圆圈或黑方块涂掉，不毁掉它的原因，是“错误”数据有时经过比较后证实是对的。当实验结果与温度、湿度和气压有关系时，要记下实验进行时的室温、空气湿度和大气压强。

在两人或多人合作做一个实验时，既不要其中一人处于被动，也不要一个人包办代替，应当既有分工又有协作，以便共同达到预期的实验要求。

总之，测量实验数据时要特别仔细，以保证数据准确，因为实验数据的优劣，往往决定了实验的成败。计算上的错误可在离开实验室后修正，但是未经重复测量时不允许修改实验数据。

3. 认真、仔细撰写实验报告

实验报告是实验工作的全面总结，要用简明的形式将实验结果完整而又真实地表达出来。应养成实验完成后尽早写出实验报告的习惯，这样可以收到事半功倍的效果。

正式的实验报告，通常包括下列几个部分：

（1）实验名称。

（2）实验目的。

（3）实验器材。

（4）实验原理。

（5）实验步骤。

（6）实验注意事项。

（7）原始实验数据记录与整理。

（8）数据处理（包含作图）。

（9）结果分析（写明结果，并对结果进行讨论，提出实验改进措施，以及回答课后思考题等）。

实验报告书写要字迹工整、措辞简练、步骤完整、数据真实、图表齐全、书写规范。

在表达实验结果时，一般包括三方面，即测量平均值 $\bar{x}$、不确定度 u 和相对不确定度 U_r，综合起来可写为：

$$x = \bar{x} \pm u(x)\text{（单位）}; \quad U_r = \frac{u(x)}{\bar{x}} \times 100\% \qquad (1-1)$$

如果实验是观察某一物理现象或验证某一物理定律，则只需扼要地写出实验结论。

实验讨论中要找出影响实验结果的主要因素，从而采取相应措施以减小误差。显然，对于不同实验，所用实验方法或所测物理量不同，误差分析的方式亦不尽相同。相对不确定度过大时，表明测量结果质量较低，这时应分析原因，对误差做出合理的解释。

二、学生须知和守则

为了保证实验课的正常秩序和达到实验的预期目标，保障学生的人身安全和实验室的财产安全，培养学生严谨的科学态度和良好的实验素质，特做出以下规定，每位学生应牢记并严格遵守。

1. 第一次理论课上，任课教师会告诉同学们本学期需要做的所有实验题目、实验的顺序和每个实验对应的实验地点（每次实验的具体时间可在课表上查到），要求每位同学都要明确每次实验的实验名称、实验时间和地点。

2. 实验前一周，要按照实验预习要求对本次实验进行预习，写出实验预习报告。课上教师要检查实验预习报告并对预习内容进行提问。没有写实验预习报告的，取消本次实验资格；实验预习报告内容不全的，书写潦草者或者应付检查的（提问时回答不出预习后应该掌握的基本内容），教师可做出处理决定，直至取消本次实验资格。

3. 上课要提前 2 ~ 5 分钟到达实验室，不得迟到。迟到 5 分钟以内的学生本次实验报告成绩扣 10 分，迟到 5 ~ 15 分钟的学生本次实验报告成绩扣 20 分，迟到 15 分钟以上的学生不准进入实验室，实验报告成绩以 0 分记。旷课的实验报告按 0 分记。有事请假的需要提前与教师取得联系，以便安排时间补做。

4. 每次实验必须穿白大衣，不穿者本次实验报告成绩扣 10 分。

5. 每次实验课必须携带自己设计的原始数据记录表格。要求表格必须画在单独的一张纸上，大小合理，以便贴在正式实验报告上。画表要求参照本书中的列表法。没有预先设计好原始实验数据记录表的实验报告成绩扣 10 分，实验数据记录表设计不合理的扣 5 分。

原始实验数据必须用钢笔或圆珠笔记录，并且不能有过多的涂改痕迹。用铅笔记录原始数据的实验报告成绩扣 5 分，原始数据记录不全者扣 10 ~ 20 分，原始数据记录不工整者或涂改超过三处者扣 10 分。

6. 每次做实验前，按要求填好实验仪器使用记录表。

7. 进实验室后，对不会用的实验仪器不要乱动。实验开始前，教师会做简要讲解，要认真听讲，领会重点、难点，对实验中的注意事项和容易失误的地方要特别仔细。有疑问的地方，要及时向教师询问。因操作不规范造成仪器损坏的，要按实验室规定赔偿。

8. 上实验课时要关闭手机或者将手机设置静音状态。接打电话或者玩弄手机者本次实验报告成绩扣 20 分；屡教不改者，终止实验资格，本次实验成绩按 0 分记。

9. 上实验课时，不得吃零食，违者本次实验成绩扣 10 分，并负责本次实验课后的卫生打扫工作。

10. 整个实验过程中必须严肃认真，不得闲谈、嬉笑打闹。一经发现，取消本次实验资格。

11. 每次实验完毕后，原始数据记录表交由教师检查，签名后数据有效。同组成员每人都要记录一份原始数据，不能共用一份。交报告时，原始数据表格要附在实验报告中原始实验数据及整理处。

12. 实验完毕后要整理好仪器，将自己的实验桌面整理好，打扫干净，废纸带走，板凳归位，违者本次实验成绩扣 10 分。

13. 每次实验，组长安排好值日生（4～5 人），并填写值日记录。值日内容包括扫地、拖地、整理实验桌和板凳。值日生打扫完卫生并且经教师检查合格后方可离开实验室。

14. 实验报告要在实验完成后 1 周内写完并交给课代表。课代表按学号排序（小号在上）并记录未交实验报告者，把实验报告和未交实验报告名单一起交给教师。不交实验报告者成绩以 0 分记，并取消参加下一次实验的资格。实验报告迟交者，成绩扣 20 分。

15. 正式实验报告要用大学物理实验报告纸书写，本教材附录中有模板以及书写要求。课代表可向教师要一份空白模板，按照班级人数统一复印实验报告纸。

16. 每次实验报告实行百分制。实验报告成绩减去以上各项扣分为本次实验报告最终成绩。

17. 实验报告书写字迹潦草者、错误过多者要返回重写。

18. 实验报告雷同，抄袭者和被抄袭者全部以 0 分记。

第二章　误差概论与数据处理

第一节　误差概论

一、物理量的测量与误差

进行物理实验时，不仅要定性地观察物理变化的过程，还要定量地测定物理量的大小。为了进行测量，必须规定一些标准单位，如选定质量的单位为千克、长度的单位为米、时间的单位为秒、电流强度的单位为安培等。测量就是将待测物理量与这些选作为标准单位的物理量进行比较，其倍数即为物理量的测量值大小。

一般仪表都按一定的倍数刻度，以便直接读出待测量的数值。用仪器、仪表直接读出测量值的测量，称为直接测量，相应的物理量称为直接测量量。例如，用米尺测量长度、用温度计测量温度、用电压表测量电压等。但对于大多数物理量来说，没有直接读数用的仪表，只能用间接的办法进行测量，即先用仪器测出各有关量，再根据一定的物理公式，计算出所要求的量，这样的测量称为间接测量，相应的物理量称为间接测量量。例如，根据测得的体积和质量求得的密度；根据测得的有关长度、时间、密度等求得液体的黏滞系数等。

通常实验过程几乎都是直接测量出一些物理量后，再通过物理量间的关系公式，求得另一些物理量，以验证某一规律，或者反过来，当规律尚未知道时，通过实验数据的分析去建立它们之间的联系规律。

物理量本身应具有一个客观的真实数值，称为真值（用 X_0 表示）。测量的目的就是力图要得到真值。通过有限的实验手段能否得到真值呢？严格来说，任何测量由于受到当时技术和认识水平的限制，或受到观察者主观视听与环境条件偶然起伏等因素影响，都不可能绝对准确，这些就导致了测量值 X 与真值 X_0 之间有一个差值 ΔX，即

$$\Delta X = X - X_0 \qquad (2-1)$$

ΔX 就是我们所说的误差。

误差的分析、误差大小的估算对实验工作十分重要，它将直接影响到测量水平的高低。

二、测量误差的分类

误差的产生是有多方面原因的。根据误差的性质及产生的原因，可将误差分为系统误差、偶然误差和过失误差三种。

（一）系统误差

由于测量仪器设备的缺陷、测量方法的不尽完善或测量者自身的习惯等所产生的误差称为系统误差。

系统误差的特征是其确定性，即测量值 X 总是同一方向偏离真值 X_0，不是一律偏大，就是一律偏小。其原因主要有：仪器的固有缺陷，如刻度不准、零点没有调好；环境的改变，如温度、压强变化的影响；个人的习惯与偏向，如有人读数总是偏高或偏低；理论和方法的近似性等都会引起这种误差。此外，在实验过程中，有关因素考虑不周全也会导致系统误差，如精密测定某物体的重量时，忽略了空气浮力产生的影响等。系统误差应设法减小或消除。为此，在设计实验时应加以考虑，做完实验后应做出估计。

（二）偶然误差

由多种无法控制的属于测量者自身或外界环境干扰等因素所引起的误差称为偶然误差。

偶然误差的特征是随机性，即各次测量的误差是随机出现的，其大小与其真值的偏离方向都是无法确定的。偶然误差可能来源于人们的感官，如听觉、视觉、触觉的分辨能力不尽相同，表现为每个人估读能力不一致；外界环境的干扰，如温度不均匀、振动、气流、噪声等既不能消除，又无法估量；所有影响测量的次要因素不尽全知等。这种误差是无法控制的，对于某一次测量来说，测量误差大小和正负是无法预计的，但它服从统计规律。正是由于这一点，在客观上要求我们对待测物体进行尽可能多的重复测量，将得到的一系列的测量值经适当的数据处理后，使之更接近真值。

最为常用的方法是计算算术平均值，使正、负偶然误差相互补偿，从统计上可以保证算术平均值以最大的概率接近真值，所以算术平均值又称为测量值的最佳估值。

（三）过失误差

过失误差是由实验者使用仪器的方法不正确、实验方法不合理、粗心大意、过度疲劳、记错数据等引起的。这种误差是人为的。只要实验者采取严肃认真的态度，具有一丝不苟的工作作风，过失误差是完全可以避免的。

三、测量结果的定性评价

对同一物理量进行多次测量时，其结果也不会完全相同。对测量结果进行定性评价时，常用到正确度、精密度、准确度这三个概念。这三者的含义不同，使用时要加以区别。

1. 正确度

正确度反映系统误差大小的程度，是指测量结果的正确性。正确度高是指测量数据的平均值偏离真值较少，测量的系统误差小；正确度低是指测量数据的平均值偏离真值较多，测量的系统误差大。

2. 精密度

精密度反映偶然误差大小的程度，是指多次测量时各测量值的密集程度。精密度高指测量的重复性好，各测量值分布密集，偶然误差小；精密度低是指测量的重复性不好，各测量值分布稀疏，偶然误差大。

3. 精确度

精确度反映系统误差和偶然误差综合大小的程度。精确度高是指测量结果既精密又正确，即偶然误差和系统误差都小。

现在以打靶结果为例（如图 2-1），说明三者的区别。(a) 表示精密度低，正确度高；(b) 表示精密度高，正确度低；(c) 表示精密度高，正确度也高，所以精确度高。

四、不确定度的概念与分类

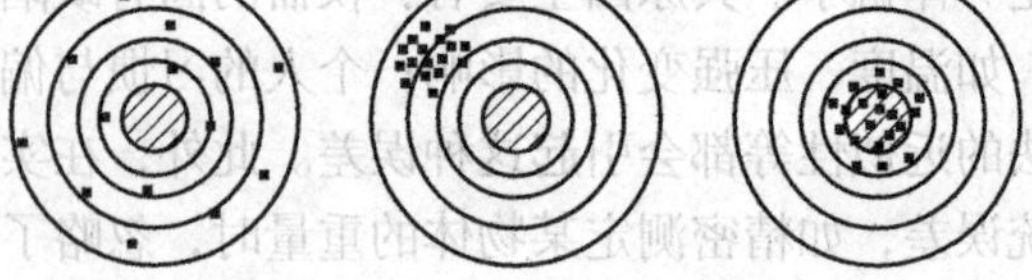

(a)　(b)　(c)

图 2-1　打靶结果

(a) 精密度低，正确度高　(b) 精密度高，正确度低

(c) 精密度高，正确度高

不确定度是指由于测量误差的存在而对测量值不能肯定的程度，是对被测量值的真值所处的范围的评定。

不确定度和误差是两个不同的概念。误差是指测量值与真值之差，一般情况下，它是未知的、可正可负的量；不确定度是指误差可能存在的范围，它的大小可以按一定的方法计算出来。不确定度大，误差的绝对值不一定大，两者不应该混淆。

国际计量局等 7 个国际组织于 1993 年制定了具有国际指导性的《测量不确定度表示指南 ISO 1993（E）》，几年来，国际和国内科技文献开始采用不确定度概念。1999 年，国家技术监督局颁布了《测量不确定度的评定与表示》，标志着我国各技术领域在不确定度的评定和表示方法上，将逐步走向一致，并与国际通行做法接轨。

不确定度主要分为三类：

1. A 类不确定度（u_A）

对待测物理量进行多次测量，由一组测量值的统计分析方法估算的不确定度，称为 A 类不确定度。A 类不确定度是由于偶然误差造成的。

2. B 类不确定度（u_B）

用非统计方法估算的不确定度，称为 B 类不确定度。B 类不确定度一般是由仪器误差造成的。

3. 总不确定度（u）

A 类和 B 类不确定度按一定规则计算可以得到的合成不确定度，即为总不确定度，一般也称为绝对不确定度或不确定度。

第二节　数据处理

一、不确定度的计算

（一）直接测量量不确定度的计算

1. A 类不确定度和 B 类不确定度的计算

以测量列单次测量值的标准偏差 s 乘以因子 $\left(\frac{t}{\sqrt{n}}\right)$ 作为 A 类不确定度，计算表达式为：

$$u_A = \left(\frac{t}{\sqrt{n}}\right)\cdot s \tag{2-2}$$

其中

$$s = \sqrt{\frac{\sum_{i=1}^{n}(x_i - \bar{x})^2}{n-1}} \tag{2-3}$$

$$\bar{x} = \frac{1}{n}\sum_{i=1}^{n} x_i = \frac{1}{n}(x_1 + x_2 + \cdots + x_{n-1} + x_n) \tag{2-4}$$

式2-2、式2-3和式2-4式中的n表示测量次数。

当取置信概率$P=0.95$时，在计算A类不确定度时，t值与测量次数n对应关系如表2-1。

表2-1　置信概率$P=0.95$时，t值与测量次数n对应关系

n	2	3	4	5	6	7	8	9	10
t	12.7	4.30	3.18	2.78	2.57	2.45	2.36	2.31	2.26
$t/\sqrt{n}$	8.98	2.48	1.59	1.24	1.05	0.93	0.84	0.77	0.72

当测量次数$6\leqslant n\leqslant 10$时，因子$\left(\frac{t}{\sqrt{n}}\right)$可粗略取1。此时，

$$u_A = s = \sqrt{\frac{\sum_{i=1}^{n}(x_i - \bar{x})^2}{n-1}} \quad (6 \leqslant n \leqslant 10) \tag{2-5}$$

在一般情况下，当置信概率$P=0.95$时，可以用测量仪器的仪器误差$\Delta_{仪}$作为B类不确定度。即：

$$u_B = \Delta_{仪} \tag{2-6}$$

$\Delta_{仪}$可在仪器出厂说明书或仪器标牌上查到。若没注明，也可取最小分度值的一半作为仪器误差。在工业和商业用途中，仪器误差的置信概率一般为0.95。表2-2为几种常用量具的仪器误差。

表2-2　几种常用量具的仪器误差

仪器	量程（mm）	分度值（mm）	$\Delta_{仪}$（mm）
钢直尺	150	1	0.1
钢卷尺	2m	1	0.7
游标卡尺	0~150	0.1	0.1
游标卡尺	300	0.02	0.02
游标卡尺	300~500	0.02	0.04
一级外径千分尺	25	0.01	0.004

2. 总不确定度（不确定度）的计算

总不确定度的合成表达式为：

$$u(x) = \sqrt{u_{\mathrm{A}}^2(x) + u_{\mathrm{B}}^2(x)} = \sqrt{\left(\frac{t}{\sqrt{n}} \cdot s\right)^2 + \Delta_{仪}^2} \quad (2-7)$$

当$6 \leqslant n \leqslant 10$时，上式化简为：

$$u(x) = \sqrt{u_{\mathrm{A}}^2(x) + u_{\mathrm{B}}^2(x)} = \sqrt{s^2 + \Delta_{仪}^2} \quad (2-8)$$

不确定度的大小与置信概率有关。我国国家技术规范推荐了3种置信概率供不同部门来选用，这3种概率分别是0.68、0.95和0.99。同时规定，当取$P=0.68$或者$P=0.99$时，在给出测量结果表达式时必须注明P值，而取$P=0.95$时，则不需注明。在本物理实验中不确定度的置信概率一律取$P=0.95$。

（二）间接测量量不确定度的计算

在间接测量时，待测量是由直接测量量通过一定的函数关系计算而得到的。由于直接测量量存在不确定度，所以由直接测量量通过运算而得到的间接测量量也必然存在不确定度，这就叫不确定度的传递。在计算间接测量量的不确定度之前必须先求出各直接测量量的最佳估值（算术平均值）及其不确定度。

设间接测量量N是由直接测量量x、y、z…通过函数关系$N=f(x、y、z\cdots)$计算得到的，其中x、y、z…是彼此独立的直接测量量。设x、y、z…的不确定度分别为$u(x)$、$u(y)$、$u(z)$ …，它们必然影响间接测量结果，使N也具有相应的不确定度。由于不确定度是微小的量，相当于数学中的“增量”，因此间接测量量的不确定度的公式与数学中的全微分公式类似。不同之处是：①要用不确定度$u(x)$等代替微分$\mathrm{d}x$等；②要考虑到不确定度合成的统计性质。通常，我们用式2－9和式2－10两式来简化计算间接测量量N的不确定度$u(N)$

$$u(N) = \sqrt{\left(\frac{\partial N}{\partial x}\right)^2 u^2(x) + \left(\frac{\partial N}{\partial y}\right)^2 u^2(y) + \left(\frac{\partial N}{\partial z}\right)^2 u^2(z) + \cdots} \quad (2-9)$$

$$\frac{u(N)}{\bar{N}} = \sqrt{\left(\frac{\partial \ln N}{\partial x}\right)^2 u^2(x) + \left(\frac{\partial \ln N}{\partial y}\right)^2 u^2(y) + \left(\frac{\partial \ln N}{\partial z}\right)^2 u^2(z) + \cdots} \quad (2-10)$$

以上两式也称为不确定度的传递公式。

二、测量结果的表示方法

（一）直接测量量测量结果的表示方法

直接测量量的测量结果写成以下形式：

$$\begin{cases} x = \bar{x} \pm u(x)\,(\text{单位}) \\ U_r(x) = \dfrac{u(x)}{\bar{x}} \times 100\% \end{cases} \quad (2-11)$$

式中x代表被测量，$\bar{x}$是测量值的最佳估值（即算术平均值），$u(x)$是被测量x的不确定度。可见，表示测量结果有三要素：测量值最佳估值、不确定度与单位，三者缺一不可。根据统计意义可知，真值落在$\bar{x}-u(x)$到$\bar{x}+u(x)$之间的概率约为95%。

为表示测量结果的好坏，在测量结果中应表示出相对不确定度U_r。相对不确定度越小，表示测量质量越好。如测量两个物体的长度为：

$$L_1 = (23.50 \pm 0.03)\text{cm}, \quad L_2 = (2.35 \pm 0.03)\text{cm}$$

其相对不确定度分别为：

$$U_r(L_1) = \frac{0.03}{23.50} \times 100\% = 0.13\%, \quad U_r(L_2) = \frac{0.03}{2.35} \times 100\% = 1.3\%$$

两者的不确定度相等，但是两者的相对不确定度后者大一个数量级，所以前者的测量结果质量更高。

（二）间接测量量的测量结果的表示方法

间接测量量的测量结果写成以下形式：

$$\begin{cases} N = \bar{N} \pm u(N)(\text{单位}) \\ U_r(N) = \dfrac{u(N)}{\bar{N}} \times 100\% \end{cases} \tag{2-12}$$

式中 N 代表被测量，$\bar{N}$ 代表测量值的最佳估值，$u(N)$ 代表间接测量量 N 的不确定度。若 $N=f(x, y, z\cdots)$，则 $\bar{N}=f(\bar{x}, \bar{y}, \bar{z}\cdots)$。根据统计意义可知，真值落在 $\bar{N}-u(N)$ 到 $\bar{N}+u(N)$ 之间的概率约为95%。

三、数据处理实例

例1　用螺旋测微器测量一小钢球的直径，共测量7次，测量数据记录见表2－3（测量值为已经减去零点误差的修正值）。

表2－3　小钢球的直径

测量次数	1	2	3	4	5	6	7
D_i/mm	9.515	9.514	9.518	9.516	9.515	9.513	9.517

求：（1）D 的算术平均值 $\bar{D}$、不确定度 $u(D)$、测量结果 D 和相对不确定度 $U_r(D)$；

（2）求该钢球的体积 V 和相对不确定度 $U_r(V)$。

解：（1）D 的算术平均值为：

$$\bar{D} = \frac{1}{7}\sum_{i=1}^{7} D_i = \frac{1}{7} \times (9.515 + 9.514 + \cdots + 9.157) = 9.515(\text{mm})$$

D 的A类不确定度为：

$$u_A = \frac{t}{\sqrt{n}} \cdot s = 0.93\sqrt{\frac{1}{n-1}\sum_{i=1}^{7}\left(D_i - \bar{D}\right)^2}$$

$$= 0.93 \times \sqrt{\frac{1}{7-1}[(9.515-9.515)^2 + (9.514-9.515)^2 + \cdots + (9.517-9.515)^2]}$$

$$= 0.0030(\text{mm})$$

螺旋测微器的 $\Delta_{仪}=0.004\text{mm}$，所以 D 的B类不确定度为：

$$u_B = \Delta_{仪} = 0.004(\text{mm})$$

直径的不确定度 $u(D) = \sqrt{u_A^2 + u_B^2} = \sqrt{0.0030^2 + 0.004^2} = 0.005(\text{mm})$

测量结果为：

$$D = (9.515 \pm 0.005)\text{mm}$$

相对不确定度为：

$$U_r(D) = \frac{u(D)}{\bar{D}} \times 100\% = \frac{0.005\text{mm}}{9.515\text{mm}} \times 100\% = 0.053\%$$

（2）钢球体积的最佳估计值为：

$$\bar{V} = \frac{1}{6}\pi\bar{D}^3 = \frac{1}{6} \times 3.142 \times 9.515^3 = 451.1(\text{mm}^3)$$

钢球体积的不确定度为：

$$u(V) = \sqrt{\left(\frac{dV}{dD}\right)^2 u^2(D)} = \frac{1}{2}\pi\bar{D}^2 \times u(D) = \frac{1}{2} \times 3.142 \times 9.515^2 \times 0.005 = 0.7(\text{mm}^3)$$

钢球的体积为：$V = (451.1 \pm 0.7)\text{mm}^3$

钢球体积的相对不确定度为：

$$U_r(V) = \frac{u(V)}{\bar{V}} \times 100\% = \frac{0.7\text{mm}}{451.1\text{mm}} \times 100\% = 0.16\%$$

四、有效数字及其运算

（一）有效数字

有效数字是指在实验中所能实际测量得到的有实际意义的数值。它由准确数字和最后一位可疑数字组成。通常我们把通过直接读取获得的数字称作准确数字，把通过估读所得到的数字叫作可疑数字。

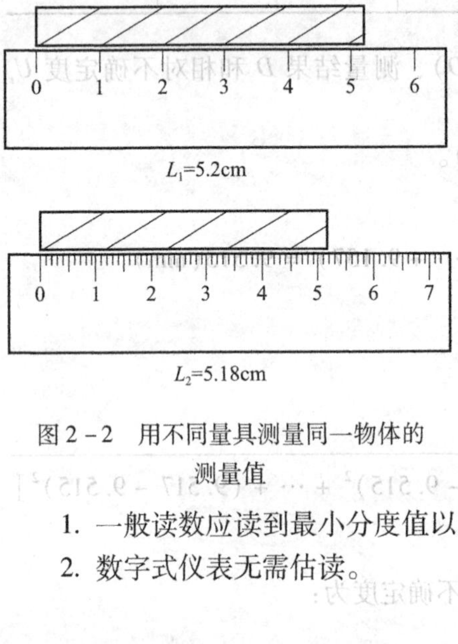

图 2－2　用不同量具测量同一物体的测量值

对同一物理量进行测量，仪器的精度越高，有效数字的位数越多。如图 2－2 所示，用分度值分别为 1cm 和 1mm 的直尺测量同一物体的长度，测量值分别为 $L_1 = 5.2\text{cm}$，$L_2 = 5.18\text{cm}$。L_1 中的 5 为准确数字，0.2 为估读得到的，为可疑数字；L_2 中的 5.1 为准确数字，0.08 为估读得到的，为可疑数字。此外，有效数字的位数还与测量量本身的数值大小有关。1 和 1.0 在物理意义上是不相等的，因为它们有效数字的位数不同，所以在记录测量结果时，如果最后一位为 0，不能够随意舍去。

对于有效数字的读取，要注意以下两点：

1. 一般读数应读到最小分度值以下再估读一位。
2. 数字式仪表无需估读。

（二）有效数字的位数

左端第一个非0数字到右端最后一位的所有数字均为有效数字。如0.00302m为三位有效数字，2.00为三位有效数字。

10的正、负指数幂不算位数。如0.00302m和3.02×10^{-3}m，都为三位有效数字。

但是1kg≠1000g，因为二者的有效数字位数不同，应记为$1\text{kg}=1\times10^{3}$g。

在表达测量结果时，要注意有效数字位数，正确地表达测量结果。

1. 算数平均值的有效数字的位数一般要与单次测量值的有效数字位数相同。例如用米尺测棒长3次，读数分别为2.24cm、2.26cm和2.26cm，其平均值为循环小数2.25333……可以写出无穷多位。但是实际上，每次测量只能估计到1/100cm，在平均值中数字“5”的这一位已有误差，保留其后的数字就毫无意义了，应当按照“尾数的舍入法则”把它写成2.25cm，仍为三位有效数字。如果把测量的结果写成2.25333cm，反而不是正确的。因为这样记录将被理解为六位有效数字，其误差为万分之几厘米，显然这是不符合实际情况的。由此可见，有效数字的位数是不能随意增减的。

2. 不确定度一般只取一位或者两位有效数字。如测量结果$m=(10.2\pm0.1)$g，$D=(3.953\pm0.011)$ mm。为了减小计算的误差，在求总不确定度的计算过程中，其A类分量和B类分量可以多保留一位有效数字。

3. 相对不确定度一般取两位有效数字。

（三）有效数字尾数的修约法则

通常采用的四舍五入法对于大量尾数分布几率相同的数据来说是不合理的，因为入的几率总是大于舍的几率。现在通用的法则是：四舍六入五凑偶。

具体规则为：

1. 尾数小于等于4则舍，如6.77499取三位有效数字为6.77。

2. 尾数大于等于6则入，如3.286取三位有效数字为3.29。

3. 尾数等于5时分为两种情况。如果尾数为5且后面没有数字或者全为0，则把尾数凑成双。如4.765取三位有效数字为4.76；4.775取三位有效数字为4.78；0.06650取二位有效数字为0.066。

如果尾数为5且后面有不全为0的数字则入。如5.76501取三位有效数字为5.77。

有效数字不能连续修约。3.4546取一位有效数字为3，而3.4546→3.455→3.46→3.5→4是错误的。

（四）有效数字的运算规则

1. 加减法

和或差的有效数字，写到各数中存疑数字位数最高的那一位为止。

例2　已知$x=32.1$，$y=3.276$，$m=26.65$，$n=3.926$，求：

（1）$x+y$；（2）$m-n$。

解：

$$x+y=35.\underline{4} \qquad\qquad m-n=22.7\underline{2}$$

$$\begin{array}{r} 32.\underline{1} \\ +\quad 3.27\underline{6} \\ \hline 35.\underline{376} \end{array} \qquad\qquad \begin{array}{r} 26.6\underline{5} \\ -\quad 3.92\underline{6} \\ \hline 22.7\underline{24} \end{array}$$

2. 乘除法

乘除法中的积或商的有效数字位数，一般应与各量中有效数字位数最少的相同。

例 3 已知 $a=5.348$，$b=20.5$，$c=37643$，$d=217$，求：

（1）ab；（2）c/d。

解：

$$ab=11\underline{0} \qquad\qquad c/d=17\underline{3}$$

$$\begin{array}{r} 5.34\underline{8} \\ \times\quad 20.\underline{5} \\ \hline 2674\underline{0} \\ 0000 \\ 1069\underline{6} \\ \hline 109.\underline{6340} \end{array} \qquad\qquad \begin{array}{r} 17\underline{3}.\underline{4}\cdots\cdots \\ 217\,\big)\,\overline{37643} \\ 217 \\ \hline 159\underline{4} \\ 151\underline{9} \\ \hline \underline{75}\underline{3} \\ \underline{65}\underline{1} \\ \hline \underline{1020} \end{array}$$

上式除法中的 $\underline{9}$ 虽为存疑数，但不影响商 7，7 还是准确数。在运算中，存疑数字只保留一位，其后面的存疑数字是没有意义的。上面两个例子的结果分别为 110 和 173，有效数字都是三位。

3. 乘方和开方

乘方、开方的有效数字与其底的有效数字位数相同。

例 4 一圆的直径 $d=10.3\text{mm}$，求圆的面积。

解：圆面积 $s=\dfrac{\pi d^2}{4}=\dfrac{3.14\times 10.3^2}{4}=83.3\text{mm}^2$

4 是准确数，d 为三位有效数字，d^2 应取三位有效数字，常数 π 亦取三位即可。如果在运算过程中多保留一位，结果仍基本相同。

以上这些结论，在一般情况下是成立的，但也有例外。如果我们了解了有效数字的意义和存疑数字取舍的原则，是不难处理的。

五、常用数据处理方法

（一）列表法

列表是有序记录原始数据的必要手段，也是用实验数据显示函数关系的一种方法。列表没有统一的格式，但列表要注意以下几点：

1. 表上方有表头标题，写明所列表格的名称。
2. 各栏目要条理清楚，简单明了，便于看出相关量之间的关系。

3. 各标题栏必须标明物理量的名称和单位。名称尽量用符号表示，单位和数量级写在该符号的标题栏中。

4. 表格中的数据应为正确反映测量结果的有效数字。

（二）作图法

作图法是用几何手段寻找与表示待求函数关系的方法。

用作图法表述物理量之间的关系时，应注意做到：坐标点和实验图线必须画得清楚正确，要能正确反映物理量之间的数量关系，容易读数；必须既无遗漏，又不含糊，做到清晰完整。在大多数情况下，都在毫米方格纸上用直角坐标系来作图。

作图法的具体规则如下：

1. 选轴

画两条粗实线表示横轴和纵轴。在轴的末端近旁注明所代表的物理量及其单位。一般以横轴代表自变量。

2. 定标尺

对于每个坐标轴，在相隔一定距离上用整齐的数字来标度。标度时要做到：

（1）图上观测点坐标读数的有效数字位数大体上与实验数据的有效数字位数相同。例如对于直接测量的物理量，轴上最小格的标度可与测量仪器的最小刻度相同。

（2）标尺的选择应使图线显出其特点。标度应划分得当，以不用计算就能直接读出图线上每一点的坐标为宜，通常用1、2、5、10，而不选用3、7、9等来标度。

（3）应尽量使图线占据图纸的大部分，不要偏于一角或一边。横轴和纵轴的标度可以不同，两轴的交点也可以不从零而取比数据最小值再小些的整数开始标值，以便调整图线大小和位置。

（4）如果数据特别大或特别小，可以提出乘积因子。例如，提出 $\times 10^2$、$\times 10^{-1}$ 放在坐标轴上最大值的右边。

3. 描点

依据实验数据用削尖的硬铅笔在图上描点。为使图上的点醒目，在连图线时不易被遮盖，且为使同一图上有几条图线而数据点不混淆，故常以该数据点为中心，用“+”“×”“·”“⊙”等符号中的任一种符号分别标明。

4. 连线

除了作校正图线时相邻两点一律用直线连接外，一般来说，连线时应尽量使图线紧贴所有的观测点通过，但是应当舍弃严重偏离图线的某些点，并使观测点均匀分布于图线两侧。当此图线延伸到测量数据范围之外，则应依其趋势用虚线表示。

5. 直线图解法求直线的斜率和截距

（1）选点。在直线上选相距较远的两点 $A(x_1, y_1)$、$B(x_2, y_2)$。此两点不一定是实验数据点，并用与实验数据点不同的记号表示，在记号旁注明坐标值。

（2）求斜率。直线方程为 $y = ax + b$，将 A，B 两点坐标值代入，便可算出斜率。

$$a = \frac{y_2 - y_1}{x_2 - x_2} \quad (2-13)$$

（3）求截距。若横坐标起点为零，则将直线用虚线延长得到与纵坐标轴的交点，

便可求出截距。若起点不为零，则

$$b = \frac{x_2 y_1 - x_1 y_2}{x_2 - x_1} \tag{2-14}$$

6. 写图名

在图纸顶部附近空旷位置写出简洁而完整的图名，必要情况下，可在图名的下方，附加必不可少的实验条件或图注。一般将纵轴代表的物理量写在前面，横轴代表的物理量写在后面，中间用符号“－”连接。在图的右下角写明作者和作图日期。

例如当温度一定时，用伏安法测定某电阻的电流和电压，测量数据见表 2－4，根据表 2－5中数据可做出如图所示的 $I-U$ 图线（如图 2－3），根据图线可求出电阻值。

表 2－4　伏安法测量电阻的电流、电压值

$U(V)$	0.74	1.52	2.33	3.08	3.66	4.49	5.24	5.98	6.76	7.50
$I(mA)$	2.00	4.01	6.22	8.20	9.75	12.00	13.99	15.92	18.00	20.01

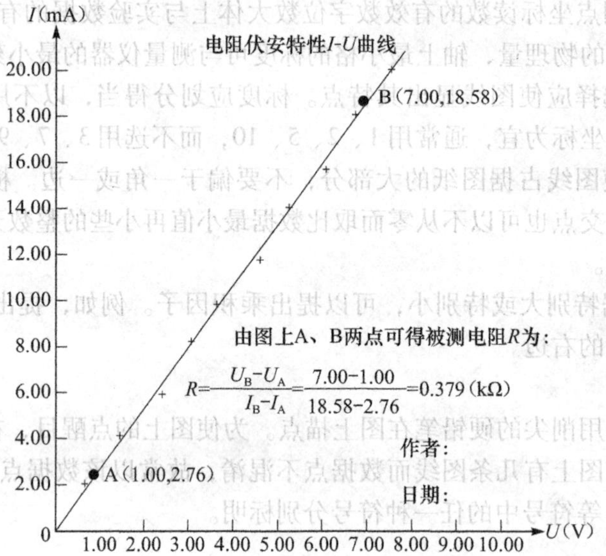

图 2－3　电阻的伏安特性曲线

思考与练习题

1. 产生测量误差的主要原因是什么？如何才能减小测量的误差？

2. 尾数的舍入法则与“四舍五入”法有何不同？

3. 空气中0℃时的声速为（331.63 ±0.04） m/s，试求其绝对不确定度与相对不确定度。

4. 一个铅圆柱体，测得其直径 $d=$（2.04 ±0.01） cm，高度 $h=$（4.12 ±0.01） cm，质量 $m=$（149.18 ±0.05） g。试计算铅的密度 ρ 及 ρ 的相对不确定度。

5. 按照误差理论和有效数字运算规则，改正以下错误：

（1）$N=(10.8000\pm0.2)$ cm；

（2）有人说 0.2870 是五位有效数字，有人说只有三位，请纠正并说明其原因；

（3）有人说 8×10^{-4}g 比 8.0g 测得准确，试纠正并说明原因；

（4）28cm = 280mm；

（5）$L=(28000\pm8000)$ mm；

（6）$0.0221\times0.0221=0.00048841$；

（7）$\dfrac{400\times1500}{12.60-11.6}=600000$。

6. 试利用有效数字运算规则计算下列各式的结果：

（1）$98.754+1.3$

（2）$107.50-2.5$

（3）111×0.100

（4）$\dfrac{100.0\times(5.6+4.412)}{(78.00-77.0)\times10.000}+110.0$

第三章 常用仪器基本操作方法

第一节　游标卡尺的基本操作方法

游标卡尺简称卡尺。它可以用来测物体的长、宽、高、深及圆环的内、外直径。

游标卡尺的构造如图 3－1 所示，其构造由两部分组成，一部分为刻有毫米刻度的直尺 D，称为主尺，在主尺 D 上有量爪 A、A′；另一部分为附加在主尺上能沿主尺滑动并有量爪 B、B′的不同分度尺，称为游标 E。量爪 A、B 用来测量物体的厚度和外径；量爪 A′、B′用来测量内径；C 为尾尺，用来测物体孔深或槽深，待测物体的各种数值由游标零线和主尺零线之间的距离来表示。M 为固定螺钉，用螺钉固定后，可保持原测量值。

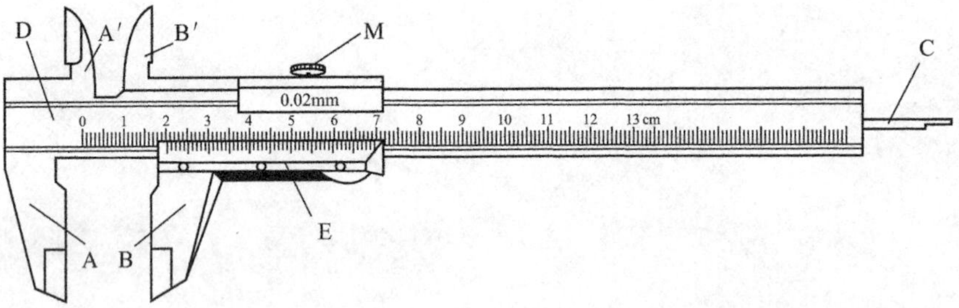

图 3－1　游标卡尺的外形与构造

游标卡尺的使用方法：

1. 使用前要将其擦净，检查测量爪有无伤痕，对着光线看测量爪是否对齐，有无缝隙，如仪器完好方可进行测量。

2. 左手拿待测物体，右手握住主尺尾端，右手的大拇指轻轻推动游标尺使两量爪之间的空隙大于被测物体的长度，将被测物体紧贴固定量爪的测量面，右手拇指轻轻推动游标尺，使游尺上活动量爪的测量面贴紧被测物体。

3. 拧紧固定螺钉后进行读数，读数时视线要与尺面垂直。

4. 读数完毕，必须先打开固定螺钉，推动游标取出被测物体，不可直接从两量爪中拔出，以免破坏量爪的刀口。

第二节　螺旋测微器的基本操作方法

螺旋测微器也叫千分尺，是一种比游标卡尺更精密的量具。较为常见的一种如图3－2所示，分度值是0.01mm，量程为0～25mm。

其构造主要分为两部分。一部分是曲柄和固定套筒互相牢固地连在一起；另一部分是微分筒和测微螺杆牢固地连在一起。因为在固定套筒里刻有阴螺纹，测微螺杆的外面刻有阳螺旋，所以后一组可以相对前一组转动。转动时测微螺杆就向左或右移动，曲柄附在测砧和固定套筒上。微分筒后端附有测力装置（保护棘轮）。当锁紧手柄锁紧后，固定套筒和微分筒的位置就固定不变。

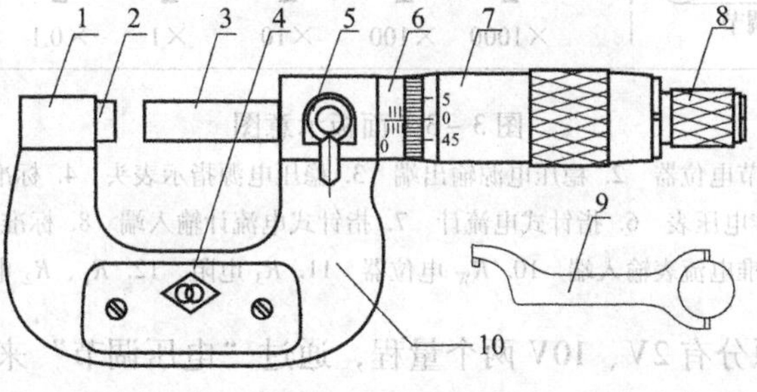

图3－2　螺旋测微器的外形与构造

1. 尺架　2. 测砧　3. 测微螺杆　4. 隔热装置　5. 锁紧装置
6. 固定套筒　7. 微分筒　8. 测力装置　9. 扳子　10. 曲柄

螺旋测微器的使用方法：

1. 使用前应先检查零点，方法是缓缓转动保护棘轮，使测微螺杆和测砧接触，到棘轮发出声音为止，观察活动套筒上的零刻线和固定套筒上的基准线（长横线）是否对齐，如不对齐，说明仪器具有零点误差。要记录此时的零点读数，方法详见实验一（长度测量）螺旋测微器读数原理部分。

2. 左手持曲柄（U型框架）上的隔热装置，右手转动微分筒上的旋钮使测微螺杆与测砧间距稍大于被测物。放入被测物，转动保护棘轮到保护棘轮发出声音为止，此时被测物被夹住。

3. 旋紧锁紧装置使测微螺杆固定，然后读数。

4. 读数完毕，打开锁紧装置取出被测物。不可直接取出物体，以免损坏仪器。

第三节　DH4508型电表改装与校准实验仪的基本操作方法

DH4508型电表内附指针式电流计，标准电压表、电流表，可调直流稳压电源，十进制电阻箱、专用导线及其他部件，无需配件便可完成多种电表改装实验。

本仪器的面板见图 3 - 3。

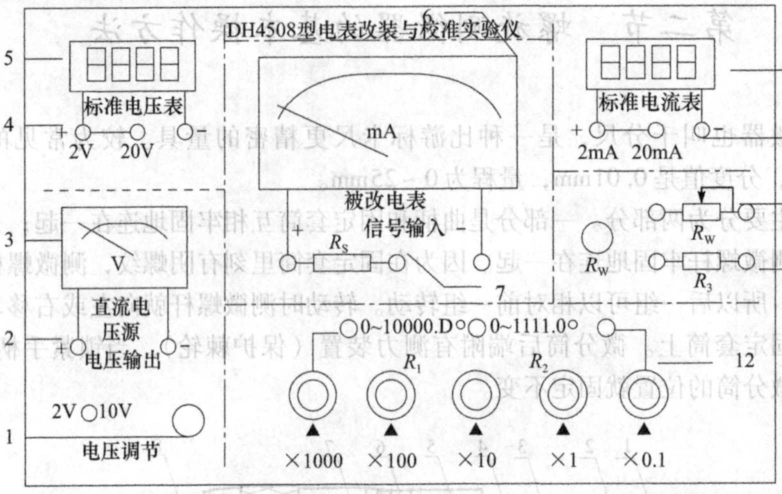

图 3 - 3　面板示意图

1. 稳压电源调节电位器　2. 稳压电源输出端　3. 稳压电源指示表头　4. 标准电压表输出端
5. 标准电压表　6. 指针式电流计　7. 指针式电流计输入端　8. 标准电流表
9. 标准电流表输入端　10. R_W 电位器　11. R_3 电阻　12. R_1、R_2 电阻器

可调直流稳压源分有 2V、10V 两个量程，通过“电压调节”来选择需要的电压。
指针式电压表的指示也分为 2V、10V 两个量程。
标准数显电压表有 2V、20V 两个量程，只需连到对应的测量端即可。
标准数显电流表有 2mA、20mA 两个量程，只需连到对应的测量端即可。

一、原理简介

1. 改装成较大量程的电流表

在表头两端并联一合适的电阻，对测量电路中的电流进行分流，使表头指示为满偏时，线路的总电流为所需要改装量程的电流值，这时表头就被改装成较大量程的电流表。

2. 改装成较大量程的电压表

将一合适阻值的电阻与电流计串联，使电流计满偏时，串联电路上的电压等于所需要改装量程的电压，这时电流计就被改装成电压表了。

3. 改装成欧姆表

如图 3 - 4 所示，用一电源串联一合适的电阻，与电流计串联。当 R_X 被测电阻接入时，会使电流计偏转，不同的 R_X 会引起不同的电流计偏转。用标准电阻箱对电流计的偏转进行刻度标定后，就能用于测量电阻了，这时电流计被改装成欧姆表。

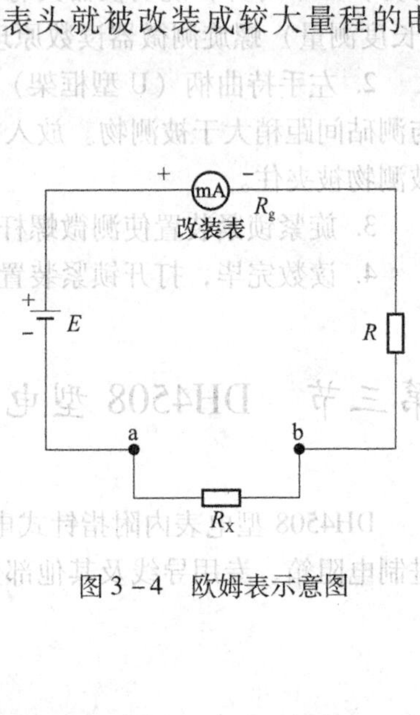

图 3 - 4　欧姆表示意图

二、使用步骤

1. 接通交流电源，打开仪器后部电源开关。

2. 检查标准电压表、标准电流表，应正常显示。标准电压表在空载时因内阻较高会出现跳字，属正常现象。

3. 调节稳压电源，应正常输出。

4. 按实验内容要求进行电流表改装并用改装成的电流表测未知电流。

5. 按实验要求进行电压表改装，并用改装成的电压表测未知电压。

6. 按实验要求进行串联式或并联式欧姆表改装，并用改装成的欧姆表测未知电阻。

第四节　DH4602 气体比热容比测定仪的使用

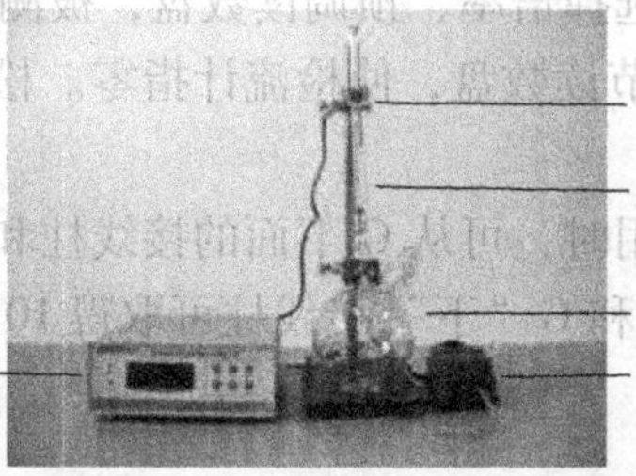

图 3-5　DH4602 气体比热容比测定仪装置图

1. 检查玻璃管是否处于光电门的中央，如果不在，调节光电门的位置。

2. 检查外界光线是否过强并照射在仪器上，若如此，则必须适当挡光，否则不必。

3. 打开周期计时装置电源，程序预置周期为 $T=30$（数显），若根据具体要求，预置周期设置的次数不是 30 次，则更改设置。更改设置操作如下：

首先按“置数”开锁，其次，按上调（或下调）改变预置周期次数为预定值，最后再按“置数”锁定。

4. 检查气泵上的气量调节旋钮，调节气量调节旋钮至最小。

5. 接通气泵电源，调节气量调节旋钮，控制气泵输出的气体量均匀增加，使小球在玻璃管中以小孔为中心上下振动。

注意，气流过大或过小会造成钢珠不以玻璃管上的小孔为中心上下振动，调节时需要用手挡住玻璃管上方，以免气流过大将小球冲出管外造成钢珠或瓶子损坏。

6. 按下周期计时装置上的“执行键”开始计时。

信号灯不停闪烁，即为计时状态，当物体经过光电门的周期次数达到设定值，数显将显示具体时间，单位“秒”。

当多次重复测量同样次数的周期时间时，无须重新设置，只要按“返回”即可回到上次刚执行的周期数，再按“执行”键，便可以再次进行自动计时。

当断电再开机时，程序从头预置 30 次周期，须重复步骤 3 至 6 测量周期。

7. 本实验仪器体积约为 200mL。

第五节　QJ23型直流电阻电桥(电子调零)使用方法

使用方法：

1. 调零方法：装入4.5V电池后（注意电池极性），按下“B”按钮不放，同时调节表头上方的电位器，使指针指“0”，松开“B”，指针有时会不在“0”，对使用无妨。

2. 依被测电阻大小，选择合适的电源电压：$R_x \leqslant 10\text{k}\Omega$ 时用内附4.5V电池作电桥工作电源，将外接电源“+”“-”接线柱用短路片短路。$R_x \geqslant 10\text{k}\Omega$ 须外接电源电压，依仪器附表要求去掉短路片，将外接电源接入外接“+”“-”接线柱上。

3. 使用内附检流计时，短路片接在“外接”上；使用外接检流计时，短路片接在“内接”上。

4. 依被测电阻大小，选择倍率、预调读数盘，被测电阻接入“R_x”。

5. 按下“B”“G”调节读数盘，使检流计指零。松开“B”“G”，读数，被测电阻为：倍率×读数盘值。

6. 作十进制电阻器使用时，可从G下面的接线柱和 R_x 下面的接线柱取得。

7. 从 R_x“上”接线柱和G“下”接线柱可取得 $10(K = -3 \sim 3)$ 比例，亦可单独使用检流计。

第六节　金属膜电阻快速估算电阻值的方法

金属膜电阻有五条色码，各有不同意义，用以表示其电阻值。如图3－6所示。

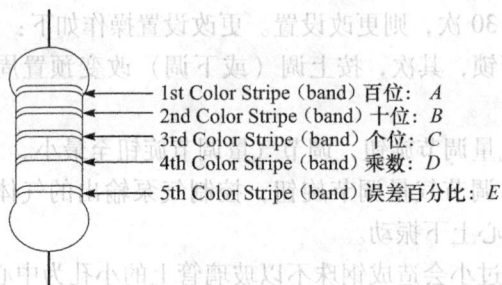

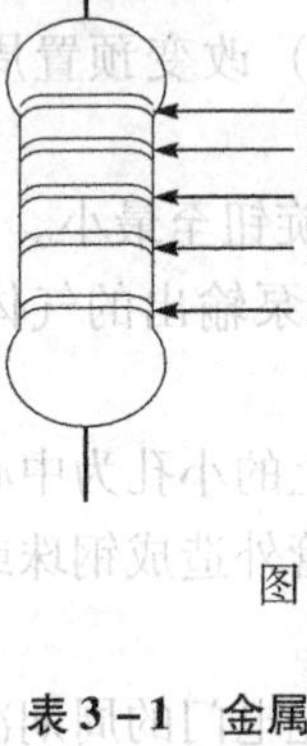

图3－6　色码电阻表面

表3－1　金属膜电阻器色码颜色与数值对应表

	第一（A）百位	第二（B）十位	第三（C）个位	第四（D）乘数	第五（E）误差百分比
黑	—	0	0	0	—
棕	1	1	1	1	1%
红	2	2	2	2	2%

续表

	第一（A）百位	第二（B）十位	第三（C）个位	第四（D）乘数	第五（E）误差百分比
橙	3	3	3	3	—
黄	4	4	4	4	—
绿	5	5	5	5	0.5%
蓝	6	6	6	6	0.25%
紫	7	7	7	—	0.1%
灰	8	8	8	—	0.05%
白	9	9	9	—	—
金	—	—	—	−1	—
银	—	—	—	−2	—

读数公式：$R=(A\times100+B\times10+C)\times10^{D}\Omega$

误差百分比为 E，因其误差百分比一般很小，所以精密度较高。

口诀：棕红橙黄绿蓝紫灰白黑（纵横城隍路，男子回北海）。

第七节　YB4320 型双踪示波器的基本操作方法

1. 校准示波器

① 将示波器面板上各个控制键按要求设置在指定位置，打开电源，预热。

② 当荧光屏上显示出一条扫描基线，调整辉度、聚焦、刻度照明，使基线清晰。

③ 将本机 0.5Vp－p 的校准信号连至 Y_1（或 Y_2）输入端，进行校准。

2. 测量电压的峰－峰值和频率

信号的电压和频率是由光迹在荧屏上占据空间大小来决定的。设示波所显示信号波峰与波谷的距离为 Y，波长为 X，则：

信号峰－峰值电压：$Vp-p=V/div\times Y$

周期：$T=T/div\times X$

频率：$f=\dfrac{1}{T}$

第八节　YB1620 型函数信号发生器的基本操作方法

1. 首先检查电源输入，将电源线插入后面板上的交流插孔。

2. 打开电源开关之前，如表 3－2 所示设定各个控制键。

表 3－2　通电前函数信号发生器各按键设定

电源（POWERE）	弹出
波形开关（WAVE FORM）	任意按入一键
功率开关（POWER OUT）	弹出
衰减开关（ATTE）	弹出
外测频（COUNTER）	弹出
直流偏置（OFFSET）	弹出
单次（SINGLE）	弹出
频率选择开关	任意按入一键
对称性	弹出

所有控制键如上设定后，打开电源。此时 LED 显示窗口显示本机输出信号频率。

3. 一般信号调节方法：

① 按下波形开关（WAVE FORM），选择所需波形，分别为正弦波、方波、三角波。

② 旋转幅度旋钮，调节信号输出电压至指定值。如果是电压低于 1V 的弱信号，配合衰减开关（ATTE）进行调节，每 20dB 电压衰减为之前的十分之一。

③ 根据目标信号的频率大小，选择相应的频率选择开关

④ 旋转频率调节旋钮，至目标信号频率值附近，旋转频率微调旋钮，调节至指定频率。

⑤ 将电压信号由 VOLTAGE OUT 端口通过连线送入示波器 Y 输入端口。

第九节　WAY 型阿贝折射仪的基本操作方法

1. 安装仪器

将阿贝折射仪放在靠近窗户的桌子上（注意避免日光直接照射），或置于普通白炽灯前，在棱镜外套上装好温度计，将超级恒温水浴之恒温水通过棱镜的夹套中。恒温水温度以折射仪是温度计指示值为准。恒温在（20 ±0.2）℃。

2. 校准仪器

仪器在测量前，先要进行校准。校准时可用蒸馏水或标准玻璃块进行校准，蒸馏水的折射率 $n_D = 1.3330$，而标准玻璃块标有折射率。

（1）用蒸馏水校准。

① 将棱镜锁紧扳手松开，将棱镜擦干净（注意：用无水酒精或其他易挥发溶剂作清洁剂，用脱脂棉球擦干）。

② 用滴管将 2 ~ 3 滴蒸馏水滴入两棱镜中间，合上并锁紧。

③ 调节棱镜转动手轮，使折射率读数恰为 1.3330、浓度为 0 处。

④ 从测量镜筒中观察黑白分界线是否与叉丝交点重合。若不重合，则调节刻度调节螺钮，使叉丝交点准确地和分界线重合。若视场出现色散，可调节微调手轮至色散消失。

（2）用标准玻璃块校准。在开始测定前，也可用标准试样校对读数。如用标准试样，则在折射棱镜的抛光面加1～2滴溴代萘，再贴上标准试样的抛光面，当读数视场指示于标准试样上之值时，观察望远镜内明暗分界线是否在十字线中间，若有偏差，则用螺丝刀微量旋转小孔内的螺钉，带动物镜偏摆，使分界线像位移至十字线中心。通过反复地观察与校正，使示值的起始误差降至最小（包括操作者的瞄准误差）。校正完毕后，在以后的测定过程中不允许随意再动此部位。在日常的测量工中一般不需校正仪器，如对所测的折射率示值有怀疑时，可按上述方法检验是否有起始误差，如有误差应进行校正。

每次测定工作之前及进行示值校准时必须将进光棱镜的毛面、折射棱镜的抛光面及标准试样的抛光面，用无水酒精与乙醚（1∶1）的混合液以脱脂棉花轻擦干净，以免留有其他物质，影响成像清晰度和测量准确度。

3. 测定工作

（1）测定透明、半透明液体。将被测液体用干净滴管加在折射棱镜表面，并将进光棱镜盖上，用手轮锁紧，要求液层均匀，充满视场，无气泡。打开遮光板，合上反射镜，调节目镜视度，使十字线成像清晰，此时旋转手轮并在目镜视场中找到明暗分界线的位置，再旋转手轮使分界线不带任何彩色，微调手轮，使分界线位于十字线的中心，再适当转动聚光镜，此时目镜视场下方显示的示值即为被测液体的折射率。

（2）测定透明固体。被测物体上需有一个平整的抛光面。把进光棱镜打开，在折射棱镜的抛光面加1～2滴比被测物体折射率高的透明液体（如溴代萘），并将被测物体的抛光面擦干净放上去，使其接触良好，此时便可在目镜视场中寻找分界线，瞄准和读数的操作方法如前所述。

（3）测定半透明固体。用（2）中方法将被测半透明固体上的抛光面粘在折射棱镜上，打开反射镜并调整角度，利用反射光束测量，具体操作方法同（2）。

第十节　WXG 型旋光仪的基本操作方法

为便于操作，旋光仪的光学系统以倾斜20°安装在基座上。光源采用20W钠光灯（波长 $\lambda=589.3$nm）。钠光灯的限流器安装在基座底部。旋光仪的偏振器均为聚乙烯醇人造偏振片。三分视界采用劳伦特石英板装置（半波片）。转动起偏镜可调整三分视场的影荫角（旋光仪出厂时调整在3°左右）。旋光仪采用双游标读数，以消除度盘偏心差。度盘分360格，每格1°，游标分20格，等于度盘19格，用游标直接读数到0.05°。度盘和检偏镜固定为一体，借手轮能作粗、细转动。游标窗前方装有两块4倍的放大镜，供读数时用。

一、旋光仪使用方法

1. 将旋光仪接于220V交流电源。开启电源开关，约5分钟后钠光灯发光正常，就可开始工作。

2. 检查旋光仪零位是否准确，即在旋光仪未放试管或放进充满蒸馏水的试管时，观察零度时视场亮度是否一致。如不一致，说明有零位误差，应在测量读数中减去或加上该偏差值。或放松度盘盖背面四只螺钉，微微转动度盘盖校正之（只能校正0.5°左右的误差，严重的应送制造厂检修）。

3. 选取长度适宜的试管，注满待测试液，装上橡皮圈，旋上螺帽，直至不漏水为止。螺帽不宜旋得太紧，否则护片玻璃会引起应力，影响读数正确性。然后将试管两头残余溶液揩干，以免影响观察清晰度及测定精度。

4. 测定旋光读数：转动度盘、检偏镜，在视场中觅得亮度一致的位置，再从度盘上读数。读数是正的为右旋物质，读数是负的为左旋物质。

5. 采用双游标读数法可按下列公式求得结果：

$$\phi = \frac{A + B}{2}$$

式中：A 和 B 分别为两游标窗读数值。如果 $A = B$，而且度盘转到任意位置都符合等式，则说明旋光仪没有偏心差（一般出厂前旋光仪均做过校正），可以不用双游标读数。

6. 旋光度和温度也有关系。对大多数物质，用 $\lambda = 589.3\text{nm}$（钠光）测定，当温度升高1℃时，旋光度约减少0.3%。对于要求较高的测定工作，最好能在20℃±2℃的条件下进行。

二、旋光仪的维护

1. 旋光仪应放在通风干燥和温度适宜的地方，以免受潮发霉。

2. 旋光仪连续使用时间不宜超过4小时。如果使用时间较长，中间应关熄10～15分钟，待钠光灯冷却后再继续使用，或用电风扇吹，减少灯管受热程度，以免亮度下降和寿命降低。

3. 试管用后要及时将溶液倒出，用蒸馏水洗涤干净，擦干藏好。所有镜片均不能用手直接揩擦，应用柔软绒布揩擦。

4. 旋光仪停用时，应将塑料套套上。装箱时，应按固定位置放入箱内并压紧之。

下篇 实验内容

第四章 物理实验

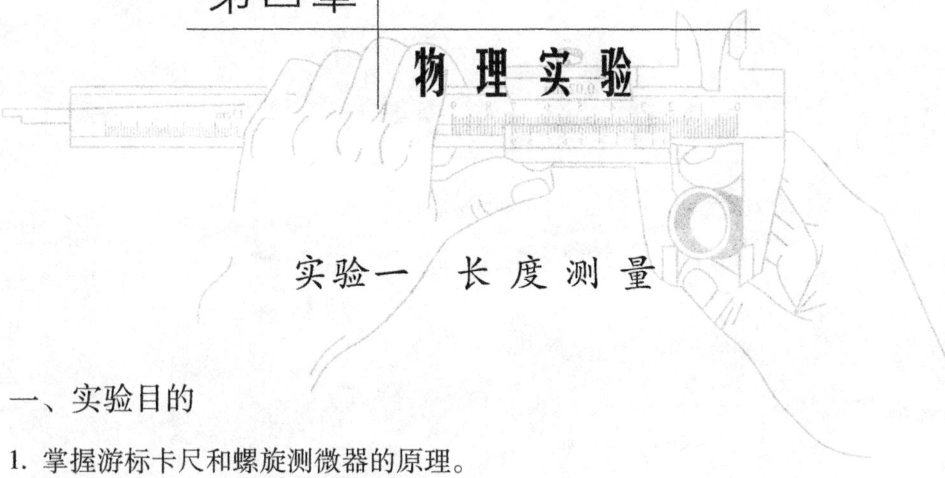

实验一 长度测量

一、实验目的

1. 掌握游标卡尺和螺旋测微器的原理。

2. 学会游标卡尺和螺旋测微器的使用方法。

3. 运用已掌握的误差理论和有效数字的运算规则完成实验数据处理，并分析产生误差的原因。

二、实验原理

(一) 游标卡尺的读数原理

游标卡尺测量的长度可精确到 0.01mm、0.02mm 或 0.05mm。本实验以 0.02mm 为例，介绍游标卡尺的读数原理。

游标卡尺主尺和游标尺上都有刻度。主尺上的最小分度值为 1mm，游标尺上有 50 个等分刻度。当游标尺的零刻度线和主尺零刻度线对齐时，可以看出游标尺上 50 个等分刻度的总长为 49mm，所以游标尺每个分格的长度为 0.98mm，主尺上的最小分度值比游标尺上的每个分格长 0.02mm，该值即为该游标卡尺的精度。游标卡尺的精度可由以下公式求得：

$$游标尺的精度(K) = \frac{主尺最小分度值}{游标尺上总分格数}$$

量爪并拢时主尺和游标尺零刻度线对齐，它们的第一条刻度线相差 0.02mm，第二条刻度线相差 0.04mm，依此类推，第五十条刻度线相差 1mm，即游标的第五十条刻度线恰好与主尺的 49mm 刻度线对齐。

当量爪间所量物体的长度为 0.02mm 时，游标尺应向右移动 0.02mm，这时它的第一条刻度线正好与主尺的 1mm 刻度线对齐。同样，当游标尺的第二条刻度线跟主尺的 2mm 刻度线对齐时，说明两量爪之间的距离有 0.04mm 的宽度……依此类推。

在测量大于 1mm 的长度时，读数的整数部分为主尺上最靠近游标零线的整毫米刻度值（位于游标零线左侧）。

如实验图 1－1 所示，在测物体的总长度时，把物体夹在量爪之间，被测物体的总长度是游标尺零线与主尺零线之间的距离。游标卡尺的读数包括整数部分（L）和小数部分（ΔL）。

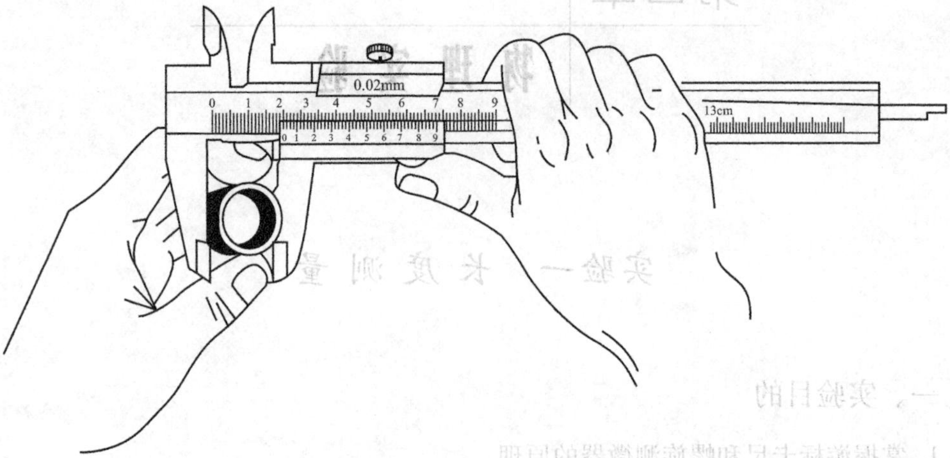

实验图 1－1　游标卡尺的使用

具体读数方法可分两步进行：

（1）主尺读数。为主尺上最靠近游标零线的整毫米刻度值 L（位于游标零线左侧）。

（2）游标读数。找出游标尺上零刻线右边第几条刻线和主尺的刻线对的最齐，将该条刻线的序号乘以游标尺的精度，即为小数部分 ΔL。

如实验图 1－2 所示，游标卡尺的精度是 0.02mm，主尺上最靠近游标零线的刻线在 33.00mm 和 34.00mm 之间，主尺读数为 $L = 33.00$mm；游标尺上零刻线右边第 24 条刻线和主尺的刻线对的最齐，游标部分的读数 ΔL 为 $24 \times 0.02 = 0.48$mm。如无零误差，被测物体长度为：

$$L + \Delta L = 33.00 + 0.02 \times 24 = 33.48(\text{mm})$$

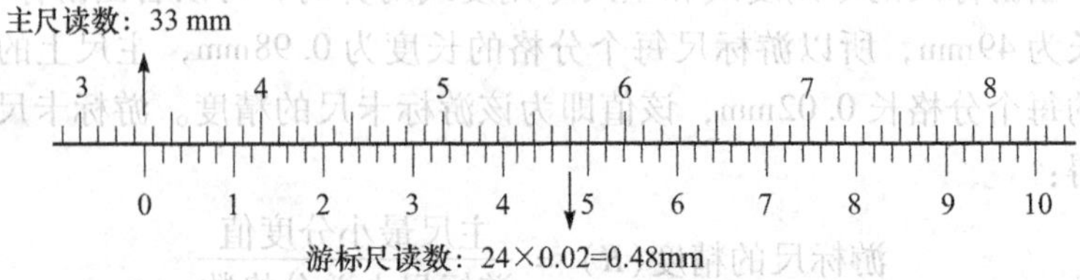

实验图 1－2　游标卡尺的读数

所以，被测物体的长度 = 主尺整毫米读数 + 游标卡尺精度 × 游尺刻线和主尺刻线对齐序号。

（二）螺旋测微器的读数原理

固定套筒上刻有一条横线，其下侧是一个有毫米刻度的直尺，即主尺；它的任一刻线与其上侧相邻线的间距是0.5mm。在微分筒的一端侧面上刻有50等分的刻度，称为副尺。测微螺杆的螺距0.5mm，即微分筒旋转一周，测微螺杆就前进或后退0.5mm，因此微分筒每转一个刻度，测微螺杆就前进或者后退$\frac{0.5}{50}=0.01$（mm），这个数值就是螺旋测微器的精密度。

若测微螺杆的一端与测砧相接触，微分筒的边缘和固定套筒上零刻度相重合，同时微分筒边缘上的零刻度线和固定套筒主尺上的横线相重合，这就是零位，如实验图1-3（a）所示。当微分筒向后旋转一周时，测微螺杆就离开测砧0.5mm。固定套筒上便露出0.5mm的刻度线，向后转两周，固定套筒上露出1mm的刻线，表示测微螺杆和测砧相距1mm，依此类推。因此根据微分筒边缘所在的位置可以从主尺上读出0.5mm以上的读数（0.5，1，1.5…），不足0.5mm的小数部分从副尺上读出。

如实验图1-3（b）所示，在固定套筒的主尺上的读数超过5mm不到5.5mm，主尺的横线所对微分筒边缘上的刻度数已经超过了38个刻度，而还没达到39个刻度，估读为38.3，因此读数为：

$l=5\text{mm}+38.3\times0.01\text{mm}=5.383\text{mm}$　结果中最后一位数字3是估读的。

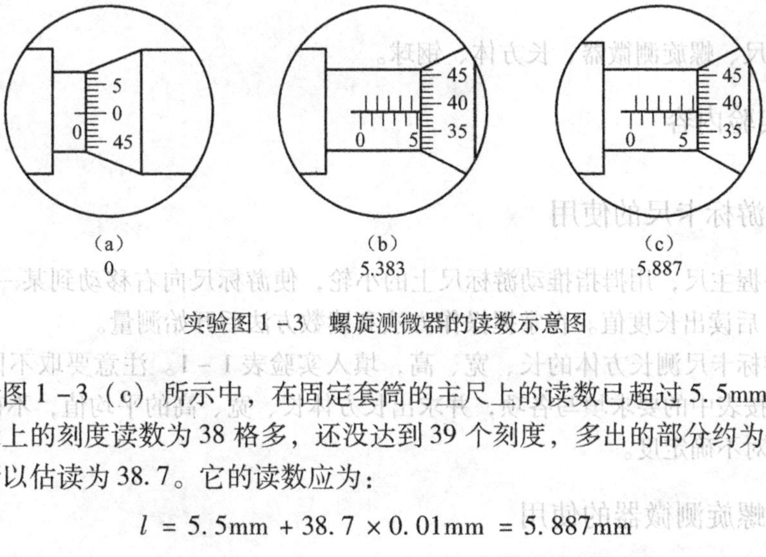

实验图1-3　螺旋测微器的读数示意图

在实验图1-3（c）所示中，在固定套筒的主尺上的读数已超过5.5mm不到6mm；微分筒边缘上的刻度读数为38格多，还没达到39个刻度，多出的部分约为一个格的十分之七，所以估读为38.7。它的读数应为：

$$l = 5.5\text{mm} + 38.7 \times 0.01\text{mm} = 5.887\text{mm}$$

最后一位数字7是估读的。在这里请特别注意上面两个读数的区别。

若测微螺杆的一端与测砧相接触，微分筒的边缘和固定套筒上零刻度相重合，同时微分筒边缘上的零刻度线和固定套筒主尺上的横线相重合，则无零点误差，如实验图1-4（a）。若微分筒的边缘和固定套筒上零刻度相不重合，也就是说微分筒边缘上的零刻度线和固定套筒主尺上的横线不对齐，则这时存在零点误差。若微分筒边缘上的零刻度线在主尺横线的下方，此时为正零点误差，如实验图 1－4（b）；若微分筒边缘上的零刻度线在主尺横线的上方，此时为负零点误差，如实验图 1－4（c）。

在实验图 1－4（b）中，主尺横线对应着微分筒上约 1.6 个格处，说明微分筒零刻度线已经超过主尺横线 1.6 个格，此时零点误差 = 螺旋测微器精密度（0.01mm）× 1.6 = 0.016mm。

在实验图 1－4（c）中，主尺横线对应着微分筒上约 47.5 个格处，说明微分筒零刻度线距离主尺横线还差 2.5 个格（记作 −2.5），此时零点误差 = 螺旋测微器精密度（0.01mm）×（−2.5）= −0.025mm。

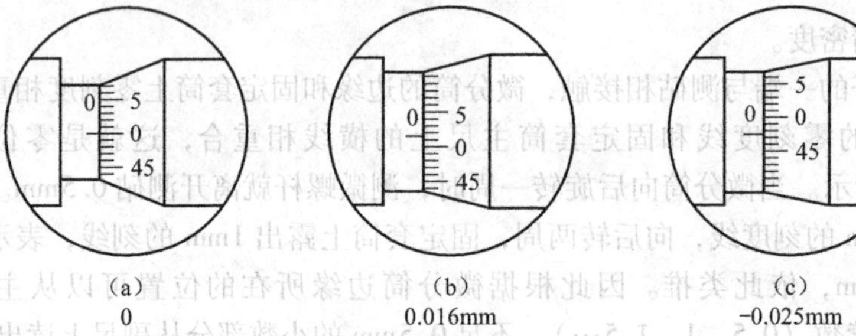

实验图 1－4　零点误差示意图

所以，被测物体的长度 = 主尺读数 + 螺旋测微器精密度 × 主尺横线对应的微分套筒上的格数 − 零点误差

三、实验仪器和材料

游标卡尺、螺旋测微器、长方体、钢球。

四、实验内容

（一）游标卡尺的使用

1. 右手握主尺，用拇指推动游标尺上的小轮，使游标尺向右移动到某一任意位置，固定螺丝 M 后读出长度值。在掌握操作方法和读数方法后开始测量。

2. 用游标卡尺测长方体的长、宽、高，填入实验表 1－1。注意要取不同的位置反复测 6 次，按表中的要求填写各项，并求出长方体长、宽、高的平均值，不确定度，测量结果和相对不确定度。

（二）螺旋测微器的使用

1. 掌握螺旋测微器注意事项，熟悉使用方法和读数方法后，再开始测量。

2. 记下零点读数，测量 6 次小钢球的直径。将测量值填入实验表 1－2 中，求钢球的直径、体积的平均值、不确定度、测量结果和相对不确定度，其中，体积的平均值、不确定度和相对不确定度填入实验表 1－3 中。

五、实验结果与记录

1. 游标卡尺的使用

实验表 1－1 游标卡尺测量长方体 精密度：______（mm）

	次数	测量值（mm）	平均值（mm）	A 类不确定度（mm）	B 类不确定度（mm）	不确定度（mm）	测量结果（mm）	相对不确定度
长（a）	1							
	2							
	3							
	4							
	5							
	6							
宽（b）	1							
	2							
	3							
	4							
	5							
	6							
高（c）	1							
	2							
	3							
	4							
	5							
	6							

长度的平均值 $\bar{a}=\dfrac{a_1+a_2+a_3+a_4+a_5+a_6}{6}$

长度不确定度 A 类分量 $u_A(a)=s=\sqrt{\dfrac{\sum\limits_{i=1}^{n}\left(a_i-\bar{a}\right)^2}{n-1}}$

长度不确定度 B 类分量 $u_B(a)=$

长度不确定度 $u(a)=\sqrt{u_A^2(a)+u_B^2(a)}=$

长度测量结果 $a=\bar{a}\pm u(a)=$

长度的相对不确定度 $U_r(a)=\dfrac{u(a)}{\bar{a}}\times 100\%=$

同理可以求出宽度和高度的相应物理量。

2. 螺旋测微器的使用

实验表 1－2　螺旋测微器测量直径　　精密度：________mm

零点误差	$\Delta d =$ ________ mm								
	次数	读数（mm）	测量值（mm）（读数 $-\Delta d$）	平均值（mm）	A 类不确定度（mm）	B 类不确定度（mm）	不确定度（mm）	测量结果（mm）	相对不确定度
钢球直径 D	1								
	2								
	3								
	4								
	5								
	6								

钢球直径的平均值　　$\bar{D} = \dfrac{D_1 + D_2 + \cdots + D_6}{6} =$

钢球直径不确定度的 A 类分量　$u_A(D) = s = \sqrt{\dfrac{\sum_{i=1}^{n}(D_i - \bar{D})^2}{n-1}} =$

钢球直径不确定度的 B 类分量　$u_B(D) =$

钢球直径的不确定度　$u(D) = \sqrt{u_A^2(D) + u_B^2(D)} =$

钢球直径测量结果　$D = \bar{D} \pm u(D) =$

钢球直径的相对不确定度　$U_r(D) = \dfrac{u(D)}{\bar{D}} \times 100\% =$

实验表 1－3　钢球体积数据处理

钢球体积最佳值（mm^3）	不确定度（mm^3）	测量结果	相对不确定度

钢球体积的最佳估值　$\bar{V} = \dfrac{1}{6}\pi\bar{D}^3 =$

钢球体积的不确定度　$u(V) = \sqrt{\left(\dfrac{dV}{dD}\right)^2 u^2(D)} = \dfrac{1}{2}\pi\bar{D}^2 \times u(D) =$

钢球体积的测量结果　$V = \bar{V} \pm u(V) =$

钢球体积的相对不确定度　$U_r(V) = \dfrac{u(V)}{\bar{V}} \times 100\%$

六、注意事项

（一）游标卡尺

1. 不要用游标卡尺测量运动中或过热的物体。

2. 推游标尺时，不要用力过大。可用左手拿着被测物体，右手拿着卡尺，用右手大拇指轻轻推游标尺，使量爪靠近物体，切记不要夹得过紧或在量爪处来回擦动，以免损坏刀口。

3. 读数时要将固定螺钉 M 固定；移动游标尺时，应松开固定螺丝 M。

4. 用完后，必须擦净量面，上油防锈，放回仪器盒内，切勿受潮湿，这样才能保持它的准确度，延长使用寿命。

5. 卡尺存放应避开磁体、热源和有腐蚀性环境。

（二）螺旋测微器

使用时应注意：

1. 测量时手要握住隔热装置，不要接触尺架，以免影响测量精度。

2. 当使测微螺杆的一端靠近并接触被测物或测砧时，不要再直接旋转微分筒，一定要改旋保护棘轮，当听到“咔，咔”的声音，就不再旋转保护棘轮了。这样可以保证测微螺杆以适当压力加在被测物或测砧上，不太松又不太紧。

3. 测量时，不足微分筒一格的测量值要估读。

4. 测量前要调好零位，记录零点误差。如果微分筒边缘上零线与固定套筒主尺上的横线相重合，恰为零位，零点误差为0。如果活动套筒边缘上零线在主尺横线下方，则零点误差为正值。例如：主尺上横线与活动套筒边缘的第 5 根线重合，零点数是 +0.050mm；如果活动套筒边缘零线在主尺横线的上方，则零点误差为负值。例如：主尺上的横线与活动套筒边缘的第 45 根横线（即 0 线下方第五根线）重合，零点读数为 -0.050mm。实际物体长度应等于螺旋测微器的读数减去零点误差。

5. 用完后，测微螺杆和测砧间要留有一定缝隙，防止热膨胀时两者过分压紧而损坏螺纹。再将其擦净放入仪器盒中，置于阴凉干燥的环境中妥善保管。

七、思考题

1. 游标尺精密度如何计算？用游标卡尺进行测量时，如何读数？
2. 螺旋测微器的精密度如何确定？用它进行测量时如何读数？
3. 使用游标卡尺、螺旋测微器应注意哪些事项？

实验二　电表的改装设计与校准

一、实验目的

1. 测量表头内阻及满偏电流。

2. 掌握将 1mA 表头改成较大量程的电流表和电压表的方法。

3. 设计一个 $R_{中} = 1500\Omega$ 的欧姆表，要求电源 E 的端电压 U_E 在 1.3 ~ 1.6V 范围内使用能调零。

4. 学会校准电流表和电压表的方法。

二、实验原理

电表在电测量中有着广泛的应用，因此了解电表和使用电表就显得十分重要。电流计（表头）由于构造的原因，一般只能测量较小的电流和电压，如果要用它来测量较大的电流或电压，就必须进行改装，以扩大其量程。我们知道，万用表的原理就是对微安表头进行多量程改装而来，在电路的测量和故障检测中得到了广泛的应用。

常见的磁电式电流计主要由放在永久磁场中的由细漆包线绕制的可以转动的线圈、用来产生机械反力矩的游丝、指示用的指针和永久磁铁所组成。当电流通过线圈时，载流线圈在磁场中就产生一磁力矩 $M_{磁}$，使线圈转动，从而带动指针偏转。线圈偏转角度的大小与通过的电流大小成正比，所以可由指针的偏转直接指示出电流值。

（一）测量内阻 R_g 常用方法

电流计允许通过的最大电流称为电流计的量程，用 I_g 表示，电流计的线圈有一定内阻，用 R_g 表示，I_g 与 R_g 是表示电流计特性的两个重要参数。

1. 半电流法（也称中值法）

测量原理图见实验图 2－1。当被测电流计接在电路中时，使电流计满偏，再用十进位电阻箱与电流计并联作为分流电阻改变电阻值即改变分流程度，当电流计指针指示到中间值，且总电流强度仍保持不变，显然这时分流电阻值就等于电流计的内阻。

2. 替代法

测量原理图见实验图 2－2。当被测电流计接在电路中时，用十进位电阻箱替代它，且改变电阻值，当电路中的电压不变时，且电路中的电流亦保持不变，则电阻箱的电阻值即为被测电流计内阻。替代法是一种运用很广的测量方法，具有较高的测量准确度。

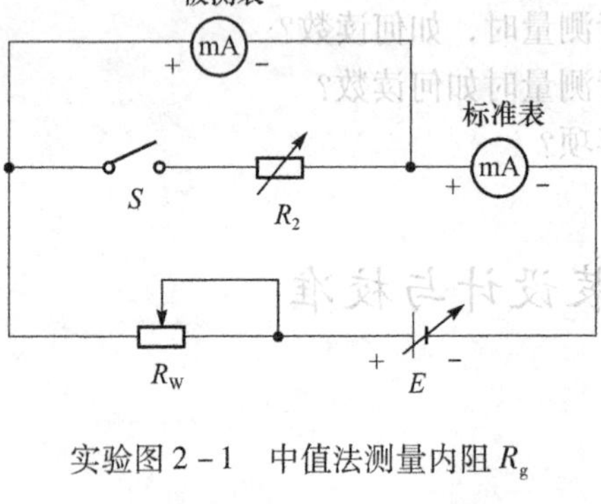

实验图 2－1　中值法测量内阻 R_g

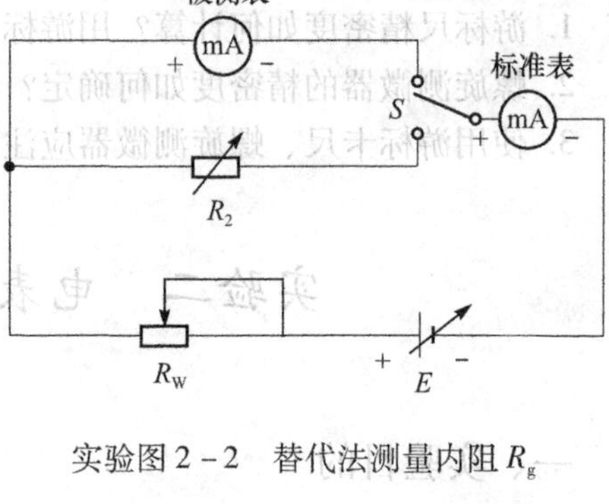

实验图 2－2　替代法测量内阻 R_g

（二）改装为大量程电流表

根据电阻并联规律可知，如果在表头两端并联上一个阻值适当的电阻 R_2，如实验图 2－3 所示，可使表头不能承受的那部分电流从 R_2 上分流通过。这种由表头和并联电阻 R_2 组成的整体（图中虚线框住的部分）就是改装后的电流表。如需将量程扩

大 n 倍，即新的量程为 nI_g，则不难得出

$$I_gR_g = (n-1)I_gR_2$$

$$R_2 = R_g/(n-1) \qquad \text{（实验 2-1）}$$

实验图 2－3 为扩流后的电流表原理图。用电流表测量电流时，电流表应串联在被测电路中，所以要求电流表应有较小的内阻。另外，在表头上并联阻值不同的分流电阻，便可制成多量程的电流表。

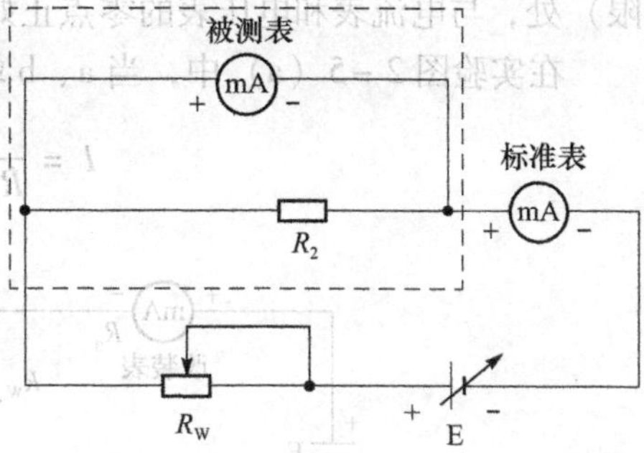

实验图 2－3　改装为大量程电流表的电路

（三）改装表准确度级别的计算

准确度用 a 表示，有

$$a\% \geqslant \frac{\text{最大示值误差绝对值}}{\text{改装表量程}} \times 100\%$$

按国家标准，电表的准确度分为七个等级，有 0.1、0.2、0.5、1.0、1.5、2.5、5.0。

电表的准确度越小，表示基本误差越小，即电表的准确度越高。当测量值介于上述两个级别之间时，取大级别定为准确度。例如：$a \geqslant 1.3$ 时，其值在 1.0 和 1.5 两个级别之间，电表准确度级别定为 1.5 级。

（四）改装为电压表

一般表头能承受的电压很小，不能用来测量较大的电压。为了测量较大的电压，可以给表头串联一个阻值适当的电阻 R_M，如实验图 2－4 所示，使表头上不能承受的那部分电压降落在电阻 R_M 上。这种由表头和串联电阻 R_M 组成的整体就是电压表，串联的电阻 R_M 叫作扩程电阻。选取不同大小的 R_M，就可以得到不同量程的电压表。由实验图 2－4 可求得改装后的电压表的量程

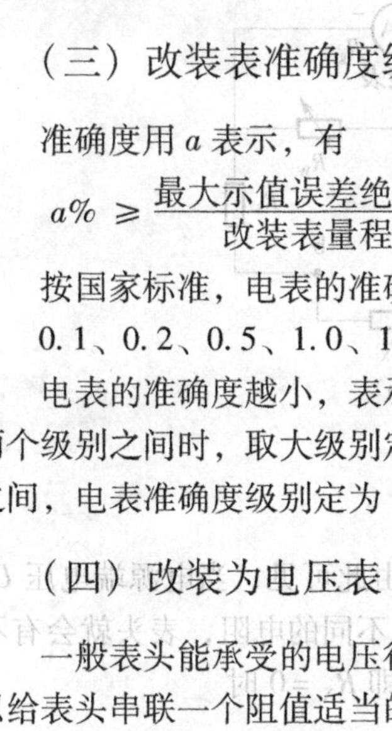

实验图 2－4　改装为电压表的电路

$$U = I_g(R_g + R_M)$$

扩程电阻值为：

$$R_M = \frac{U}{I_g} - R_g \qquad \text{（实验 2-2）}$$

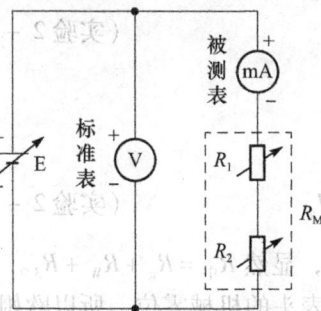

实际扩展量程后的电压表原理见实验图 2－4。用电压表测电压时，电压表总是并联在被测电路上，为了不因并联电压表而改变电路中的工作状态，要求电压表应有较高的内阻。

（五）改装为欧姆表

用来测量电阻大小的电表称为欧姆表。根据调零方式的不同，可分为串联分压式和并联分流式两种。其原理电路如实验图 2－5 所示。

图中 E 为电源，其路端电压为 U_E，R_3 为限流电阻，R_W 为调“零”电位器，R_x 为

被测电阻，R_g 为等效表头内阻。实验图 2－5（b）中，R_G 与 R_W 一起组成分流电阻。

欧姆表使用前先要调“零”点，即 a、b 两点短路（相当于 $R_X=0$），调节 R_W 的阻值，使表头指针正好偏转到满度。可见，欧姆表的零点就在表头标度尺的满刻度（即量限）处，与电流表和电压表的零点正好相反。

在实验图 2－5（a）中，当 a、b 端接入被测电阻 R_X 后，电路中的电流为

$$I=\frac{U_E}{R_g+R_W+R_3+R_X} \quad （实验 2－3）$$

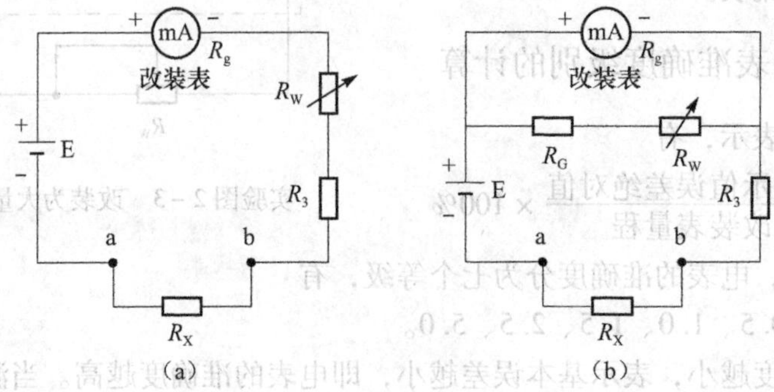

实验图 2－5　欧姆表原理图

（a）串联分压式　（b）并联分流式

对于给定的表头和线路来说，R_g、R_W、R_3 都是常量。由此可见，当电源端电压 U_E 保持不变时，被测电阻和电流值有一一对应的关系。即接入不同的电阻，表头就会有不同的偏转读数，R_X 越大，电流 I 越小。使 a、b 两端短路，即 $R_X=0$ 时

$$I=\frac{U_E}{R_g+R_W+R_3} \quad （实验 2－4）$$

这时指针满偏

当 $R_X=R_g+R_W+R_3$ 时

$$I=\frac{U_E}{R_g+R_W+R_3+R_X}=\frac{1}{2}I_g \quad （实验 2－5）$$

这时指针在表头的中间位置，对应的阻值为中值电阻，显然 $R_中=R_g+R_W+R_3$。

当 $R_X=\infty$（相当于 a、b 开路）时，$I=0$，即指针在表头的机械零位。所以欧姆表的标度尺为反向刻度，且刻度是不均匀的，电阻 R 越大，刻度间隔愈密。如果表头的标度尺预先按已知电阻值刻度，就可以用电流表来直接测量电阻值大小了。

并联分流式欧姆表利用对表头分流来进行调零，具体参数可自行设计。

欧姆表在使用过程中电池的端电压会有所改变，而表头的内阻 R_g 及限流电阻 R_3 为常量，故要求 R_W 要跟着 U_E 的变化而改变，以满足调“零”的要求，设计时用可调电源模拟电池电压的变化，范围取 1.25～1.6V 即可。

三、实验仪器与材料

DH4508 型电表改装与校准实验仪 1 台，ZX21 电阻箱（可选用）1 台，导线若干。

四、实验内容

1. 用替代法测出表头的内阻，$U_E=0.5V$，按实验图 2－2 接线。$R_g=$ ________ Ω。

2. 将一个量程为 1mA 的表头改装成 5mA 量程和 10mA 量程的电流表。

（1）根据实验 2－1 式计算出分流电阻值 R_2，$R_2=$ ______ Ω，并按实验图 2－3 接线，标准数显电流表的量程选择 20mA。

（2）调节滑动变阻器使改装表指到满量程，这时记录标准表读数。注意：R_W 作为限流电阻，阻值不要调至最小值。然后每隔 1mA 逐步减小读数直至零点，再按原间隔逐步增大到满量程，每次记下相应的标准表读数于实验表 2－1。

（3）重复以上步骤，将 1mA 表头改成 10mA 表头，可按每隔 2mA 测量一次，测量数据填入实验表 2－1 中。

3. 将一个量程为 1mA 的表头改装成 1.5V 量程和 10V 量程的电压表。

（1）根据实验 2－2 式计算扩程电阻 R_M 的阻值，可用 R_1、R_2 进行实验。

（2）按实验图 2－4 连接校准电路。用量程为 2V 的数显电压表作为标准表来校准改装的电压表。

（3）调节电源电压，使改装表指针指到满量程（1.5V）记下标准表读数。然后每隔 0.3V 逐步减小改装读数直至零点，再按原间隔逐步增大到满量程，每次记下相应的标准表读数于实验表 2－1。

（4）重复以上步骤，将 1mA 表头改成 5V 表头，用量程为 20V 的数显电压表作为标准表来校准改装的电压表，可按每隔 1V 测量一次，测量数据填入实验表 2－1 中。

4. 改装欧姆表及标定表面刻度

根据表头参数 I_g 和 R_g 以及电源电压 U_E 选择 R_W，R_3 为 1kΩ，也可自行设计确定。

（1）调节电源 E 的端电压 $U_E=1.5V$，按实验图 2－5（a）进行连线。

（2）将 R_1、R_2 电阻箱（即 R_X）接于欧姆表的 a、b 端，调节 R_1、R_2，使 $R_1+R_2=1500\Omega$。如果此时电流表指针不在表头的中间位置，调节 R_W 使电流表指针指到表头的中间位置，此后 R_W 保持不变，即此时所对应的电阻 R_X 为中值电阻。

（3）取电阻箱的电阻为一组特定的数值 R_{Xi}，读出相应的偏转格数 d_i，测量数据填入实验表 2－1 中。利用所得读数 R_{Xi}、d_i 绘制出改装欧姆表的标度盘。

（4）按实验图 2－5（b）进行连线，设计一个并联分流式欧姆表。试与串联分压式欧姆表比较，有何异同。（选做，自己设计表格填入实验测量数据）

五、实验结果与记录

1. 以改装表读数为横坐标，标准表由大到小及由小到大调节时两次读数的平均值为纵坐标，在坐标纸上做出电流表的校正曲线，并根据两表最大误差的数值定出改装表的准确度级别。

2. 以改装表读数为横坐标，标准表由大到小及由小到大调节时两次读数的平均值为纵坐标，在坐标纸上做出电压表的校正曲线，并根据两表最大误差的数值定出改装表的准确度级别。

实验表 2-1　电表的改装数据记录表

用替代法测出表头的内阻 R_g = ______Ω；I_g = 1mA

改装量程为 5mA 的电流表　　R_2 = 　　Ω

改装表读数（mA）	标准表读数（mA）			示值误差 ΔI（mA）	
	减小时	增大时	平均值		
1.00					a≥____ 准确度等级 = ____
2.00					
3.00					
4.00					
5.00					

改装量程为 10mA 的电流表　　R_2 = 　　Ω

改装表读数（mA）	标准表读数（mA）			示值误差 ΔI（mA）	
	减小时	增大时	平均值		
2.00					a≥____ 准确度等级 = ____
4.00					
6.00					
8.00					
10.00					

改装量程为 1.5V 的电压表　　R_M = 　　Ω

改装表读数（V）	标准表读数（V）			示值误差 ΔU（V）	
	减小时	增大时	平均值		
0.300					a≥____ 准确度等级 = ____
0.600					
0.900					
1.200					
1.500					

改装量程为 5.0V 的电压表　　R_M = 　　Ω

改装表读数（V）	标准表读数（V）			示值误差 ΔU（V）	
	减小时	增大时	平均值		
1.00					a≥____ 准确度等级 = ____
2.00					
3.00					
4.00					
5.00					

改装为欧姆表　　U_E = 1.5V；R = 1500.0Ω

R_X（Ω）	$\frac{1}{5}R_{中}$	$\frac{1}{4}R_{中}$	$\frac{1}{3}R_{中}$	$\frac{1}{2}R_{中}$	$R_{中}$	$2R_{中}$	$3R_{中}$	$4R_{中}$	$5R_{中}$
	300	375	500	750	1500	3000	4500	6000	7500
偏转格数（d_i）									

数据处理提示：

将改装表量程扩大 n 倍需要并联的电阻

$$R_2 = R_g/(n-1)$$

将改装表改装成量程为 U 的电压表需串联的电阻

$$R_M = \frac{U}{I_g} - R_g$$

$$平均值 = \frac{减小时测量值 + 增大时测量值}{2}$$

$$|示值误差| = |标准表两次读数平均值 - 改装表读数|$$

准确度等级 a 要满足：

$$a\% \geqslant \frac{最大示值误差绝对值}{改装表量程} \times 100\%$$

六、注意事项

1. 仪器应按实验要求正确使用。
2. 仪器使用完毕后应关闭电源开关，若长期不用应拔下电源插头。
3. 仪器应存放于没有腐蚀性物质的环境中，并保持干燥，以防腐蚀。

七、思考题

1. 是否还有别的办法来测定电流计内阻？能否用欧姆定律来进行测定？能否用电桥来进行测定而又保证通过电流计的电流不超过 I_g？

2. 设计 $R_中 = 1500\Omega$ 的欧姆表，现有两块量程为 1mA 的电流表，其内阻分别为 250Ω 和 100Ω，你认为选哪块较好？

实验三　液体黏度测定

药物溶液的黏度与注射液、滴眼液、高分子溶液等制剂的制备及临床应用密切相关，涉及药物溶液的流动性以及在给药部位的滞留时间；在乳剂、糊剂、混悬液、凝胶剂、软膏剂等处方设计、质量评价与制备工艺中，亦涉及药物制剂的流动性与稳定性。因此，黏度的测定非常重要。黏度测定可使用黏度计，《中国药典》采用毛细管式和旋转式黏度计。毛细管黏度计因不能调节线速度，不便测定非牛顿流体的黏度，但对高聚物的稀薄溶液或低黏度液体的测定影响不大；旋转式黏度计适于非牛顿流体的黏度测定。本实验应用所学理论知识，采用落球法测量液体黏度。

一、实验目的

1. 根据斯托克斯定律用落球法测量液体的黏滞系数。
2. 掌握测量温度、时间、长度的基本操作技能。

二、实验原理

在稳定流动的流体中，由于各层液体的流速不同，互相接触的两层液体之间有相互作用力。流速较慢与流速较快相邻液层间的作用力，使流速较快的液层减速，使流速较慢的液层加速，两相邻液层间的这一作用力称为内摩擦力或黏滞力，液体的这一性质称为黏滞性。

实验证明，黏滞力 f 的大小与所取液层面积 S 和液层间速度的空间变化率 $\frac{\mathrm{d}v}{\mathrm{d}y}$（速度梯度）的乘积成正比，即 $f=\eta S\frac{\mathrm{d}v}{\mathrm{d}y}$，式中比例系数 η 称为液体的黏滞系数或黏度，它决定于流体的性质和温度。一般情况下，温度升高，液体黏滞系数迅速地减小。

在科学研究和药品检验中，常常需要知道液体的黏滞系数。测定液体黏滞系数的常用方法有乌氏黏度计法、奥式黏度计法和沉降法。本实验采用沉降法来测量液体的黏滞系数。

小球在液体中运动时，将受到与运动方向相反的摩擦力作用，这种摩擦力称为黏滞阻力，它由黏附在小球表面液层与邻近液层之间的相互摩擦而产生，不是小球与液体之间的摩擦阻力。斯托克斯指出，当半径为 r 的光滑圆球以速度 v 在均匀的无限宽广的液体中运动时，若速度不大，球也很小，在液体中不产生涡流的情况下，球在液体中所受到的阻力 f 为：

$$f=6\pi\eta rv \qquad （实验 3-1）$$

实验 3-1 式中 η 是液体的黏滞系数或称动力黏度。

让小球在装有液体的圆形玻璃筒中心处自由下落，当小球落入液体后，受到三个力作用，如实验图 3-1 所示，即重力 ρVg，浮力 σVg 和黏滞力 f 的作用，其中 V 是小球的体积，ρ 和 σ 分别为小球和液体的密度。在小球刚落入液体时，竖直向下的重力大于竖直向上的浮力和黏滞力之和，小球竖直向下做加速运动；随着小球运动速度的增加，黏滞力 f 也相应增加，当速度增加到某一值 v_0 时，小球所受的合力为零，这时小球就以该速度匀速下落，此时应有

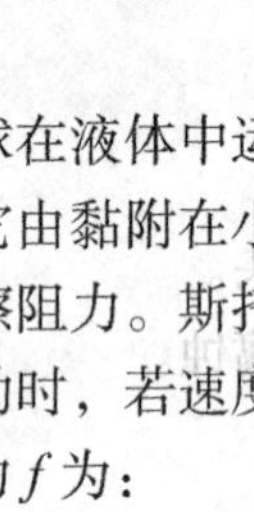

实验图 3-1　小球在液体中运动时受力分析

$$mg=\sigma Vg+6\pi\eta rv$$

此时的速度称为收尾速度。由此式可得

$$\eta=\frac{(m-\sigma V)g}{6\pi rv}$$

将 $V=\frac{4}{3}\pi r^3$ 代入上式得

$$\eta=\frac{\left(m-\frac{4}{3}\pi r^3\sigma\right)g}{6\pi rv} \qquad （实验 3-2）$$

由于液体在容器中，而不能满足无限宽广的条件，这时实际测得的速度 v_0 和上述式中的理想条件下的速度 v 之间存在如下关系：

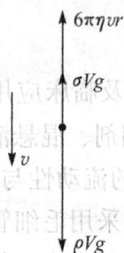

$$\nu = \nu_0\left(1 + 2.4\frac{r}{R}\right)\left(1 + 3.3\frac{r}{h}\right) \quad （实验3-3）$$

式中 R 为盛有液体的圆筒的内半径，h 为圆筒中液体的深度，将实验3-3式代入实验3-2式，得

$$\eta = \frac{\left(m - \frac{4}{3}\pi r^3 \sigma\right)g}{6\pi r \nu_0\left(1 + 2.4\frac{r}{R}\right)\left(1 + 3.3\frac{r}{h}\right)} \quad （实验3-4）$$

设小球的直径为 d，圆筒的内直径为 D，则 $r = \frac{d}{2}$，$R = \frac{D}{2}$，代入上式得：

$$\eta = \frac{\left(m - \frac{1}{6}\pi d^3 \sigma\right)g}{3\pi d \nu_0\left(1 + 2.4\frac{d}{D}\right)\left(1 + 1.65\frac{d}{h}\right)} \quad （实验3-5）$$

在已知小球的质量 m、液体的密度 σ 和重力加速度 g 的情形下，只要测出小球的直径 d，圆筒的内直径 D、圆筒中液体的深度 h 和小球的速度 ν_0 就可算出液体的黏滞系数 η。式中各量的单位：g 用 $m \cdot s^{-2}$，σ 用 $kg \cdot m^{-3}$，d、D、h 用 m，ν_0 用 $m \cdot s^{-1}$，m 用 kg，η 的单位为 $N \cdot m^{-2} \cdot s$，即 $Pa \cdot s$。

三、实验器材

玻璃量筒（高为50cm，直径约为5cm）、温度计、秒表、螺旋测微器、游标卡尺、米尺、小球（直径1~2mm）、镊子、漏勺、待测液体（甘油）。

四、实验内容

1. 将小球用镊子夹起，为使其表面完全被所测的液体浸润，先将小球在液体中浸一下，然后放入圆筒中液面中心处让其自由落下，如实验图3-2所示。观察小球下落情况，准确确定小球收尾速度区间：在圆筒中液体面下方7~8cm和筒底上方7~8cm分别设标记A、B。

2. 用游标卡尺测量圆筒的内直径 D 五次，用米尺量出圆筒上不同位置标线A、B之间的距离 s 五次，用千分尺在五个不同方向测量每个小球的直径 d，取其平均值。共测5个小球，记录测量结果，并将其编号待用。

3. 将测好直径 d 的小球分别放入液体中，同时分别用秒表测出小球匀速下降通过AB（s）所需时间 t。

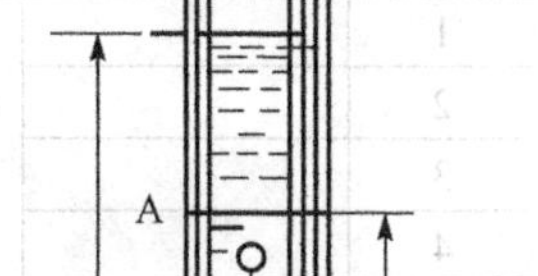

实验图3-2 测量黏滞系数的实验装置图

4. 用温度计记下液体的温度 T（温度对黏滞系数影响较大，所以要在测量前、后各测一次温度）。

5. 根据测得和已给数据，按照实验3-5式计算。

6. 从理论和操作过程讨论能够引起产生误差的原因和改进方法。

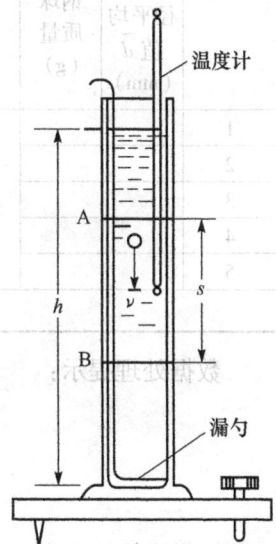

五、实验注意事项

1. 实验时，液体中应无气泡，同时小球应彻底清除油污，且在使用前保持干燥。

2. 选定标线 A、B 的位置时应保证小球在此区间为匀速运动，即速度为小球的收尾速度。

3. 液体的黏滞系数随温度改变发生显著变化，例如从 18℃升高到 40℃时，蓖麻油的黏滞系数降为原来的四分之一。因此，在实验中不要用手触摸圆筒，每次实验结束后，应随时记录液体的温度。

六、数据记录与处理

实验表 3-1　钢球的直径和量筒内直径测量　　实验前 t =______℃；实验后 t =______℃

	钢球 1 直径 d（mm）	钢球 2 直径 d（mm）	钢球 3 直径 d（mm）	钢球 4 直径 d（mm）	钢球 5 直径 d（mm）	量筒内直径 D（mm）
1						
2						
3						
4						
5						
平均值						

实验表 3-2　甘油黏度测量数据表

	钢球直径平均值 $\bar{d}$（mm）	钢球质量（g）	量筒内直径平均值 $\bar{D}$（mm）	甘油密度 σ（$kg \cdot m^{-3}$）	量筒中甘油深度 h(cm)	AB 间距 s(cm)	运动时间 t(s)	收尾速度 ν_0（$cm \cdot s^{-1}$）	黏滞系数 η（$Pa \cdot s$）
1									
2									
3									
4									
5									
			黏滞系数平均值						

数据处理提示：

$$\eta = \frac{\left(m - \frac{1}{6}\pi d^3 \sigma\right)g}{3\pi d\nu_0\left(1 + 2.4\frac{d}{D}\right)\left(1 + 1.65\frac{d}{h}\right)}$$

σ 为液体的密度，g 为重力加速度，m 为小球的质量，d 为小球的直径，D 为圆筒的内直径、h 为圆筒中液体的深度、ν_0 为小球的速度。式中各物理量的单位均采用国际单位制：g 用 $m \cdot s^{-2}$，σ 用 $kg \cdot m^{-3}$，d、D、h 用 m，ν_0 用 $m \cdot s^{-1}$、m 用 kg，η 用 $N \cdot m^{-2} \cdot s$（即 $Pa \cdot s$）。

其中，$\sigma = 1260 kg \cdot m^{-3}$，$g = 9.80 m \cdot s^{-2}$。

七、思考题

1. 试根据实验 3－5 式推出估算 η 的相对误差公式。根据实验数据算出各直接测量引起的误差在总误差中所占的百分数后，请指出造成误差的主要原因是什么？为了尽量减小误差，实验应如何改进？

2. 在特定的液体中，当小球半径减小时，它下降时收尾速度如何变化？当小球的密度增大时，又将如何变化？

3. 试分析选用不同密度和不同半径的小球做此实验时，对实验结果 η 的误差影响。

实验四　用阿贝折射仪测葡萄糖的折射率与浓度

阿贝折射仪是能测定透明、半透明液体或固体的折射率 n_D 和平均色散 n_F-n_C 的仪器（其中以测透明液体为主），如仪器上接恒温器，则可测定温度为 0℃～70℃内的折射率 n_D。折射率和平均色散是物质的重要光学常数之一，能借以了解物质的光学性能、纯度及色散大小等。

阿贝折射仪是用望远镜观察测量的一种直读式光学仪器，仪器中直接刻有与 i 角相对应的折射率，在测量时不必做任何计算，就可直接读出待测物质折射率的值。本实验用的阿贝折射仪测量折射率的范围在 1.3000～1.7000 之间，最小分度为 0.0005。

本仪器能测出蔗糖溶液的质量分数 0%～95%，相当于折射率为 1.333～1.531，故此仪器使用范围甚广，是石油工业、油脂工业、制药工业、制漆工业、日用化学工业、制糖工业和地质勘查等有关工厂、学校及科研单位不可缺少的常用设备之一。

一、实验目的

1. 了解阿贝折射仪的原理、构造，掌握阿贝折射仪的使用方法。
2. 学会用阿贝折射仪测定液体折射率的方法。

二、实验原理

光波从一种媒质进入另一种媒质时，在两种媒质的分界面上发生折射现象，并遵守折射定律：$n_1\sin i=n_2\sin r$。如实验图 4－1 所示，若光线从光密媒质进入光疏媒质时，入射角小于折射角，改变入射角 i，可以使折射角 $r=\frac{\pi}{2}$，此时的入射角为临界角，即折射角为$\frac{\pi}{2}$时的入射角。当入射角大于或等于临界角时光线就不再折入第二种媒质中，而在界面上全反射回来，即称全反射现象。光线从光密媒质进入光疏媒质时，如实验图 4－1，折射角都大于入射角，如果用望远镜对出射光线观察，可以看见望远镜视场被分为明、暗两部分，两者之间有明显的分界线，如实验图 4－2，明暗分界线为临界角的位置。

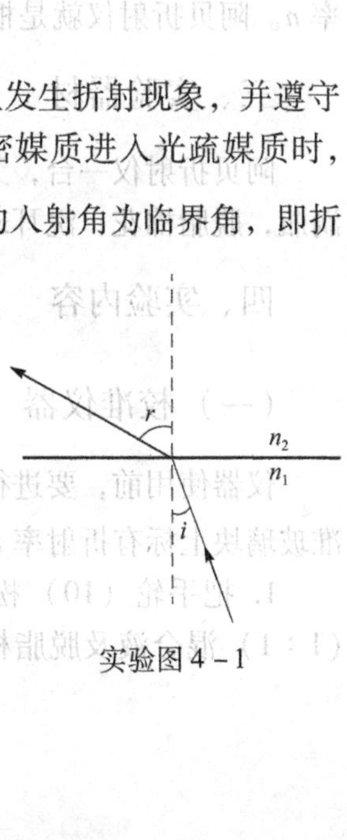

实验图 4－1

阿贝折射仪就是利用全反射原理设计制造的，它是测量

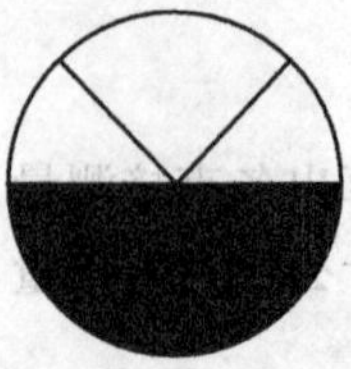

实验图 4－2

透明、半透明液体及固体折射率常用的光学仪器之一。它也是药物检定、分析中常用的重要仪器。

如实验图 4－3 所示，将折射率为 n 的待测液体或固体，放在折射率为 N 的棱镜折射面 AB 上，若 $n<N$，当入射角为$\frac{\pi}{2}$的光线 1 掠射到 AB 面上而折射进入棱镜内，折射角 α 为临界角，且满足折射定律：

$$n\sin\frac{\pi}{2} = N\sin\alpha$$

即：

$$n = N\sin\alpha \qquad （实验 4－1）$$

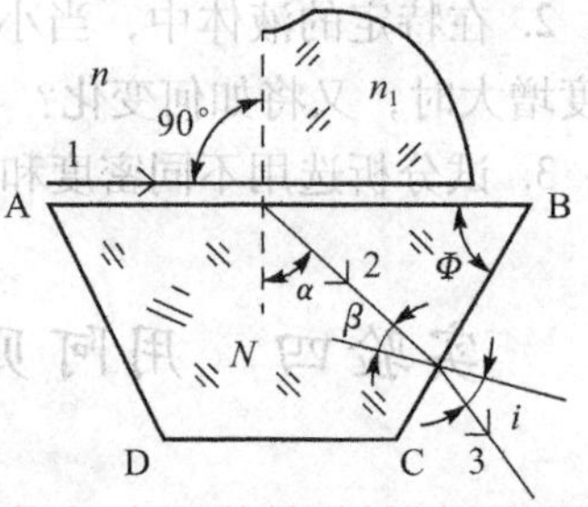

实验图 4－3　阿贝折射仪原理图

光线 2 在棱镜内射到 BC 面上，入射角为 β，折射进入空气中的折射角为 i，折射线为 3，由折射定律有：

$$n_0\sin i = N\sin\beta$$

式中 n_0 为空气的折射率且 $n_0=1$，则有：

$$\sin i = N\sin\beta \qquad （实验 4－2）$$

除光线 1 以外的所有其他入射光线，如果在 AB 面上的入射角均小于$\frac{\pi}{2}$，因此经三棱镜 AB、BC 面两次折射后进入到空气中的出射线，根据临界角原理可知光线必定都居在射线 3 的下方。当望远镜对准出射方向观察时，视场中将看到以出射光线 3 为分界线的一半明一半暗的半荫视场。从实验图 4－3 可知：

$$\alpha + \beta = \Phi \qquad （实验 4－3）$$

Φ 为棱镜的顶角，将实验 4－1 式、实验 4－2 式、实验 4－3 式联立并运用三角函数运算可得：

$$n = \sin\Phi \cdot \sqrt{N^2 - \sin^2 i} - \cos\phi \cdot \sin i \qquad （实验 4－4）$$

当角 Φ 和折射率 N 为定值时，只要测出 i 就可由实验 4－4 式求得被测物体的折射率 n。阿贝折射仪就是根据这一原理设计的直接读数仪器。

三、实验器材

阿贝折射仪一台，无水酒精和乙醚（1：1）混合液，不同浓度的待测葡萄糖溶液，滴瓶，脱脂棉花，洗耳球，螺丝刀。

四、实验内容

（一）校准仪器

仪器使用前，要进行校准，可用蒸馏水（$n_D^{20}=1.3330$）或标准玻璃进行校准（标准玻璃块上标有折射率 n 值）。如实验图 4－6 所示。

1. 把手轮（10）松开，将进光棱镜（5）与折射棱镜（1）用无水酒精和乙醚（1：1）混合液及脱脂棉花擦干净（轻轻擦拭，切勿擦伤玻璃）。以免有杂质而影响校准精度。

2. 用滴液管将 2 ~3 滴蒸馏水滴入二个棱镜中间，合上并锁紧手轮（10）。使液膜均匀、无气泡，并充满视场。

3. 扣上反射镜（1），调节照明刻度盘聚光镜（12），使分划板和照明刻度板视场明亮，再转动折射率刻度调节手轮（15），将折射率刻度对准 1.3330 处。

4. 从望远镜中观察黑白分界线是否在十字线中央，如实验图 4 -2 所示。若黑白界线不在十字线中央，则调节实验图 4 -6 中标示的（16）小孔中折射率校准螺旋，使黑白分界线和十字线相重合。调好后一般不再动。若在调节中视场出现色散时，可调节色散调节手轮（6）至色散消除。

（二）测定葡萄糖的折射率

1. 每次实验前都要重复上述方法将棱镜面清洗擦干净。

2. 用滴管取 2 ~3 滴葡萄糖溶液，放在折射棱镜的表面上，并锁紧。若待测液体易挥发则须在棱镜组侧面的小孔内加以补充。

3. 转动折射率刻度调节手轮（15），使由望远镜中观察到的黑白界线上下移动。若有彩色出现，应先转动色散调节手轮（6）消除色散，使分界线黑白分明。再调节视场中黑白分界线在十字线中央时为止。这时在视场中示值刻度下半部所指示的数据，就是待测葡萄糖的折射率 n 值，记录。重复测量六次，求折射率的平均值、结果和相对误差。仪器操作见实验图 4 -6

4. 记录测量时的温度。若需要测量不同温度下的液体折射率时，可将温度计旋入座内，接上恒温器，并调节到所需要的温度，待稳定后按上述步骤进行测量。

（三）测葡萄糖溶液的浓度 C

实验步骤与测葡萄糖折射率相同，只是读数需读视场中示值刻度上半部的值。换上不同浓度的葡萄糖溶液，测量 6 个对应的 $n-C$ 值。以 C 为横坐标，n 为纵坐标，在坐标纸上作出葡萄糖溶液的 $n-C$ 关系曲线。

根据实验室给的被测液体情况，在数据表格中记录实验原始数据及有关的事宜，写出实验报告。

五、注意事项

为了确保仪器的精度，防止损坏，请注意维护保养：

1. 仪器应置放于干燥、空气流通的室内，以免光学零件受潮后生霉。

2. 当测试腐蚀性液体时应及时做好清洗工作（包括光学零件、金属件以及油漆表面），防止侵蚀损坏。仪器使用完毕后必须做好清洁工作。

3. 被测试样中不应有硬性杂质，当测试固体试样时，应防止把折射棱镜表面拉毛或产生压痕。

4. 经常保持仪器清洁，严禁油手或汗手触及光学零件，若光学零件表面有灰尘可用高级麂皮或长纤维的脱脂棉轻擦后用吹风吹去。如光学零件表面沾上了油垢，应及时用酒精乙醚混合液擦干净。

5. 仪器应避免强烈振动或撞击，以防止零件损伤及影响精度。

6. 在往棱镜面上滴放被测液体时，不得使滴管接触棱镜面，以免碰损镜面。

7. 仪器避免强烈振动和撞击，以免光学元件受损，影响测量精度。

数据记录与处理：

实验表 4－1　五种不同葡萄糖溶液的折射率 n 和浓度 C 测量数据表　　$t=$______℃

待测溶液		1	2	3	4	5	6	平均值	A类不确定度	B类不确定度	不确定度	测量结果	相对不确定度
溶液1	n												
	C												
溶液2	n												
	C												
溶液3	n												
	C												
溶液4	n												
	C												
溶液5	n												
	C												

数据处理提示：

$$\overline{n}=\frac{n_1+n_2+n_3+n_4+n_5+n_6}{6}$$

$$u_A(n)=\sqrt{\frac{\sum_{i=1}^{6}(n_i-\overline{n})^2}{6-1}}$$

$$u_B(n)=\frac{\text{最小分度值}}{2}$$

不确定度 $u(n)=\sqrt{u_A^2(n)+u_B^2(n)}$

测量结果：$n=\overline{n}\pm u(n)$

$$\overline{C}=\frac{C_1+C_2+C_3+C_4+C_5+C_6}{6}$$

$$u_A(C)=\sqrt{\frac{\sum_{i=1}^{6}(C_i-C)^2}{6-1}}$$

$$u_B(C)=\frac{\text{最小分度值}}{2}$$

$$u(C)=\sqrt{u_A^2(C)+u_B^2(C)}$$

测量结果：$C_A=C\pm u(C)$

六、思考题

1. 望远镜中明暗分界的半荫场是如何形成的？

2. 若待测液体的折射率 n 大于折射棱镜的折射率 N 时，能否用阿贝折射仪来测定该液体的折射率？为什么？

3. 在仪器校准或测量中，应进行哪几步工作？在测不同浓度的液体之前，对两个棱镜面是否要进行清洗和擦干工作？为什么？

附 1　WAY 型阿贝折射仪的原理和仪器结构

WAY 型阿贝折射仪分两个主要部分：光学部分和结构部分。

一、光学部分

WAY 型阿贝折射仪的光学部分由望远系统与读数系统两个部分组成（如实验图 4－4 所示），具体见下图。

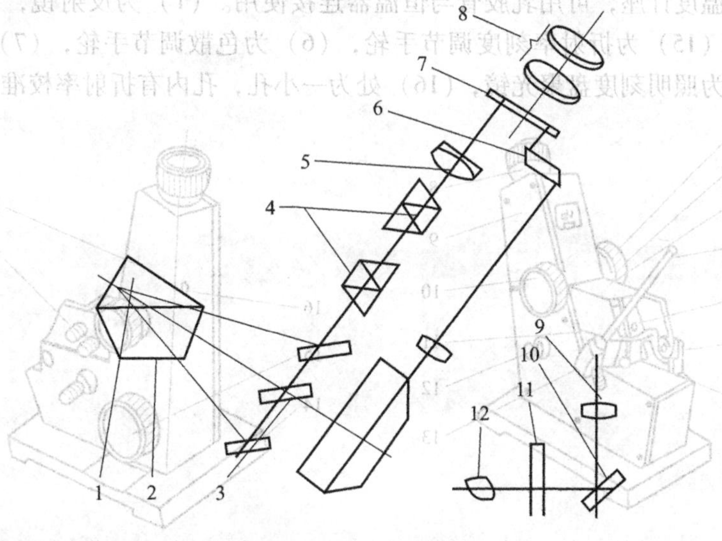

实验图 4－4　仪器结构

1. 进光棱镜　2. 折射棱镜　3. 摆动反光镜　4. 消色散棱镜组　5. 望远镜组　6. 平行棱镜　7. 分划板　8. 目镜　9. 读数物镜　10. 反光镜　11. 刻度板　12. 聚光镜

如实验图 4－4 所示，进光棱镜（1）与折射棱镜（2）之间有一微小均匀的间隙，被测液体就放在此空隙内。当光线（自然光或白炽光）射入进光棱镜（1）时，便在其磨砂面上产生漫反射，使被测液层内有各种不同角度的入射光，经过折射棱镜（2）产生一束折射角均大于出射角 i 的光线。由摆动反射镜（3）将此束光线射入消色散棱镜组（4），此消色散棱镜组是由一对等色散阿米西棱镜组成，其作用是获得一可变色散来抵消由于折射棱镜对不同被测物体所产生的色散。再由望远镜（5）将此明暗分界线成像于分划板（7）上，分划板上有十字分划线，通过目镜（8）能看到如实验图 4－5 上半部所示的像。

光线经聚光镜（12）照明刻度板（11），刻度板与摆动反射镜（3）连成一体，同时绕刻度中心作回转运动。通过反射镜（10）、读数物镜（9）、平行棱镜（6）将刻度板上不同部位折射率示值成像于分划板（7）上（见实验图 4－5 下半部所示

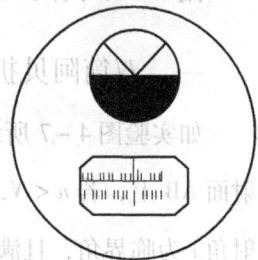

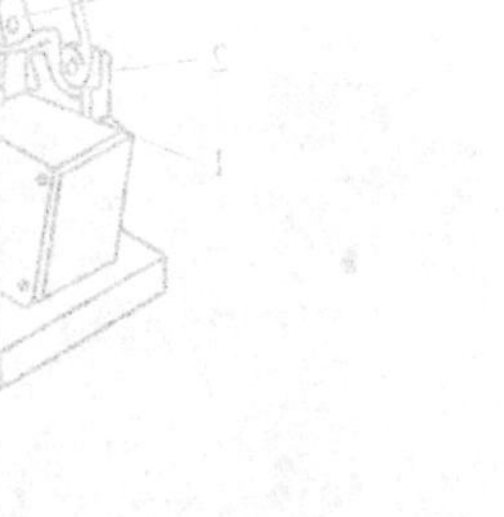

实验图 4－5　仪器视野

的像）。

二、结构部分

见实验图4-6。底座（14）为仪器的支承座，壳体（17）固定在其上。除棱镜和目镜以外全部光学组件及主要结构封闭于壳体内部。棱镜组固定于壳体上，由进光棱镜、折射棱镜以及棱镜座等结构组成，两只棱镜分别用特种黏合剂固定在棱镜座内。（5）为进光棱镜座，（11）为折射标棱镜座，两棱镜座由转轴（2）连接。进光棱镜能打开和关闭，当两棱镜座密合并用手轮（10）锁紧时，二棱镜面之间保持一均匀的间隙，被测液体应充满此间隙。（3）为遮光板，（18）为四只恒温器接头，（4）为温度计，（13）为温度计座，可用乳胶管与恒温器连接使用。（1）为反射镜，（8）为目镜，（9）为盖板，（15）为折射率刻度调节手轮，（6）为色散调节手轮，（7）为色散值刻度圈，（12）为照明刻度盘聚光镜，（16）处为一小孔，孔内有折射率校准螺旋。

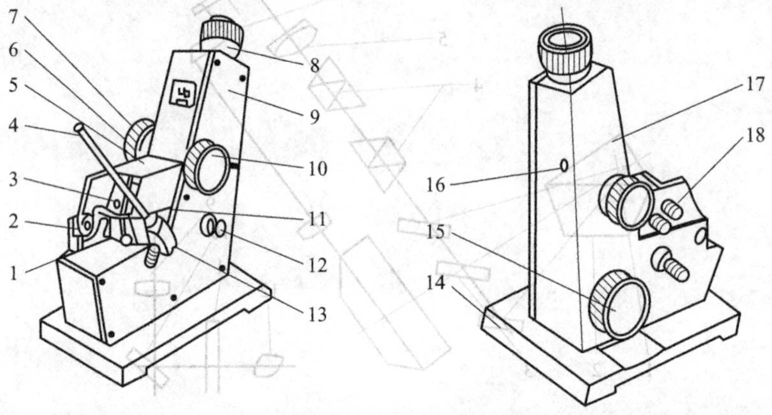

实验图4-6　仪器各部组成

1. 反射镜　2. 转轴　3. 遮光板　4. 温度计　5. 进光棱镜座　6. 色散调节手轮　7. 色散值刻度圈　8. 目镜　9. 盖板　10. 手轮　11. 折射棱镜座　12. 照明刻度盘聚光镜　13. 温度计座　14. 底座　15. 刻度调节手轮　16. 小孔　17. 壳体　18. 恒温器接头

三、使用与操作方法

详见本书第三章第九节。

附2　双筒阿贝折射仪的原理和使用说明

一、双筒阿贝折射仪的原理

如实验图4-7所示，将折射率为 n 的待测液体或固体，放在折射率为 N 的棱镜折射面AB上，若 $n<N$，当入射角为 $\frac{\pi}{2}$ 的光线1掠射到AB面上而折射进入三棱镜内，折射角 i 为临界角，且满足折射定律：

$$n\sin\frac{\pi}{2}=N\sin i \quad 即：n=N\sin i \qquad （实验4-5）$$

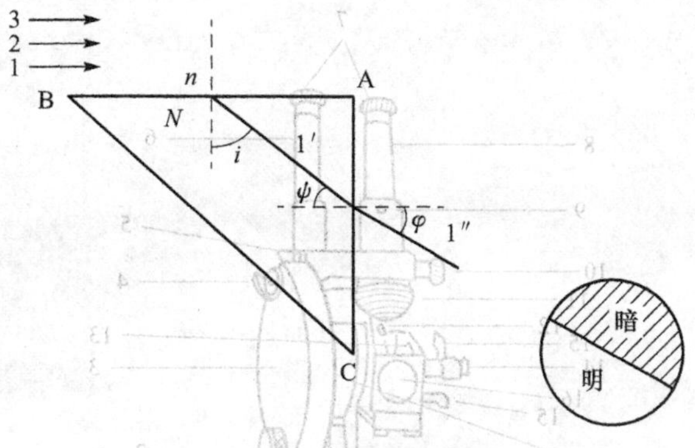

实验图 4－7　双筒阿贝折射仪光路

光线 1′在三棱镜内射到 AC 面上，入射角为 ψ，折射进入空气中的折射角为 φ，折射线为 1″，由折射定律有：

$$n_0\sin\varphi = N\sin\psi$$

式中 n_0 为空气的折射率且 $n_0=1$，则有：

$$\sin\varphi = N\sin\psi \quad （实验 4－6）$$

除光线 1 以外的所有其他入射光线，如光线 2，在 AB 面上的入射角均小于$\frac{\pi}{2}$，因此经三棱镜 AB、AC 面两次折射后进入到空气中的出射线，根据临界角原理可知光线必定都居在射线 1″的左下方。当望远镜对准出射方向观察时，视场中将看到以出射光线 1″分界线的一半明一半暗的半荫视场。从实验图 4－7 可知：

$$i+\psi = A \quad （实验 4－7）$$

A 为棱镜的顶角，将实验 4－5 式、实验 4－6 式、实验 4－7 式联立并运用三角函数运算可得：

$$n = \sin A\cdot\sqrt{N^2-\sin^2\varphi}-\cos A\cdot\sin\varphi \quad （实验 4－8）$$

当角 A 和折射率 N 为定值时，只要测出 φ 就可由实验 4－8 式求得被测物体的折射率 n。阿贝折射仪就是根据这一原理设计的直接读数仪器。

二、双筒阿贝折射仪的结构

阿贝折射仪是用望远镜观察测量的一种直读式光学仪器，仪器中直接刻有与 φ 角相对应的折射率，在测量时不必做任何计算，就可直接读出待测物质折射率的值。本实验用的阿贝折射仪测量折射率的范围是 1.3000～1.7000，最小分度为 0.0001。

阿贝折射仪的结构如实验图 4－8 所示。刻度盘和棱镜组是同轴的，可旋转手轮（2）同时转动棱镜组和刻度盘，使望远镜视场中的明暗分界线附近有彩色，则可旋转阿米西棱镜手轮（10），经调整棱镜位置，消除色散现象，到分界线黑白分明为止。此时读数系统中的分划板铅直线右边刻度所指示的数值为待测液体折射率。对于糖溶液，还可以从分划板中的铅直线左边刻度直接读出其相应浓度值。

液体折射率还和温度有关，测量时需记录待测物质的温度。本仪器有温度计插孔和恒温插头。

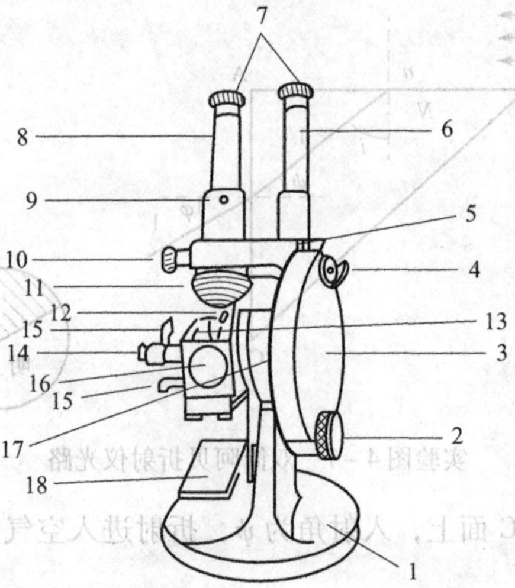

实验图 4－8

1. 底座　2. 棱镜转动手轮　3. 圆盘组　4. 小反光镜　5. 支架　6. 读数镜筒　7. 目筒　8. 望远镜筒　9. 示值调节螺钉　10. 阿米西棱镜手轮　11. 色散值刻度圈；12. 棱镜锁紧扳手　13. 棱镜组　14. 温度计座　15. 恒温器接头　16. 保护罩　17. 主轴　18. 反光镜

三、双筒阿贝折射仪的使用

（一）校准仪器

仪器使用前，必须进行校准，可用蒸馏水（$n_D^{20}=1.3330$）或标准玻璃进行校准（标准玻璃块上标有折射率 n 值）。这里介绍用蒸馏水校准。

1. 把棱镜锁紧板手（12）松开，将两个棱镜用无水酒精或易挥发溶剂及镜头纸擦干净，以免有杂质而影响校准精度。

2. 用滴液管将 2～3 滴蒸馏水滴入两个棱镜中间，合上并锁紧板手，使液膜均匀、无气泡，并充满视场。

3. 调节反光镜（18）及（4），使两镜筒视场明亮，再转动手轮（2），将折射率刻度对准 1.3330 处，如实验图 4－9 所示。

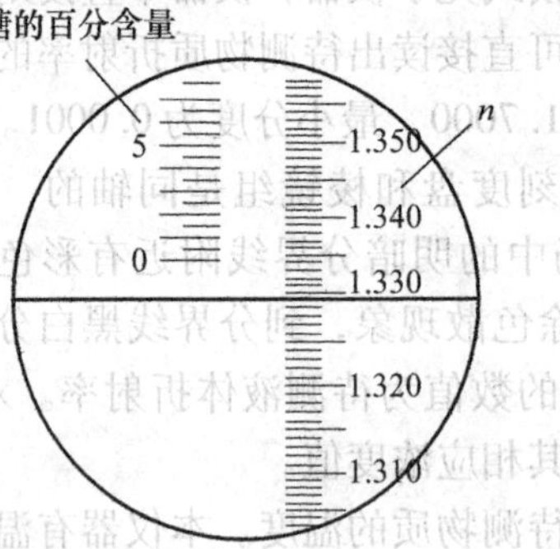

实验图 4－9　右目镜视场

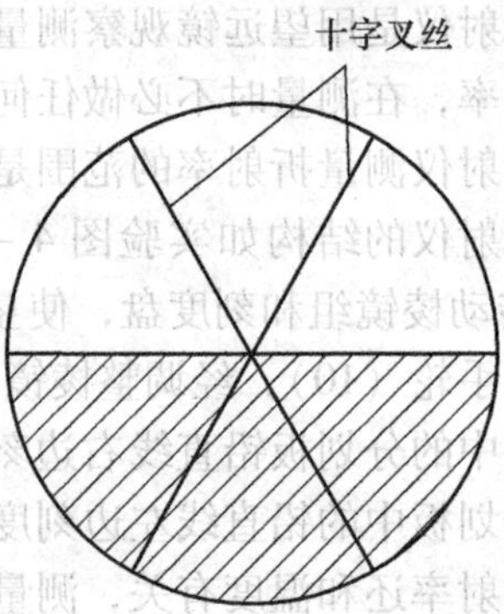

实验图 4－10　左目镜视场

4. 从望远镜中观察黑白分界线是否在十字线中央，如实验图 4－10 所示。若黑白界线不在十字线中央，则调节折射率校准螺旋（9），使黑白分界线和十字线相重合。调好后一般不再动。若在调节中视场出现色散时，可调节消色手轮（10）至色散消除。

（二）测定葡萄糖的折射率

1. 每次实验前都要重复上述方法将棱镜面清洗擦干净。

2. 用滴管取 2～3 滴葡萄糖溶液，放在折射棱镜的表面上，并锁紧。若待测液体易挥发则须在棱镜组侧面的小孔内加以补充。

3. 如实验图 4－8 转动棱镜转动手轮 2，使左目镜视场中观察到的黑白界线上下移动。若有彩色出现，应先转动阿米西棱镜手轮（10）消除色散，使分界线黑白分明。再调节视场中黑白分界线在十字线中央时为止。这时在右目镜视场中左侧示值刻度所指示的数据，就是待测葡萄糖的折射率 n 值，记录。重复测量六次，求折射率的平均值、结果和相对误差。

4. 记录测量时的温度。若需要测量不同温度下的液体折射率时，可将温度计旋入座内，接上恒温器，并调节到所需要的温度，待稳定后按上述步骤进行测量。

（三）测葡萄糖溶液的浓度 C

实验步骤与测葡萄糖折射率相同，只是读数需读右目镜视场中右侧示值刻度的值。换上不同浓度的葡萄糖溶液，测量 6 个对应的 $n-C$ 值。以 C 为横坐标，n 为纵坐标，在坐标纸上作出葡萄糖溶液的 $n-C$ 关系曲线。

根据实验室给的被测液体情况，在数据表格中记录实验原始数据及有关的事宜，写出实验报告。

实验表 4－2　蒸馏水的折射率及平均色散数值

温度℃	折射率 n_D	平均色散 n_F-n_C	温度 ℃	折射率 n_D	平均色散 n_F-n_C
10	1.33369	0.00600	26	1.33240	0.00596
11	1.33364	0.00600	27	1.33229	0.00595
12	1.33358	0.00599	28	1.33217	0.005965
13	1.33352	0.00599	29	1.33206	0.00594
14	1.33346	0.00599	30	1.33194	0.00594
15	1.33339	0.00599	31	1.33182	0.00594
16	1.33331	0.00598	32	1.33170	0.00593
17	1.33324	0.00598	33	1.33157	0.00593
18	1.33316	0.00598	34	1.33144	0.00593
19	1.33307	0.00597	35	1.33131	0.00592
20	1.33299	0.00597	36	1.33117	0.00592
21	1.33290	0.00597	37	1.33104	0.00591
22	1.33280	0.00597	38	1.33090	0.00591
23	1.33271	0.00596	39	1.33075	0.00591
24	1.33261	0.00596	40	1.33061	0.00590
25	1.33250	0.00596			

实验五　用旋光仪测量蔗糖的旋光率与浓度

光的偏振现象证实了光是横波，光的偏振现象使人们对光的传播（反射、折射、吸收、散射）的规律有了新的认识，光的偏振现象在光学计量、晶体性质、实验应力分析、矿物鉴定等技术中有广泛的应用。旋光仪也叫偏振计或量糖计，是测量物质旋光度的仪器。通过对旋光度的测量可检验物质的浓度、纯度、含量等。因此，旋光仪广泛地应用于化学工业、制药工业、制糖工业、香料工业、石油工业及食品工业，在医药化验中也是必不可少的仪器之一。

一、实验目的

1. 观察偏振光通过旋光物质的旋光现象。
2. 了解旋光仪的构造，掌握使用方法。
3. 用旋光仪测定旋光性溶液的旋光率、浓度，了解溶液的浓度与旋光度之间的关系。

二、实验原理

（一）旋光现象

当偏振光通过某些物质后，特别是含有不对称碳原子物质的溶液，其振动面会以光的传播方向为轴旋转一定角度 ϕ，这种现象称为旋光现象。能产生旋光现象的物质称为旋光物质。糖溶液、石英晶体、石油、松节油等有机物质的溶液都是旋光物质，旋转的角度 ϕ 称为旋光度。旋光物质按其使偏振光振动面旋转的方向分为左旋和右旋两类。当观察者对着光线射来方向观察时，振动面沿顺时针方向旋转称为右旋，并以“+”表示，沿逆时针方向旋转称为左旋物质，以“-”表示。对于溶液来说，旋光度 ϕ 与通过溶液的厚度 l 及浓度 C 成正比，即

$$\phi = [\alpha]_D^t Cl \qquad \text{（实验5-1）}$$

式中 α 为比例系数，是表征物质（溶液）的旋光性质的物理量，称为该物质的旋光率（或比旋度），在数值上等于偏振光通过单位浓度、单位厚度的溶液时振动面旋转的角度。不同的旋光物质具有不同的旋光率，且与入射光的波长和物质的温度有关。t 指温度，D 指光源波长（通常用钠光 $\lambda = 589.3\text{nm}$），$[\alpha]_D^t$ 是指在温度为 t，用波长为 D 的光源测定某物质时该物质的旋光率。这里我们把 ϕ 的单位用度表示，浓度 C 用百分数表示，厚度的单位用厘米（cm）表示。如果已知旋光性溶液的浓度，用旋光仪测得旋光度 ϕ 以后，则用实验5-1式可得出溶液的旋光率 $[\alpha]_D^t$，即

$$[\alpha]_D^t = \frac{\phi}{Cl} \qquad \text{（实验5-2）}$$

如果已知旋光物质的旋光率，用旋光仪测得旋光度 ϕ 以后，则由实验5-1式可得出该溶液的浓度 C，即

$$C = \frac{\phi}{[\alpha]_D^t l} \qquad \text{(实验 5-3)}$$

(二) 旋光仪的结构

旋光仪的外形结构如实验图 5－1 所示。它一般是由起偏和检偏装置组合而成，如实验图 5－2 所示，在起偏器和检偏器之间放入旋光物质时，会使检偏器后面的光亮度发生变化，但若把检偏器旋转某个角度，又可使看到的光亮恢复原状，检偏器所旋转的角度就是该物质的旋光度。而检偏器是由手动操作，旋转的角度即左旋还是右旋是可以知道的，即测定了物质的旋光度。

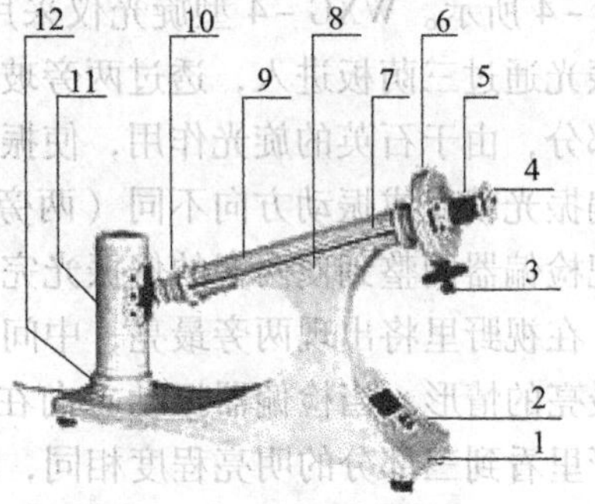

实验图 5－1　旋光仪的外形

1. 底座　2. 电源开关　3. 转动手轮　4. 放大镜座　5. 视度可调节旋钮　6. 度盘及游标　7. 镜筒　8. 镜盖手柄　9. 镜微盖　10. 镜盖连接圆　11. 灯罩　12. 灯座

本实验采用 WXG－4 型旋光仪。

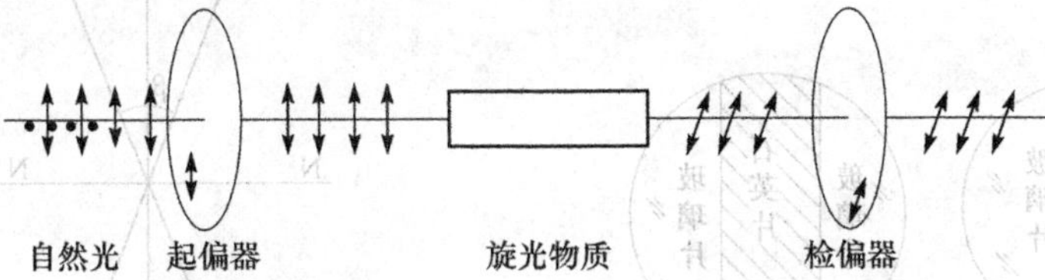

实验图 5－2　旋光仪原理图

(三) 旋光仪的原理

旋光仪的光学系统如实验图 5－3 所示。测量时，先将旋光仪中起偏镜和检偏镜的偏振化方向调到相互正交，在目镜中看到最暗视场，这时检偏镜所在的位置应为刻度盘的零点；然后装入有被测物质的试管，由于溶液具有旋光性，使振动面旋转一个角度，零度视场变亮，转动检偏镜，使因振动面旋转而变亮的视场重新达到最暗，此时检偏镜的旋转角度即表示被测物质的旋光度。

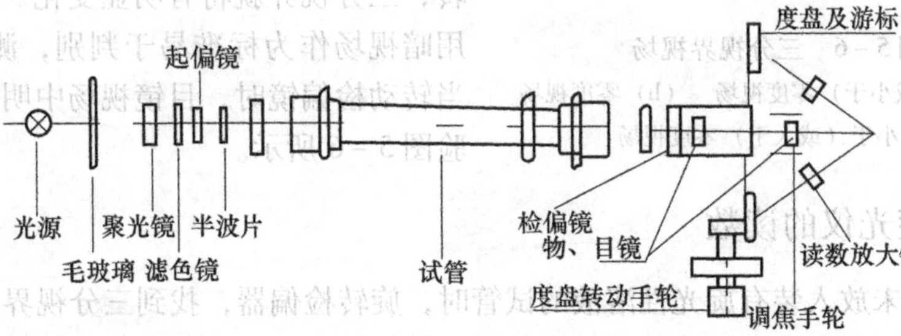

实验图 5－3　旋光仪的光学系统

由于人眼难以准确地判断视场是否最暗，以及亮暗程度是否复原，故多采用半荫板或三荫板法，即用比较视场中相邻两光束的强度是否相同来确定旋光度。半荫板是一个半圆形石英片和玻璃片胶合成的透光片。三荫板两旁为玻璃片，中间为石英片，如实验图 5－4 所示。WXG－4 型旋光仪采用三分视界法来确定光学零位。当从起偏器得到的偏振光通过三荫板进入，透过两旁玻璃的部分，其振动方向保持不变；而透过中间石英的部分，由于石英的旋光作用，使振动方向旋转了某个角度 β。因此，通过三荫板的这束偏振光就变成振动方向不同（两旁振动方向一致但与中间不同）的三部分。这时如果把检偏器调整到使两旁的偏振光完全透过的位置时，则中间部分的偏振光只能部分透过。在视野里将出现两旁最亮，中间稍暗的情形。反之，则在视野里出现两旁稍暗，中间最亮的情形。当检偏器振动方向在 β 角的角平分线 MM′ 上时，如实验图 5－5 所示，视野里看到三部分的明亮程度相同，即三分视野完全消失。与上述类似，若把检偏器调到使两旁的偏振光完全不能透过的位置时，则视场中两旁最暗，中间稍亮；若把检偏器调到中间部分的偏振光完全不能透过的位置时，则视场里中间部分最暗，两旁稍亮。显然，检偏器在这两个位置之间时视场里存在一个使三部分亮暗度程度相等的位置 NN′，即与 β 角平分线垂直的位置，这时三分视界也完全消失了。

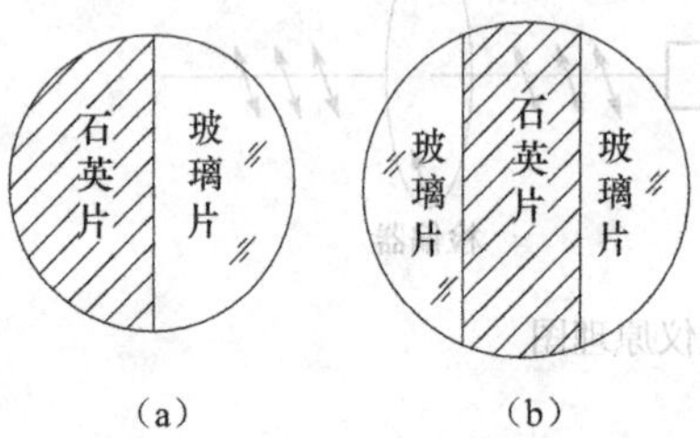

实验图 5－4　旋光仪视场

（a）两分视场　（b）三分视场

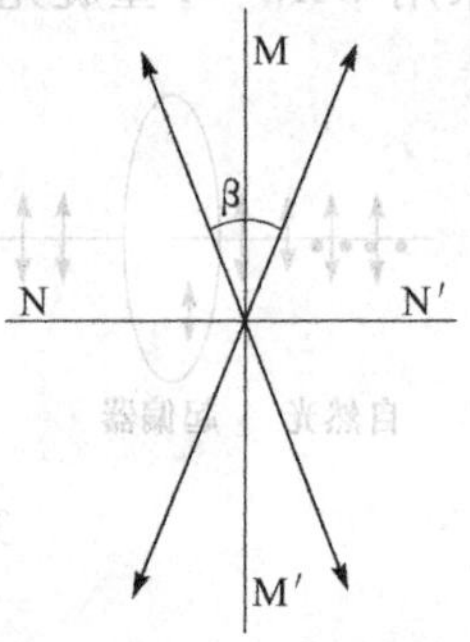

实验图 5－5　三分视界同时消失时检偏器的方向

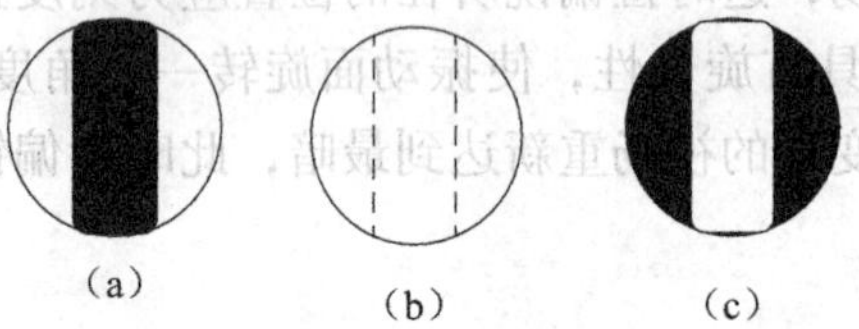

实验图 5－6　三分视界视场

（a）大于（或小于）零度视场　（b）零度视场

（c）小于（或大于）零度视场

上述两种使三分视界完全消失的情况都可以作为判断检偏器始、终点的标准。但是，由于人眼在一定范围内对于弱照度的变化比较敏感，且检偏器在 NN′位置时稍有偏转，三分视界就将有明显变化。因此，通常用暗视场作为标准易于判别，测量较准确。当转动检偏镜时，目镜视场中明暗变化如实验图 5－6 所示。

（四）旋光仪的读数

当旋光仪未放入装有旋光性溶液的试管时，旋转检偏器，找到三分视界完全消失的暗视场位置，记录度盘上的读数，如果仪器已做好校准，这个读数应是零度。然后放入装有旋光性溶液试管，则三分视界出现亮度差异，再旋转检偏器仍使三分视界消失，即三部分达到相同暗度，再记下读数，则两次读数之差就是旋光性溶液的旋光度。

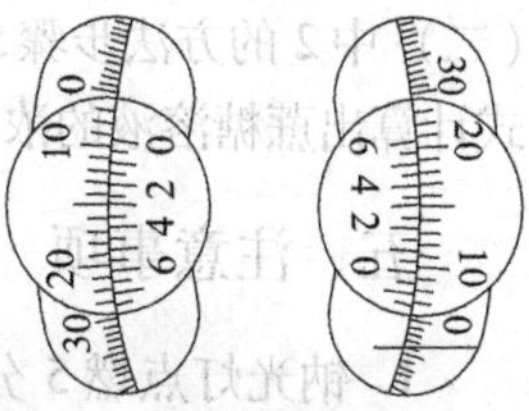

实验图 5 -7

本仪器采用双游标读数法，以消除度盘偏心差。度盘分360格，每格为1°，游标分20格，等于度盘19格，用游标直接读到0.05°，如实验图5-7所示。度盘和检偏镜固为一体，借手轮能做转动调整。游标窗前方装有两块4倍放大镜，供读数用。双游标读数法可按下列公式求得结果。对右旋物质：

$$\phi = \frac{A + B}{2}$$

式中 A 和 B 分别为两游标窗读数。对左旋物质：

$$\phi = \frac{[(180° - A) + (180° - B)]}{2}$$

例如，对于右旋物质，两游标窗读数如实验图5-7所示，$A = 9.20°$，$B = 9.40°$则

$$\phi = \frac{A + B}{2} = \frac{9.20° + 9.40°}{2} = 9.30°$$

三、实验器材

旋光仪、已知浓度的待测蔗糖溶液、未知浓度的待测蔗糖溶液、蒸馏水、纱布（或脱脂棉）、烧杯、量筒、天平。

四、实验内容

（一）调整旋光仪，测零点校正值

1. 将旋光仪接通220V交流电源，约5分钟后钠光灯正常发光，方可开始工作。

2. 调节检偏镜，观察视场中三分视界明暗变化的规律。

3. 检查仪器零位是否准确，即在仪器未放入含有旋光性溶液的试管或放入充满蒸馏水的试管时，观察零度时视场亮度是否一致。如不一致，旋转检偏器镜，使三分视界完全消失，即整个视场暗度相同，这时刻度盘游标上的读数即为零点校正值，在测量结果中根据左旋或右旋应再加上或减去这个校正值。

（二）测蔗糖溶液的旋光率 α

1. 选取长度适宜的试管，注满已知浓度为 C 的蔗糖溶液，装上橡皮圈，旋上螺帽，直到不漏液体为止。注意试管中不能有气泡，螺帽不宜旋得太紧，否则会引起应力，影响读数的准确性。再将试管两头残余液体擦干净，以免影响观察的清晰度和测定精度。

2. 将注满蔗糖溶液的试管放入旋光仪的镜筒里，再根据三分视界法的原理看是否有旋光现象。转动检偏镜（度盘），在现场中找到明暗程度相同的位置，再用双游标读数法从度盘上读数。如此操作重复5次，求出旋光度中 ϕ 的平均值，再由实验5-2式计算出 α 值。

（三）测定糖溶液的浓度 C

用（二）中1的方法，在干净的另一试管里装入未知浓度的蔗糖溶液，再重复

（二）中2的方法步骤5次，求ϕ的平均值，根据（二）中计算出的α值，再由实验5-3式计算出蔗糖溶液的浓度C值。

五、注意事项

1. 钠光灯点燃5分钟后才能使用。熄灭与开启一次对钠灯的寿命很有影响，不要轻易熄灭与点燃。钠光灯泡的寿命较短，也不宜使用时间过长。因此应做好一切实验准备工作，再点燃钠灯，使用时间尽量集中。
2. 钠灯点燃后切勿使它受冲击或振动。用毕，待冷却后方可搬动。
3. 洗涤糖液试管时要小心，勿打碎。
4. 保持仪器清洁，勿使溶液污洒镜筒里。

六、数据记录与处理

1. 测定α记录

$\lambda = 589.3\text{nm}$； $l = 10.00\text{cm}$； $C = 10.0\%(\text{g/cm}^3)$； $t =$ ____ ℃

实验表5-1 用旋光仪测定α值

项目次数	零点校正		读数		ϕ	$\bar{\phi}$
	A_0	B_0	A	B		
1						
2						
3						
4						
5						
α	____ °cm²/g					

数据处理提示：

$$\phi = \frac{A - A_0 + B - B_0}{2}; \quad \bar{\phi} = \frac{\phi_1 + \phi_2 + \phi_3 + \phi_4 + \phi_5}{5}; \quad \alpha = \frac{\bar{\phi}}{Cl}$$

2. 测定C记录

$\lambda = 589.3\text{nm}$；$l = 20.00\text{cm}$；$\alpha =$ ____ °；$t =$ ____ ℃

实验表5-2 用旋光仪测定糖液浓度C值

项目次数	零点校正		读数		ϕ	$\bar{\phi}$
	A_0	B_0	A	B		
1						
2						
3						
4						
5						
C	____ g/cm³					

数据处理提示：

$$\phi = \frac{A - A_0 + B - B_0}{2};\quad \bar{\phi} = \frac{\phi_1 + \phi_2 + \phi_3 + \phi_4 + \phi_5}{2};\quad C = \frac{\bar{\phi}}{\alpha l} \times 100\%$$

七、思考题

1. 旋光度与哪些因素有关？

2. 什么是三分视界法？为什么实验中要采取此方法？

3. 进行零点调整的目的和方法是什么？零点调整能否省略？

4. 为什么采用双游标读数法？如何读数？对右旋与左旋物质用双游标读数法，求 ϕ 公式有什么不同？

实验六　用箱型电桥测电阻

电桥是用途广泛而又方便的工具，电桥在电磁测量技术中得到了极其广泛的应用。电桥可以测量电阻、电容、电感、频率、温度、压力等许多物理量，也广泛应用于近代工业生产的自动控制中。根据用途不同，电桥有多种类型，其性能和结构也各有特点，但它们有一个共同点，就是基本原理相同。

电桥可分为直流电桥和交流电桥两类。直流电桥又分为单臂电桥（又称惠斯登电桥）和双臂电桥（又称开尔文电桥），前者适用于测 $10 \sim 10^6\Omega$ 的电阻，后者适用于测 $10^{-5} \sim 10^2\Omega$ 的电阻。

电桥电路也是电学中基本的一种电路连接方式，已被广泛地应用于电工技术和非电量电测法之中。

惠斯登电桥测电阻采用的是比较法。电桥法测量时，把被测电阻与标准电阻进行比较，所以它的测量准确度很高。电桥具有测试灵敏、使用方便等优点，这使电桥法成为测量电阻的一种常用方法。

一、实验目的

1. 掌握惠斯登电桥测电阻的原理和特点。

2. 学会依照电阻的色码快速估算电阻值。

3. 学会箱型电桥的使用。

二、实验原理

电阻是电学中基本的物理量，电阻值的测量是基本的电学测量之一。测量电阻的方法很多，有欧姆表法测量、伏安法测量、比较法测量等。

（一）电桥原理

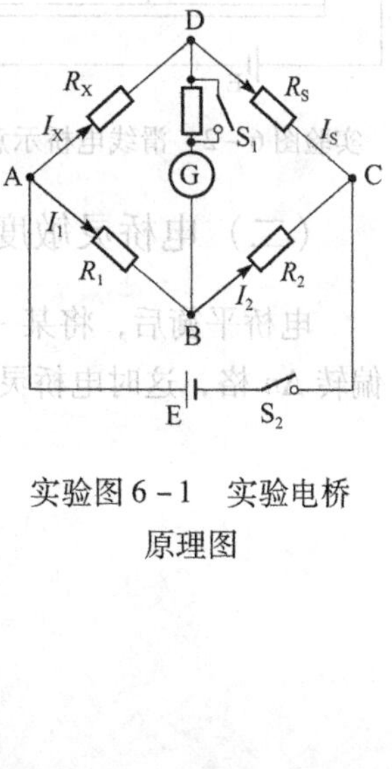

实验图 6－1　实验电桥原理图

实验图 6－1 是惠斯登电桥原理图。由可调标准电阻 R_1、

R_2、R_S 和待测电阻 R_X，组成一个四边形 ABCD，每一边称为电桥的一个臂。通常称 R_1 和 R_2 为比例臂，称 R_S 为比较臂。对角线 AC 上连接电源 E，另一对角线 BD 两端通过一只灵敏电流计 G 连通，电桥的"桥"就是指的这条对角线。在自组电桥时，为保护灵敏电流计，通常在桥路上的开关旁并联一只电阻。

电桥接通后，一般在桥路上应有电流流过，灵敏电流计的指针会发生偏转。如果适当地调节 R_1、R_2 和 R_S，使桥的 B、D 两端电势相等，则灵敏电流计上无电流流过，指针应指在零位，这时电桥达到平衡。显然达到平衡后应有：

$$\begin{cases} I_1 = I_2 \\ I_X = I_S \\ U_{AB} = U_{AD} \\ U_{BC} = U_{DC} \end{cases}$$

即：

$$\begin{cases} I_1 = I_2 \\ I_X = I_S \\ I_1 R_1 = I_X R_X \quad ① \\ I_2 R_2 = I_S R_S \quad ② \end{cases}$$

将①式与②式两式相除得：

$$\frac{R_1}{R_2} = \frac{R_X}{R_S} \qquad (\text{实验}6-1)$$

此式称为电桥的平衡条件。在实验 6－1 式中，R_1、R_2 和 R_S 为已知电阻，则待测电阻 R_X 为：

$$R_X = \frac{R_1}{R_2} R_S = K R_S \qquad (\text{实验}6-2)$$

式中，$K = R_1/R_2$ 称为比例臂的倍率。只要提高 R_1、R_2 和 R_S 的准确度，就可以提高待测电阻 R_X 的测量准确度。

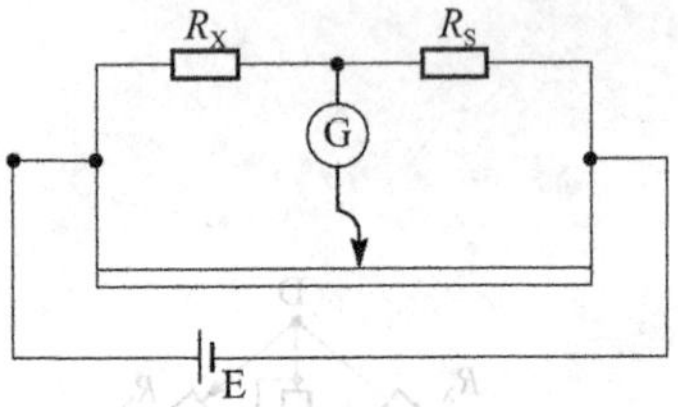

实验图 6－2　滑线电桥示意图

实验图 6－2 为滑线电桥，它的比例臂 R_1 和 R_2 不是标准电阻而是一根长为 L 的均匀电阻丝。显然电桥平衡后，有

$$R_X = \frac{L_1}{L_2} R_S \qquad (\text{实验}6-3)$$

式中，L_1 为电阻丝 A′B 段长度，L_2 为 BC′段长度。

（二）电桥灵敏度

电桥平衡后，将某一桥臂电阻（如 R_S）改变一微小量 ΔR_S，即可引起灵敏电流计偏转 Δn 格，这时电桥灵敏度 S 定义为

$$S = \frac{\Delta n}{\dfrac{\Delta R_S}{R_S}} \qquad (\text{实验}6-4)$$

显然，电桥灵敏度 S 越大，则电阻相对变化相同时偏转的格数 Δn 越大，对电桥平衡的判断越容易，这也意味着测量的结果越准确。因此提高电桥的灵敏度是提高电桥测量准确度的一个重要方面。

根据计算分析，提高电桥灵敏度的途径主要有以下几方面：

1. 在不超过桥电阻额定功率的情况下，可适当提高电源的电压。
2. 适当选择灵敏度高、内阻低的灵敏电流计。

但如果灵敏电流计的灵敏度过高，R_S 的不连续性会造成测量上的不方便。

（三）依照电阻的色码快速估算电阻值

见本书第三章第六节（第 22 页）。

（四）QJ23 型箱式电桥

QJ23 型直流电阻电桥，采用惠斯登电桥线路，具有内附灵敏电流计，可以内装 3 节 2 号电池。

1. 面板与结构

QJ23 型箱式电桥面板与结构如实验图 6－3 所示，电路如实验图 6－4 所示。在实验图 6－3 中：

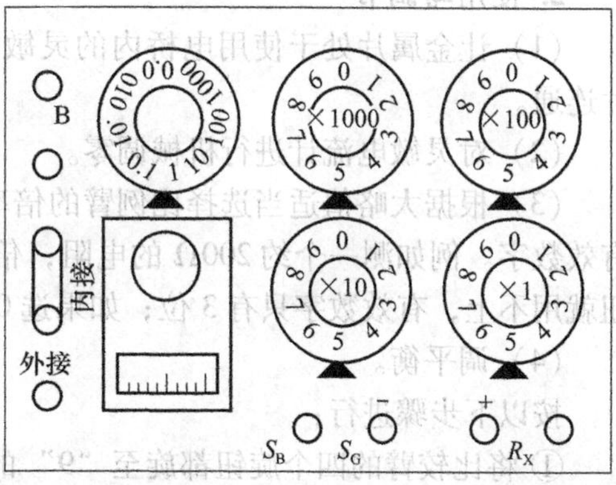

实验图 6－3　箱式电桥面板与结构

（1）右边分别标有 ×1000、×100、×10 和 ×1 的旋钮是 4 个可改变阻值的标准电阻，每个旋钮盘上标有 0 ~ 9 十个数字，它们共同组成比较臂 R_S，其阻值可调范围为 1 ~ 9999Ω。

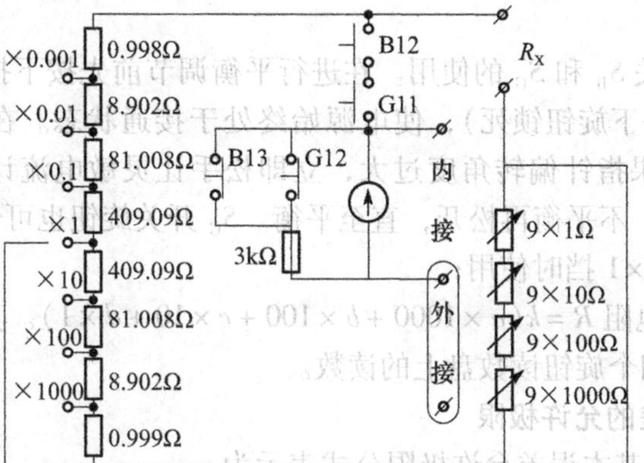

实验图 6－4　箱式电桥电路图

（2）左边的一个旋钮是比例臂，实际上是倍率（R_1/R_2）的调节旋钮，它分为

0.001、0.01、0.1、1、10、100 和1000 七挡。

（3）S_B 和 S_G 是两个按钮开关，分别控制电源和灵敏电流计与电路的断通。其中，S_B 同时控制 B11 和 B12 开关，S_G 同时控制 G11 和 G12 开关

（4）右下角标有 R_X 的是两个接线柱，是接被测电阻的。

（5）左上侧标有 B 的也有两个接线柱，如需使用外接电源时，可通过这两个接线柱接入。

（6）左下侧是标有“内接”“外接”的三个接线柱和一个短路金属片。如果使用电桥内的灵敏电流计，就把“外接”短路，即让金属片把下面两个接线柱连通；若要外接灵敏电流计，就要把“内接”短路，即用金属片把上面两个接线柱连通，同时把外接灵敏电流计接在下面的两个接线柱上。

2. 使用与调节

（1）让金属片处于使用电桥内的灵敏电流计的位置，即把下面两个接线柱用金属片连通。

（2）对灵敏电流计进行机械调零。

（3）根据大略值适当选择比例臂的倍率，使 R_S 的四个旋钮都用上，以保证有 4 位有效数字。例如测一个约 200Ω 的电阻，倍率只能选 0.1，如果选 1，则 ×1000 这个旋钮就用不上，有效数字只有 3 位；如果选 0.01 或更小，则根本测不出阻值。

（4）调平衡。

按以下步骤进行：

① 将比较臂的四个旋钮都旋至“9”的位置。

② 选调 ×1000 档，从 9 往下调，直至灵敏电流计指针从一边转至另一边时，再旋回到上一个数字的位置。例如，从 9 旋到 5 时指针都偏向一边，旋到 4 时指针偏到另一边，这时就要从 4 旋回到 5。

③ 不再动 ×1000 档的旋钮，依次照上述方法调 ×100、×10 和 ×1 档，最后可达平衡。

④ 两个按钮开关 S_B 和 S_G 的使用。在进行平衡调节前先按下按钮 S_B 让电源与电路接通（按下后旋转一下旋钮锁死），使电源始终处于接通状态。在旋转一次 R_S 旋钮后才按下 S_G 开关，如果指针偏转角度过大，立即松手让灵敏电流计断开，再旋转 R_S 旋钮，再按下 S_G 按钮，不平衡再松开，直至平衡。S_G 开关旋钮也可像 S_B 一样锁死，但只能在调 R_S 为 ×10 和 ×1 挡时使用；

⑤ 读数。待测电阻 $R=k(a\times1000+b\times100+c\times10+d\times1)$。其中 k 为倍率，a、b、c、d 分别为平衡时四个旋钮读数盘上的读数。

3. 电桥基本误差的允许极限

在参比条件下，基本误差允许极限公式表示为：

$$E_{\lim}=\pm\left(\frac{R_N}{10}+R_X\right)\times C\%$$

式中：$E_{\lim}$ 表示基本误差允许极限；R_N 表示基准值（有效量程内最大的 10 的整数幂）；C 表示准确度等级指数；R_X 表示测量盘示值乘以倍率盘示值。

实验表 6-1　基本误差限（E_{lim}）

<table>
<tr><th rowspan="2">倍率</th><th rowspan="2">有效量程</th><th colspan="2">等级指数 C</th><th rowspan="2">分辨力</th><th rowspan="2">基准值 R_N</th><th rowspan="2">电源电压（V）</th></tr>
<tr><th>内接检流计</th><th>外接检流计</th></tr>
<tr><td>×0.001</td><td>1~9.999Ω</td><td>2</td><td>2</td><td>1mΩ</td><td>1Ω</td><td rowspan="4">4.5</td></tr>
<tr><td>×0.01</td><td>10~99.99Ω</td><td rowspan="3">0.2</td><td rowspan="3">0.2</td><td>1mΩ</td><td>10Ω</td></tr>
<tr><td>×0.1</td><td>100~999.9Ω</td><td>1mΩ</td><td>100Ω</td></tr>
<tr><td>×1</td><td>1KΩ~9.999KΩ</td><td>1Ω</td><td>1KΩ</td></tr>
<tr><td>×10</td><td>10KΩ~99.99Ω</td><td>1</td><td rowspan="3">0.5</td><td>10Ω</td><td>10KΩ</td><td>6</td></tr>
<tr><td rowspan="2">×100</td><td>100KΩ~499.9KΩ</td><td>2</td><td rowspan="2">100Ω</td><td rowspan="2">100KΩ</td><td rowspan="3">15</td></tr>
<tr><td>499.9KΩ~9999KΩ</td><td>5</td></tr>
<tr><td>×1000</td><td>1MΩ~9.999MΩ</td><td>20</td><td>2</td><td>1KΩ</td><td>1MΩ</td></tr>
</table>

三、实验器材

QJ23 型直流电阻电桥、金属膜电阻等。

四、实验内容

1. 根据金属膜电阻器表面的色带读出该电阻的阻值。并记录到数据表实验表 6-2 中。

2. 用箱式电桥测电阻及灵敏度。

（1）根据待测电阻的估测值，选择合适的倍率，分别测出三个待测电阻阻值，要求每个电阻反复测量 6 次并记录到实验表 6-3 中。

（2）测电桥灵敏度。

测量待测不同电阻阻值的同时，分别测量不同情况下的电桥灵敏度。电桥平衡后，记录此时的电阻值 R_S，再将比较臂电阻 R_S 改变一微小量 ΔR_S，记录灵敏电流计指针偏转的格数 Δn（$\Delta n \geqslant 1$），把数据记录在实验表 6-4 中，并根据实验 6-4 式计算电桥灵敏度 S。

五、实验记录与结果

1. 根据金属膜电阻器表面的色带读出该电阻的阻值

实验表 6-2　金属膜电阻阻值

电　　阻	估测阻值（Ω）
待测电阻 R_{X1}（几十欧姆）	
待测电阻 R_{X2}（几百欧姆）	
待测电阻 R_{X3}（几千欧姆）	

2. 箱型电桥测电阻及灵敏度

实验表 6－3　测量待测电阻实验数据记录与计算

	倍率 K	准确度等级 a	电桥平衡值 R_S（Ω）	测量值 $R_X=KR_S$（Ω）	平均值（Ω）	A 类不确定度	B 类不确定度	不确定度（Ω）	测量结果（Ω）	相对不确定度
R_{X1}	0.01	0.2								
R_{X2}	0.1	0.2								
R_{X3}	1	0.2								

数据处理提示：

待测电阻 R 平均值及其不确定度的计算：

平均值：$\bar{R}=\dfrac{R_1+R_2+R_3+R_4+R_5+R_6}{6}$

A 类不确定度：$u_A(R)=\sqrt{\dfrac{\sum\limits_{i=1}^{n}(R_i-\bar{R})^2}{n-1}}=$

仪器误差：见实验仪器附表基本误差限（$E_{\lim}$）

B 类不确定度：$u_B(R)=E_{\lim}=$

总不确定度：$u_B(R)=\sqrt{u_A^2(R)+u_B^2(R)}$

结果：$R=\bar{R}\pm u(R)(\Omega)=$

相对不确定度：$u_r(R)=\dfrac{u(R)}{\bar{R}}\times 100\%=$

实验表 6-4　测量电桥灵敏度实验数据记录与计算

	倍率 K	电桥平衡值 R_S（Ω）	偏转格数 Δn	阻值变化 ΔR_S（Ω）	灵敏度 S
R_{X1}	0.01				
R_{X2}	0.1				
R_{X3}	1				

六、实验注意事项

1. 使用箱式电桥时，须保证比较臂读出4位有效数字。
2. 如用内附电池时，发现灵敏度降低等异常现象时，及时更新，防止电池漏液。
3. 电桥长时间不用时，取出内附电池。
4. 检流计是本仪器的易损部件，要谨防过大的冲击和震动。在运输或搬动时，短路片接在“内接”上。
5. 贮存在温度为5℃~35℃，相对湿度小于80%，且无腐蚀性气体、无强振动、无尘、无露水、无阳光直射的环境。
6. 接通电桥电路时，应先接通电源（按开关 S_B），后接通灵敏电流计（按开关 S_g）。断开电路时，应先断开灵敏电流计，后断开电源。这样做是为了防止过大电流通过灵敏电流计，这一点在测量有电感的电阻时应特别注意。
7. 使用完毕，应将短路金属片接在电桥灵敏电流计短路的位置，即把上面的两个接线柱连通，以保护电流计，特别在移动电桥时更应如此。

七、思考题

1. 在用电桥测电阻时，灵敏电流计总是偏向一边，说明产生这种情况的原因。
2. 惠斯登电桥测电阻时，若待测电阻值在68.3Ω附近时，比例臂的倍率选择多少，为什么？

实验七　示波器的原理和使用

示波器能够正确地显示电信号变化过程的波形，一切可以转化为电压的电学量和非电学量及它们随时间作周期性变化的过程都可以用示波器来观测，是一种用途十分广泛的测量和显示仪器。

一、实验目的

1. 熟悉示波器的主要结构和工作原理。
2. 掌握示波器各旋钮的作用和使用方法。
3. 学会使用示波器观察信号波形和李萨如图形。
4. 掌握用示波器测量电信号的幅度、周期（频率）、相位差的方法。

二、实验原理

1. 函数信号发生器

函数（波形）信号发生器能产生某些特定的周期性时间函数波形（正弦波、方波、三角波、锯齿波和脉冲波等）信号，频率范围可从几个微赫到几十兆赫。函数信号发生器在电路实验和设备检测中具有十分广泛的用途。本实验使用的是 YB1620 型函数信号发生器，使用方法详见本书第三章第七节（第 23 页）。

2. 示波器结构

一般来说，示波器由电源、示波管、扫描发生器、整步电路及水平轴和垂直轴放大器五部分组成，如实验图 7－1 所示。

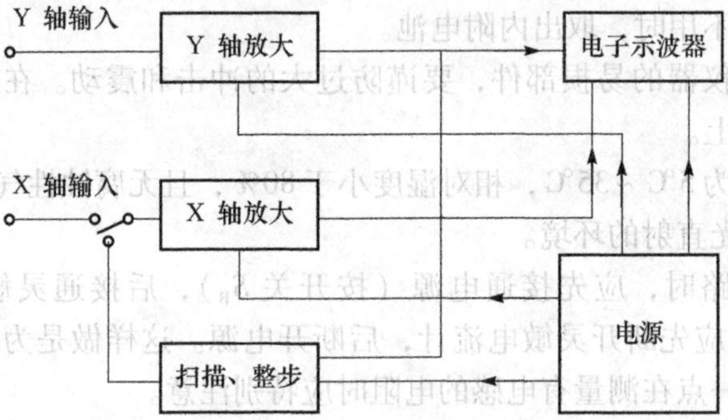

实验图 7－1　示波器结构图

如实验图 7－2 所示的示波管是示波器的核心部分。在高真空玻璃泡内，封有电子枪、水平偏向板和垂直偏向板及荧光屏。

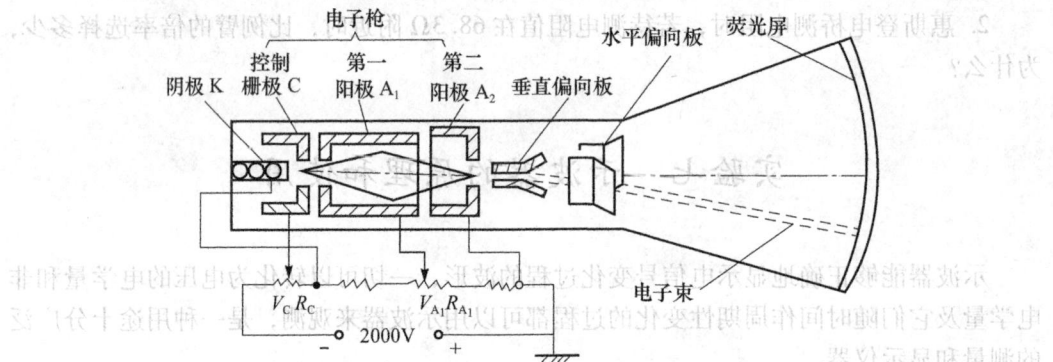

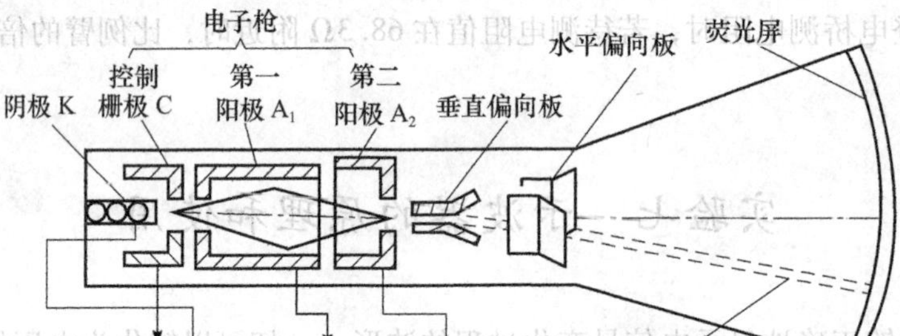

实验图 7－2　示波管结构图

电子枪是由炽热发射电子的阴极、圆筒状的控制栅极以及第一阳极和第二阳极组成。栅极相对阴极是负电位。改变栅极电位可以控制发射电子数目，改变栅极电位的电位器旋钮是面板上的“辉度”旋钮。电子自阴极射出后，穿过控制栅极的小孔，经过高电位的第一阳极得到极高的速度，同时由于第一、第二阳极之间有电位差，它们所产生的电场能使不同方向射来的电子恰好都在荧光屏上会聚，这叫作聚焦作用。改变第一阳极电位的电位器旋钮是面板上的“聚焦”旋钮。

水平、垂直偏向板起控制电子束上下左右偏转的作用。由电子枪射出的电子束，在荧光屏上只能显示出一个清晰的亮点，若在垂直偏向板间加一电压，则电子束就会在两块垂直偏向板之间的电场作用下发生偏移。电子抵达荧光屏的位置将在 Y 轴上发生偏移；当垂直偏向板间加一周期性的交变电压时，则电子束在荧光屏上将扫描出一条竖直的直线。同理，当在水平偏向板间加上电压后，电子将在 X 轴上发生偏移。

荧光屏上涂有荧光物质，当电子射到荧光屏上时会显示出荧光，它的亮度决定于撞击到屏上的电子数目和速度，因此控制栅极的电位就控制了荧光屏上的亮度。

示波器种类、型号很多，功能也不同，它们用法基本大同小异。本实验使用的是 YB4320 型双踪示波器，使用方法详见本书第三章第八节（第 23 页）。

3. 示波器的示波原理

如实验图 7－3（a）所示，如果只在水平偏向板上加锯齿形电压（又称时基电压），该电压由 $-U_X$ 起随时间正比地增加，到 U_X 时突然降为 $-U_X$，在此过程中，电子束在荧光屏上的亮点由左端匀速地向右运动，到右端后又立即回扫到左端，然后再重复上述过程。我们在荧光屏上看到的是一条水平扫描线。

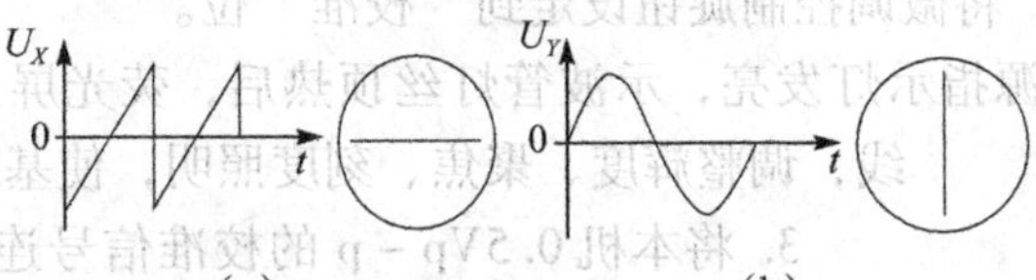

实验图 7－3　示波器的示波原理

（a）水平偏转电压　（b）垂直偏转电压

如果在垂直偏向板上加正弦电压，则电子束的亮点在纵向随时间做正弦式振荡，如实验图 7－3（b）所示，我们在荧光屏上看到的是条竖直亮线。

如果在垂直偏向板上加待测的正弦变化电压，同时在水平偏向板上加锯齿形电压，而且两者的周期之比是整数，即 $\frac{T_X}{T_Y}=n$，$n=1,\ 2,\ 3\cdots$，那么，每次扫描总是从正弦电压的同一点开始。于是，亮点在荧光屏的原来位置上重复描绘，我们在荧光屏上将看到稳定的正弦图形。这就是示波器的示波原理。

三、实验器材

双踪示波器（YB4320 型）一台、函数信号发生器两台（YB1620 型）等。

四、实验内容

（一）校准示波器

1. 打开电源开关前先检查示波器设置，将电源线插入后面板上的交流插孔，如实验表 7－1 所示设定各个控制键。

实验表 7-1　通电前示波器各按键设定

电源（POWER）	弹出
亮度（INTENSITY）	顺时针方向旋转
聚焦（FOCUS）	中间
AC—GND—DC	接地（GND）
垂直移位（POSITION）	中间（×5）扩展键弹出
垂直工作方式（MODE）	CH1
触发方式（TRIG MODE）	自动（AUTO）
触发源（SOURCE）	内（INT）
触发电平（TRIG LEVEL）	中间
Time/Div	0.5ms/div
水平位置	弹出

所有的控制键如上设定后，打开电源。当亮度旋钮顺时针方向旋转时，轨迹就会在大约 15 秒钟后出现。调节聚焦旋钮直到轨迹最清晰。如果电源打开后却不用示波器时，将亮度旋钮逆时针方向旋转以减弱亮度。

注：一般情况下，将微调控制旋钮设定到“校准”位。

2. 接通电源，电源指示灯发亮，示波管灯丝顶热后，荧光屏上显示出一条扫描基线，调整辉度、聚焦、刻度照明，使基线清晰。

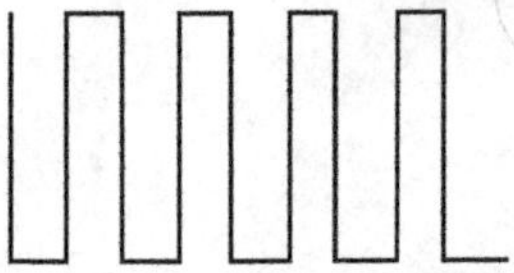

实验图 7-4　校准示波器信号显示

3. 将本机 0.5Vp-p 的校准信号连至 Y_1（或 Y_2）输入端，输入耦合置于“AC”位置，触发方式置于“自动”位置，调节电平，校准使屏上显示 0.5Vp-p 方波，且水平方向每 1cm 一个周期，示波器正常工作时的波形如实验图 7-4 所示。

（二）测量电压的峰-峰值和频率

信号的电压和频率是由光迹在荧屏上占据空间大小来决定的。如实验图 7-5 所示，如果偏转灵敏度为 0.1V/cm，扫描频率为 0.5ms/cm，从图上可以看出，光迹在 Y 轴长为 4.0cm，每个周期在 X 轴距离 5.0cm。那么信号峰-峰值 $Vp-p=0.1V/cm\times4.0cm=0.40V$，周期 $T=0.5ms/cm\times5.0cm=2.5ms$，频率 $f=\frac{1}{T}=\frac{1}{2.5ms}=400Hz$

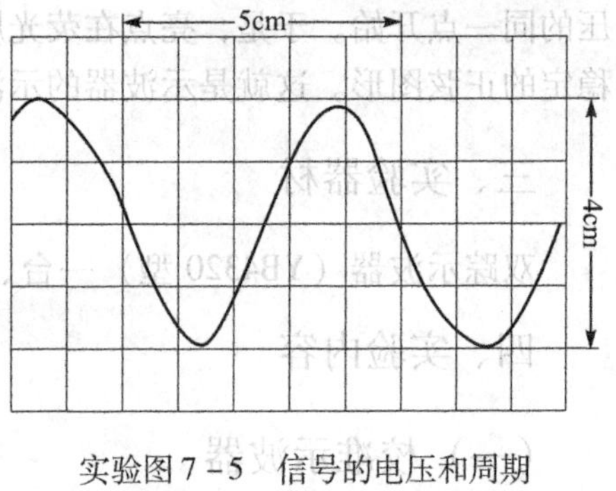

实验图 7-5　信号的电压和周期

将信号发生器输出和示波器 CH1 输入相连，改变信号发生器的频率和电压，用上述方法，用示波器测量信号电压和频率，并将数据填入实验表 7-2。

五、注意事项

1. 荧光屏上的光点亮度不能太强，而且不能让光点长时间停留在荧光屏的某一点，尽量将亮度调暗些，以看得清为准，以免损坏荧光屏。

2. 示波器通过调节辉度和聚焦旋钮使光点直径最小以使波形清晰，减小测试误差。

3. 示波器的所有开关及旋钮均有一定的转动范围，操作面板上各旋钮动作要轻。当旋到极限位置时，只能往回旋转，不能硬扳。

4. 应避免经常启闭电源。暂时不用时，不必断开电源，只需调节辉度旋钮使亮点消失，到下次使用时再调亮，以免缩短示波管的使用寿命。

5. 示波器输入信号的电压请勿超过规定的最大值。

六、数据记录与处理

实验表 7－2　测量电压的峰－峰值和频率

信号发生器输出			示波器测量结果						
波形	f(Hz)	Vp－p(V)	y(cm)	V/(cm)	Vp－p(V)	x(cm)	T(s)/cm	T(s)	f(Hz)
正弦波	500	1.50							
	1500	1.50							
方波	1500	2.00							
锯齿波	2000	2.50							
	4000	2.50							

七、思考题

1. 简要说明示波器的功能和各旋钮作用。

2. 为什么屏上亮点不宜太强？亮点不能长时间停留在一个位置上？

3. 如果示波器良好，在正常工作时，屏上仍无亮点，应怎样调节才能找到亮点？

4. 当 Y 轴输入端有信号，但屏上只有一条垂直亮线是什么原因？如何调节才能使波形沿 X 轴展开？

5. 如何用示波器测量待测信号的峰－峰值？

6. 怎样用李萨如图形测量正弦波的频率？

7. 如何利用李萨如图形计算两个正弦信号的相位差？

实验八　气体比热容比的测定

一、实验目的

1. 理解气体比热容比的物理含义。

2. 掌握测定空气比热容比的原理与方法。

二、实验原理

比热容比是描述物质特性的重要参量，其定义为摩尔定压比热容 C_p 与摩尔定容比热容 C_V 之比，即 $\gamma = C_p / C_V$。比热容比在研究物质结构、确定相变、鉴定物质纯度等方面起着重要的作用。

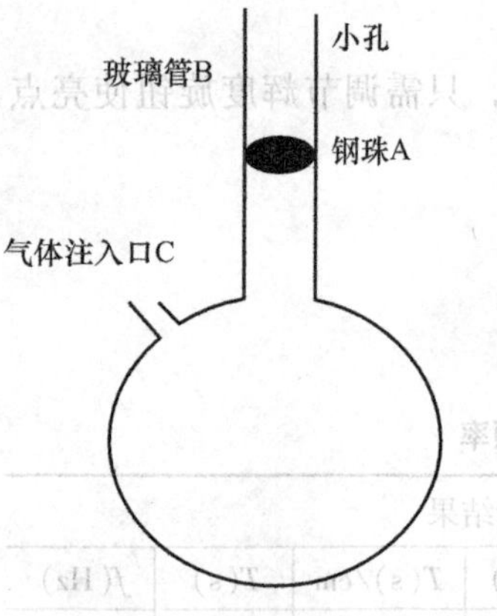

实验图 8－1　气体比热容比测定仪基本装置

在热力学过程特别是绝热过程中，比热容比是一个很重要的参数，测定的方法有好多种。这里介绍一种较新颖的方法，通过测定物体在特定容器中的振动周期来计算 γ 值。实验基本装置如实验图 8－1 所示，振动物体（钢球，其直径比玻璃管直径仅小 0.1～0.2mm）能在此精密的玻璃管中上下移动，在瓶子的壁上有一小口，并插入一根细管，通过它各种气体可以注入到烧瓶中。钢球 A 的质量为 m，半径为 r（直径为 d），当瓶子内压力 p 满足下面条件时，即：

$$p = p_0 + \frac{mg}{\pi r^2}$$

钢球 A 处于力平衡状态，式中 p_0 为大气压强。为了补偿由于空气阻尼引起振动物体 A 振幅的衰减，通过 C 管一直注入一个小气压的气流，在精密玻璃管 B 的中央开有一个小孔。当振动物体 A 处于小孔下方的半个振动周期时，注入气体使容器内的压强增大，引起物体 A 向上移动，而当物体 A 处于小孔上方的半个振动周期时，容器内的气体将通过小孔流出，使物体下沉。以后重复上述过程，只要适当控制注入气体的流量，物体 A 能在玻璃管 B 的小孔上下作简谐振动，振动周期可利用光电计时装置来测得。

若物体偏离平衡位置一个较小距离 x，则容器内的压强变化为 $\mathrm{d}p$，物体的运动方程为：

$$m\frac{\mathrm{d}^2x}{\mathrm{d}t^2} = \pi r^2 dp \qquad \text{（实验 8－1）}$$

因为物体振动相当快，所以整个振动过程可以看作绝热过程，由绝热方程：

$$pV^{\gamma} = \text{常数} \qquad \text{（实验 8－2）}$$

将实验 8－2 式两边求导数得：

$$p\gamma V^{\gamma-1}\mathrm{d}V + V^{\gamma}\mathrm{d}p = 0$$

$$\mathrm{d}p = -\frac{p\gamma \mathrm{d}V}{V}, \text{其中}, \mathrm{d}V = \pi r^2 x \qquad \text{（实验 8－3）}$$

将实验 8－3 式代入实验 8－1 式得：

$$m\frac{\mathrm{d}^2x}{\mathrm{d}t^2} = -\pi r^2\frac{p\gamma}{V}\pi r^2 x, \text{即：}$$

$$\frac{\mathrm{d}^2x}{\mathrm{d}t^2} + \frac{\pi^2 r^4 p\gamma}{mV}x = 0$$

此式即为熟知的简谐振动方程，由方程可知振动的圆频率为：

$$\omega = \sqrt{\frac{\pi^2 r^4 p\gamma}{mV}} = \frac{2\pi}{T}$$

化简得：

$$\gamma = \frac{4mV}{T^2 pr^4} = \frac{64mV}{T^2 pd^4} \qquad \text{（实验 8－4）}$$

式中各量均可方便测得，因而可算出 γ 值。由理想气体分子运动理论可以知道，γ 值与气体分子的自由度数有关，对单原子气体（如氩）只有三个平均自由度，双原子气体（如氢）除上述 3 个平均自由度外还有 2 个转动自由度。对多原子气体，则具有 3 个转动自由度，比热容比 γ 与自由度 i 的关系为：

$$\gamma = \frac{i+2}{i}$$

理论上得出：

单原子气体（Ar，He）　$i = 3$　$\gamma = 1.67$

双原子气体（N_2，H_2，O_2）　$i = 5$　$\gamma = 1.40$

多原子气体（CO_2，CH_4）　$i = 6$　$\gamma = 1.33$

且与温度无关。

本实验装置主要系玻璃制成，且对玻璃管的要求特别高，振动物体的直径仅比玻璃管内径小 0.1mm 左右，因此振动物体表面不允许擦伤。平时它停留在玻璃管的下方（用弹簧托住）。若要将其取出，只需在它振动时，用手指将玻璃管壁上的小孔堵住，稍稍加大气流量物体便会上浮到管子上方开口处，就可以方便地取出，或将此管由瓶上取下，将球倒出来。

振动周期采用可预置测量次数的数字计时仪，采用重复多次测量以接近真实值。其中，预置测量次数为 30 次，可按要求自由调整。

振动物体直径采用螺旋测微器测出，质量用物理天平称量，烧瓶容积由实验室给出，大气压强由气压表自行读出，并换算成国际单位制 N/m^2（$760mmHg = 1.013 \times 10^5 N/m^2$）。

三、实验器材

DH 4602 气体比热容比测定仪一台、支撑架一个、精密玻璃容器一个、气泵一个、天平一台、气压计一个。

四、实验内容

1. 接通电源，慢慢调节气泵上的气量调节旋钮，增加气泵的出气量，使小球在玻璃管中以小孔为中心上下振动。注意，气流过大或过小会造成钢珠不以玻璃管上小孔为中心的上下振动。调节时需要用手挡住玻璃管上方，以免气流过大将小球冲出管外造成钢珠或瓶子损坏。

2. 当钢球振动稳定时，打开周期计时装置，次数设置为 50 次，按下执行按钮后即可自动记录振动 50 个周期所需的时间。

程序预置周期为周期数 $n = 30$（数显），即：小球来回经过光电门的次数为 $N = 2n + 1$

次。据具体要求，若要设置 50 个周期，先按“置数”开锁，再按上调（或下调）改变周期 T，达到设定值时，再按“置数”锁定。此时，即可按执行键开始计时，信号灯不停闪烁，即为计时状态，当物体经过光电门的周期次数达到设定值，数显将显示具体时间，其单位为“秒”。须再执行 50 个周期时，无须重设置，只要按“返回”即可回到上次刚执行的周期数“50”，再按“执行”键，便可以第二次计时。

注：当断电再开机时，程序从头预置 30 次周期，须重复上述步骤。

3. 重复以上步骤 5 次。

4. 本实验仪器体积 V 约为 1452mL。

5. 用螺旋测微器测出钢珠的直径 d，重复测量 5 次。

6. 用物理天平分别测出钢珠质量 m，重复测量 5 次。

7. 利用气压计读出大气压强。

8. 注意：若不计时或不停止计时，可能是光电门位置放置不正确，造成钢珠上下振动时未挡光，或者是外界光线过强，此时须适当挡光。

五、实验注意事项

1. 以零刻度为中心做简谐振动。

2. 气体流量不宜过大，应从小到大缓慢调节，以免小球飞出容器，使用后应将气泵流量调至最小。

3. 出现夹球现象时，用细笔杆轻轻按下小球，重新调整仪器进行测量。

4. 数字显示 999.9 时，且小数点不断闪烁为计时状态，停止时数字显示单位为秒。

5. 测 m 时，用手捂住瓶口，缓慢加大气体流量，将球用手取出来。

6. 天平测质量，使用方法详见说明。

7. 绝热过程中勿用手触碰玻璃瓶。

六、实验记录与结果

记录数据填入实验表 8－1。

实验表 8－1　气体比热容比数据测量表　大气压强 p_0 = ________ Pa

	次数	测量值	平均值	A 类不确定度	测量结果
振动周期 T（s）50 次测量	1				
	2				
	3				
	4				
	5				
	6				

续表

	次数	测量值	平均值	A类不确定度	测量结果
钢珠直径 d（mm） 螺旋测微器零点读数	1				
	2				
	3				
	4				
	5				
	6				
质量 m（g）	1				
	2				
	3				
	4				
	5				
	6				
大气压强 p（Pa）	1				
	2				
	3				
	4				
	5				
	6				

数据处理：（假设B类不确定度已经修正）

1. 计算钢珠质量及其误差

平均值：$\bar{m}=\dfrac{m_1+m_2+m_3+m_4+m_5+m_6}{6}=$

A类不确定度：$u_A(m)=\sqrt{\dfrac{\sum(d_i-\bar{d})^2}{n-1}}=$

结果：$m=\bar{m}\pm u_A(m)(\text{g})=$

2. 计算钢珠直径及其误差

平均值：$\bar{d}=\dfrac{d_1+d_2+d_3+d_4+d_5+d_6}{6}=$

A类不确定度：$u_A(d)\ =\sqrt{\dfrac{\sum(d_i-\bar{d})^2}{n-1}}=$

结果：$d=\bar{d}\pm u_A(d)(\text{mm})=$

3. 振动周期及其误差：

平均值：$\bar{T}=\dfrac{T_1+T_2+T_3+T_4+T_5+T_6}{6}=$

A 类不确定度：$u_A(T)=\sqrt{\dfrac{\sum(T_i-T)^2}{n-1}}=$

结果：$T=\bar{T}\pm u_A(T)$（s）=

4. 仪器体积 $V=1452\text{mL}$ 为已知常数。

5. 计算空气的比热容比。

最佳估值：$\bar{\gamma}=\dfrac{64\bar{m}}{\bar{T}^2\bar{p}\bar{d}^4}$

七、思考题

1. 注入气体量的多少对小球的运动情况有没有影响？

2. 在实际问题中，物体振动过程并不是理想的绝热过程，这时测得的值比实际值大还是小？为什么？

第五章 电工电子线路实验

实验九 晶体二极管伏安特性的测量

一、实验目的

1. 掌握晶体二极管的正向和反向特性及两者的区别，加深对二极管的单向导电性理解。
2. 掌握数显万用表、面包板、剥线钳、斜口钳等工具的使用方法。
3. 学会测绘晶体二极管的伏安特性曲线。

二、实验原理

晶体二极管的性能常用其两端电压与流过二极管电流之间的数量对应关系曲线来表示，称为二极管的伏安特性曲线。各种二极管的伏安特性曲线一般都可以从半导体器件手册中查到，型号不同的二极管，虽然其参数不尽相同，但其伏安特性曲线的形状却大致相似。

晶体二极管的伏安特性曲线是由正向特性和反向特性两部分组成的。如实验图 9－1 所示，第一象限是正向特性，第三象限是反向特性。

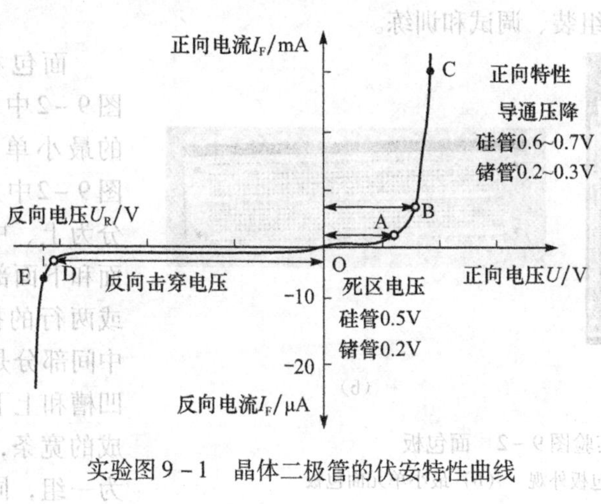

实验图 9－1 晶体二极管的伏安特性曲线

当二极管的两端加正向电压时，随着电压由零开始逐渐升高，最初，电流增加得非常慢，这是由于外加电场不足以克服 PN 结的内电场对载流子扩散运动的阻力，二极管呈现很大的阻力，这个范围称为二极管的死区。如实验图 9－1，电压在 OA 之间，相应的电压称为死区电压（硅管为 0.5V，锗管为 0.2V）。当二极管外加电压超过死区电压以后，电流显著上升，这时 PN 结内部电场大为削弱，二极管电阻变小，二极管处于正向导通状态。

若二极管两端接上反向电压，当反向电压小于某一数值时，反向电流是由激发所产生的少数载流子形成的。在一定温度下，它是个常数，不随外加反向电压的大小而变化，通常称它为反向漏电流或饱和电流。随着反向电压的逐渐加大，反向电流很快就达到饱和，硅管一般约在几十微安以下，锗管约为几百微安。当反向电压大于某一定值时，过强的外电场会把 PN 结中的束缚电子强行拉出，反向电流会急剧增大，出现反向击穿现象，这个电压称为反向击穿电压。二极管正常工作时，所加的反向电压不能超过反向击穿电压，否则将损坏二极管。

三、实验器材

数显万用电表两块、电位器（104）一个、待测二极管一个、面包板一块、1 号干电池一节、钟表起子一个、剥线钳一把、斜口钳一把、导线若干、作图纸一张。

四、实验器材描述

（一）面包板

面包板是用于搭试电路的重要工具。面包板（也叫集成电路实验板）是电路实验中一种常用的具有多孔插座的插件板。在进行电路实验时，可以根据电路连接要求，在相应孔内插入电子元器件的引脚以及导线等，使其与孔内弹性接触簧片接触，由此连接成所需的实验电路。

面包板是为电子电路的无焊接实验设计制造的。由于各种电子元器件可根据需要随意插入或拔出，免去了焊接，节省了电路的组装时间，而且元件可以重复使用，所以非常适合电子电路的组装、调试和训练。

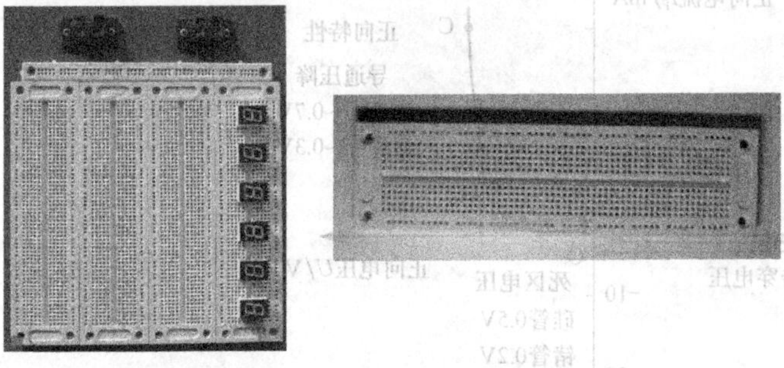

（a）　　　　（b）

实验图 9－2　面包板

（a）面包板外观　（b）最小单元面包板

面包板的外观如实验图 9－2 中（a）所示，常见的最小单元面包板如实验图 9－2 中（b）所示，其可分为上、中、下三部分，上面和下面部分一般是由一行或两行的插孔构成的窄条；中间部分是由中间一条隔离凹槽和上下各 5 行的插孔构成的宽条，每列的 5 个插孔为一组，同一组 5 个插孔电气连通。窄条上下两行之间电气不连通。每5个插孔为一组，通常的面包板上有10组或11组。对于10组的结构，左边5组内部电气连通，右边5组内部电气连通，但左右两边之间不连通，这种结构通常称为5-5结构。还有一种3-4-3结构，即左边3组内部电气连通，中间4组内部电气连通，右边3组内部电气连通，但左边3组、中间4组和右边3组之间是不连通的。对于11组的结构，左边4组内部电气连通，中间3组内部电气连通，右边4组内部电气连通，但左边4组、中间3组和右边4组之间是不连通的，这种结构称为4-3-4结构。

（二）数显万用表

数显万用表比指针式万用电表使用起来要方便。它读数准确，在强磁力作用下也能正常工作，并且还有过荷输入显示器，因此，它的使用越来越广泛。

数显万用表的板面如实验图9-3所示。

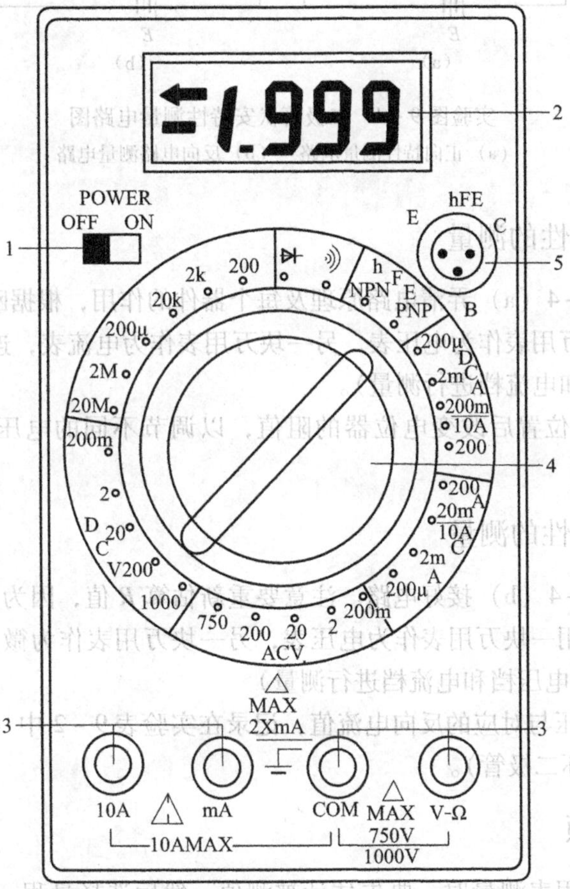

实验图9-3 数显万用表的外形

1. 电源开关 2. 液晶显示 3. 输入插孔 4. 选择旋钮 5. 测hFE插座

测量直流电流（或交流电流）时，若待测值小于200mA，则将红表棒接在mA插孔，黑表棒与公共插孔相连接，选择旋钮置于相应量程处。若待测值超过200mA，则将红表棒改接在10A插孔，选择旋钮旋至10A位置，显示窗上读数即为测量值。

在测量直流电压（或交流电压）时，先将选择旋钮旋至DCV（或ACV）区域的适当量程。将黑表棒接入公共（COM）插孔，红表棒连接于V－Ω插孔。从显示窗直接读数。

测量电阻时，两表棒插孔的位置与测电压时相同，将选择旋钮旋到Ω区域的适当量程，然后直接从显示窗中读出电阻值。

五、实验内容

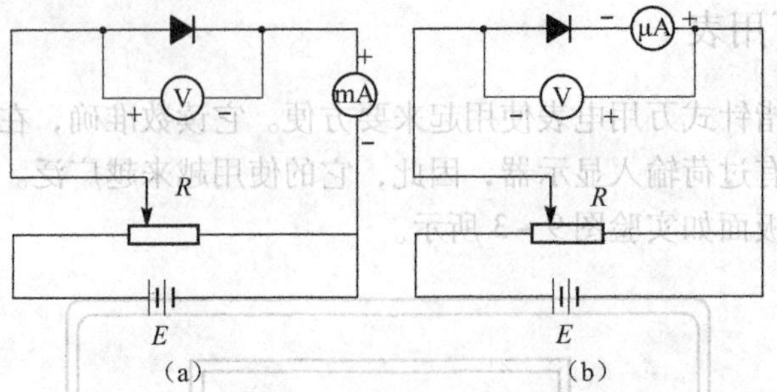

实验图9－4　二极管伏安特性测量电路图

(a) 正向特性测量电路　(b) 反向电路测量电路

（一）正向特性的测量

1. 按实验图9－4（a）弄清电路原理及每个器件的作用，根据欧姆定律先估算出R值的范围，用一块万用表作为电压表，另一块万用表作为电流表，连接好电路（注意选择合适的的电压档和电流档进行测量）。

2. 固定R值的位置后改变电位器的阻值，以调节不同的电压值，并记录在实验表9－1中。

（二）反向特性的测量

1. 按实验图9－4（b）接好电路。注意要重新估算R值，因为反向电流是微安级，所以R值要变大。用一块万用表作为电压表，另一块万用表作为微安表，连接好电路。（注意选择合适的的电压档和电流档进行测量）

2. 测量反向电压与对应的反向电流值，记录在实验表9－2中（注意：不要把电压加得过大，以免损坏二极管）。

六、注意事项

1. 使用数显万用表测量时，要先估计被测值，然后选择量程，不要让它超出测量范围。若显示“1”或“－1”时，表明测量值超出测量范围。

2. 使用面包板时，如果面包板上附有香蕉插座（Va、Vb、Vc及GND）可利用来输入电压、信号及接地。

3. 接线路时，尽量将接线紧贴面包板，将线接成直角，避免出现交叉的现象；接线也不要跨越组件连接，以免增加纠错时的难度。

4. 面包板使用久后，有时候插孔间连接铜线会发生脱落的现象，此时应将此排接点做记号，并不再使用此排插孔。

七、数据记录与结果

（一）正向特性的测量

实验表 9－1 正向特性的数据记录

	1	2	3	4	5
电压 U(V)	0.20	0.50	0.70	0.80	0.85
电流 I(mA)					

（二）反向特性的测量

实验表 9－2 反向特性的数据记录

	1	2	3	4	5
电压 U(V)	0.70	0.90	1.00	1.10	1.20
电流 I(μA)					

（三）绘制伏安特性曲线

以 I 为纵轴（正向电流单位为 mA，反向电流单位为 μA），以电压 U 为横轴，在方格纸上绘出被测二极管的伏安特性曲线。

八、思考题

1. 电路中的电阻起什么作用？

2. 测正向特性时为什么用毫安表，测反向特性时为什么用微安表？二者对调一下是否可以？为什么？

3. 根据绘出的伏安特性曲线说明晶体二极管的正反特性各有什么特点？

实验十 计数译码显示实验

一、实验目的

1. 理解采用数码管做显示的译码显示方法。
2. 了解译码电路的工作过程。

二、实验原理

本实验是通过集成计数器 74LS290，记录输入的脉冲个数，然后通过译码器

74LS247 译码后，驱动数码显示器 546R 显示用十进制数表示的输入脉冲个数。

数字显示电路是许多数字设备的重要组成部分。在数字仪表、计算机等数字系统中，常需要把测量数据和运算结果用十进制数直观地显示出来，以方便观测与查看。数字显示电路一般由译码器、驱动器和显示器等组成。显示译码器可以将“8421”二－十进制代码译成用显示器显示的十进制数。常用的数码显示器件有：半导体数码管、液晶数码管和荧光数码管等。

1. 半导体数码管

半导体数码管（或称 LED 数码管）的基本单元［实验图 10－1（a）］是发光二极管。当外加正向电压时就能发出清晰的光线，其管脚排列如实验图 10－1（b）所示。发光二极管工作电压为 1.5～3V，工作电流为几毫安到十几毫安，寿命很长。半导体数码管将十进制数分成七段，每段都是一个发光二极管，选择不同字段发光，可以显示不同的数字，如实验图 10－1（c）。选择 a、b、c、d、e、f、g 全部发光，显示 8；选择 a、b、c 发光，显示 7。

七个发光二极管有共阴极和共阳极两种接法，如实验图 10－2 所示。前者发光二极管接高电平发光，后者接低电平发光。使用时每个二极管要串联阻值约为 100Ω 的限流电阻。

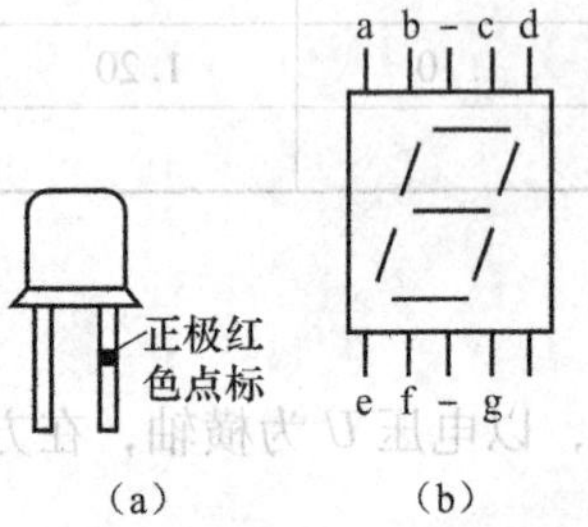

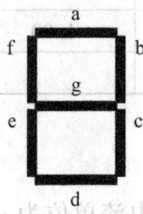

实验图 10－1　半导体数码管

（a）发光二极管　（b）管脚　（c）字形结构

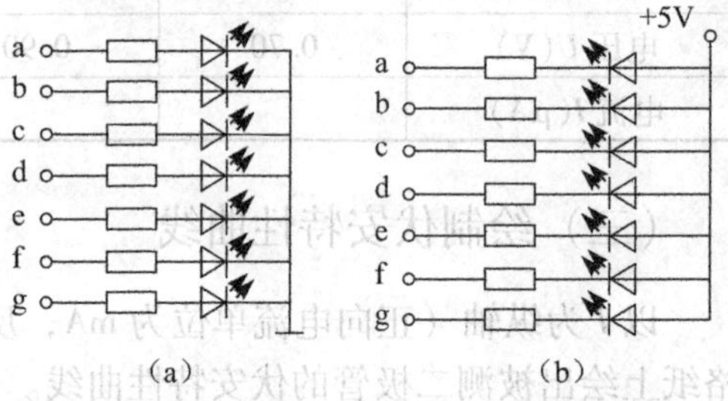

实验图 10－2　半导体数码管的两种连接方法

（a）共阴极接法　（b）共阳极接法

2. 七段显示译码器

七段显示译码器的功能是把“8421”二－十进制译成对应于数码管的 7 个字段信号，驱动数码管，显示出相应的十进制数字。如果采用共阳极数码管，七段显示译码器的功能表如实验表 10－1。

实验表 10－1　七段显示译码器的功能表

输入				输出							显示数码
Q_3	Q_2	Q_1	Q_0	a	b	c	d	e	f	g	
0	0	0	0	1	1	1	1	1	1	0	0
0	0	0	1	0	1	1	0	0	0	0	1
0	0	1	0	1	1	0	1	1	0	1	2
0	0	1	1	1	1	1	1	0	0	1	3
0	1	0	0	0	1	1	0	0	1	1	4
0	1	0	1	1	0	1	1	0	1	1	5
0	1	1	0	1	0	1	1	1	1	1	6

续表

输入				输出							显示数码
Q_3	Q_2	Q_1	Q_0	a	b	c	d	e	f	g	
0	1	1	1	1	1	1	0	0	0	0	7
1	0	0	0	1	1	1	1	1	1	1	8
1	0	0	1	1	1	1	1	0	1	1	9

三、实验器材

通用电学实验台、按图选用的元器件插座、数显万用表、导线等。

四、实验内容

1. 在通用电路板上按实验图 10－3 插拼连接电路。

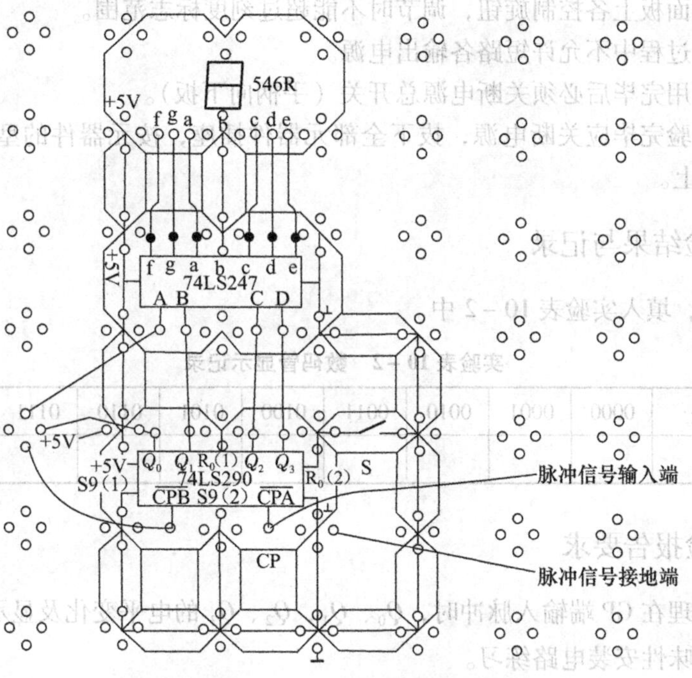

实验图 10－3　计数、译码显示电路

2. 检查电路联接无误后，将实验台 C 组直流稳压电源电压调至与电路需求相同时，接入电路中。通电时数码管应显示一完整字形，如 0，如无字形或不成字即需检查电路。

3. 置零实验：接通开关 S，数码显示器显示 0 时，表示置 0 正常，如不正常应检修线路使它恢复正常。

4. 用单次脉冲在 CP 端逐个输入正脉冲，观察数码管是否能由 0～9 逐一显示，如果出现无次序乱跳或笔画不全，应检查计数器与译码器之间的接线是否正确。

5. 在 CP 端输入频率为 5Hz 的连续正脉冲。调节脉冲的幅度观察数码管 0 ~ 9 的显示变化情况，如果出现无次序乱跳或笔画不全，应检查计数器与译码器之间的接线是否正确。

6. 在 CP 端逐个输入单次正脉冲，用万用表测量 A、B、C、D 各端的电平变化情况及数码管的显示情况并与下表相比较。

五、注意事项

1. 使用时，手要干燥、干净，“通用电路板”与“元器件插座”表面禁用锋利的东西刮。

2. 实验台 C 组直流稳压电源电压调至与电路需求相同后，用数显万用表进行精确调节。

3. 通用电路板上按图插拼连接电路时，应按电路板上的插孔数目，先设计电路布局，后连接电路。

4. 实验台面板上各控制旋钮，调节时不能超过刻度标志范围。

5. 在操作过程中不允许短路各输出电源。

6. 每次使用完毕后必须关断电源总开关（手柄向下扳）。

7. 电路实验完毕应关断电源，拔下全部元器件插座，按元器件的型号参数插到相对应的储存板上。

六、实验结果与记录

记录数据，填入实验表 10 - 2 中。

实验表 10 - 2　数码管显示记录

ABCD 端电平	0000	0001	0010	0011	0100	0101	0110	0111	1000	1001
数码管显示										

七、实验报告要求

1. 记录整理在 CP 端输入脉冲时，Q_0、Q_1、Q_2、Q_3 的电平变化及显示情况。

2. 实验趣味性安装电路练习。

（1）音乐门铃电路：见实验图 10 - 4。

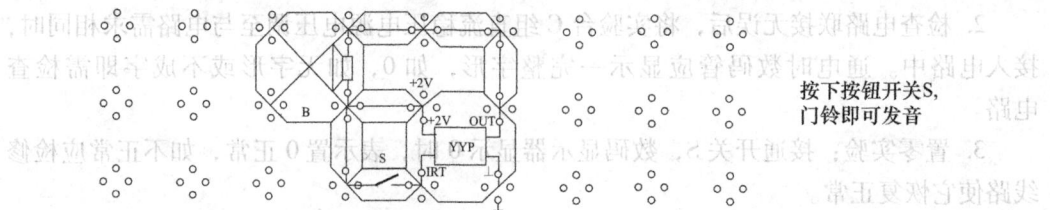

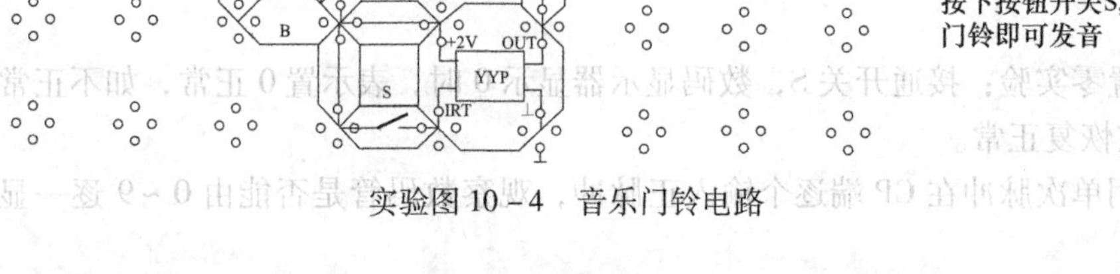

实验图 10 - 4　音乐门铃电路

（2）电子报警电路：见实验图 10－5。

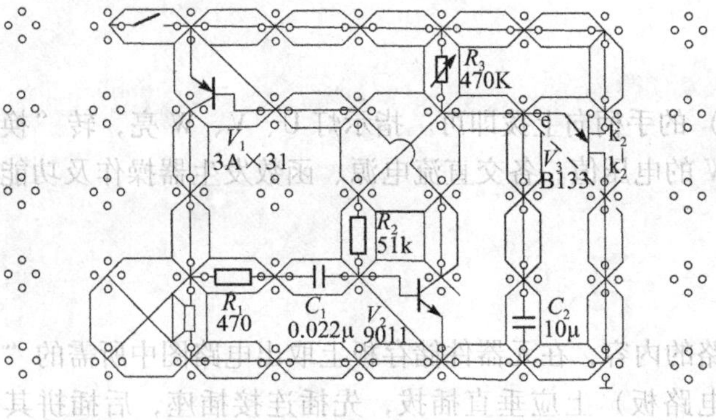

本电路为单极管振荡，振荡频率由R_3、C_2、V_3决定，R_1、C_1校正电路，调节R_3可使报警器改变音调

实验图 10－5　电子报警电路

附　通用电学实验台使用说明

通用电学实验台可完成电工、电子等专业多个实验。

一、图示说明

通用电学实验台面板见实验图 10－6。

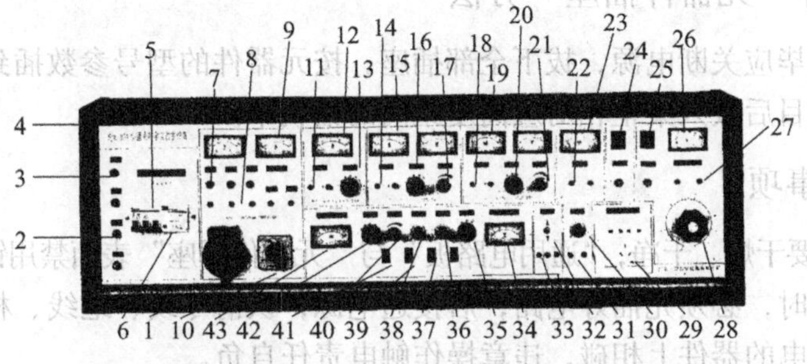

实验图 10－6　通用电学实验台面板

1. 换相开关：用来观察三相电压　2. 保险座 3 只：三相电源输入保险　3. 指示灯：电源输入指示　4. 机体：规格 115cm × 20cm × 34cm　5. 总开关：电源总开关带漏电保护　6. 试验按钮：试验漏电开关头是否正常　7. 指示灯 3 只：三相电源输出指示　8. 插座 5 只：A 组三相四电源入地线输出　9. 电表 2 只：A 组三相电压输出与 W 相电流输出　10. 四特座：A 组三相四线输出　11. 插座 2 只：B 组交流低电流输出指示　12. 电表（2A）：B 组交流电流输出指示　13. 旋钮：B 组调节 3～24V 电压输出　14. 插座 2 只：C 组直流稳压源输出　15. 电表 2 只：C 组电压 24V、电流 2A 输出指示　16. 大旋钮：C 组电压分四级粗调　17. 小旋钮：C 组电压 1.25～24V 细调　18. 插座 2 只：D 组直流稳压源输出　19. 电表 2 只：D 组电压 24V、电流 0.5A 输出指示　20. 大旋钮：D 组电压分三级粗调　21. 小旋钮：D 组电压 1.25～24V 细调　22. 插座 2 只：E 组直流 5V 稳压源输出　23. 电表：E 组电流 0.5A 输出指示　24. 电源开关：控制各低压交直流电源、信号源　25. 电源开关：控制 F 组单相交流高压电源　26. 电表：F 组电源电压输出指示　27. 插座 2 只：F 组单相交流电源输出　28. 旋钮：F 组调节 0～240V 电压输出　29. 插座：G 组市电输出供外接仪器设备使用（带电源开关）　30. 旋钮：音频功率放大器音量开关　31. 插座 2 只：音频输入　32. 钮子开关：单次脉冲源使用　33. 插座 3 只：单次脉冲源正负脉冲输出　34. 电表：函数发生器正弦波输出电压指示　35. 旋钮：正弦波输出三级衰减幅度粗调　36. 旋钮：正弦波输出幅度细调　37. 插座：正弦波输出　38. 旋钮：矩形波输出幅度调节　39. 插座：三角波输出　40. 旋钮：函数信号发生器频率细调　41. 插座：矩形波输出　42. 旋钮：函数信号发生器五级频率粗调　43. 电表：函数信号发生器输出频率指示

二、使用方法

（一）开机方法

电源总开关（漏电断路器）的手柄向上拨即可。指示灯 U、V、W 亮，转“换相开关”电表分别测 UV、VW、UW 的电压值。各交直流电源、函数发生器操作及功能，实验台面板上已标明。

（二）电路插拼方法

选择一个电路图，根据电路的内容，在元器件储存板上取出电路图中所需的“元器件插座”，在桌面中央（通用电路板）上应垂直插拔，先插连接插座，后插拼其他插座，这样插起来快速方便，插拼好后检查正确与否。

（三）通电实验过程

按电路图指定的电源电压接入电源，按实验目的、实验步骤、实验总结进行。更换“元器件插座”或改变电路应先关断电源，测试波形、电压、电流可在每个“元器件插座”上的测试孔或直接在电路板插孔中测试。

（四）储存“元器件插座”方法

电路实验完毕应关断电源，拔下全部插座，按元器件的型号参数插到相对应的储存板上，经教师过目后放入桌柜相对应高度距离的槽轨中。

三、注意事项

使用时，手要干燥、干净，“通用电路板”与“元器件插座”表面禁用锋利的东西刮。

做强电实验时，必须先插好电路，后接通电源，认清零线、地线、相线。严禁用手或导电物在带强电的器件上相碰，违章操作触电责任自负。

每次使用完毕后必须关断电源总开关（手柄向下扳）。

该设备虽然有多级保护装置，但在操作过程中不允许短路各输出电源。

电动机在工作时，严禁用手碰轴前端及后端风叶。做缺相电机实验，电机通电工作不能超过 1 分钟。

实验台面板上各控制旋钮，调节时不能超过刻度标志范围。

四、术语符号说明

为配合用户更好地使用本套说明书，特对本说明书中涉及的部分术语和图形符号做以下说明。

（一）符号、术语说明

1. Av 电压放大倍数
2. Avd 差模电压放大倍数
3. Eo 等效电动势
4. Fo 振荡频率
5. Ii 输入电流
6. Io 输出电流

7. R_L 负载电阻
8. Ro 电源内阻
9. U_L 负载端电压
10. V_{CC} 电源电压
11. V_{CEO} 三极管的截止压降
12. Vi 输入电压
13. V_O 输出电压
14. V_{OC} 共模双端输出电压
15. Vod 差模双端输出电压
16. V_{OH} 输出高电平
17. V_{OL} 输出低电平
18. 通用电路板，指模具注塑采用四孔连接的通用电路实验板
19. 元器件插座，指组装在塑壳中的元器件与塑壳的总称（如：电阻器插座、电位器插座、数字集成插座等）
20. 插拼联接电路　指把元器件插座，联接成能实现某一实验电路的过程
21. 输入电源，指用带插头的导线把电源接入实验电路的电源输入端

（二）其他特殊图形说明

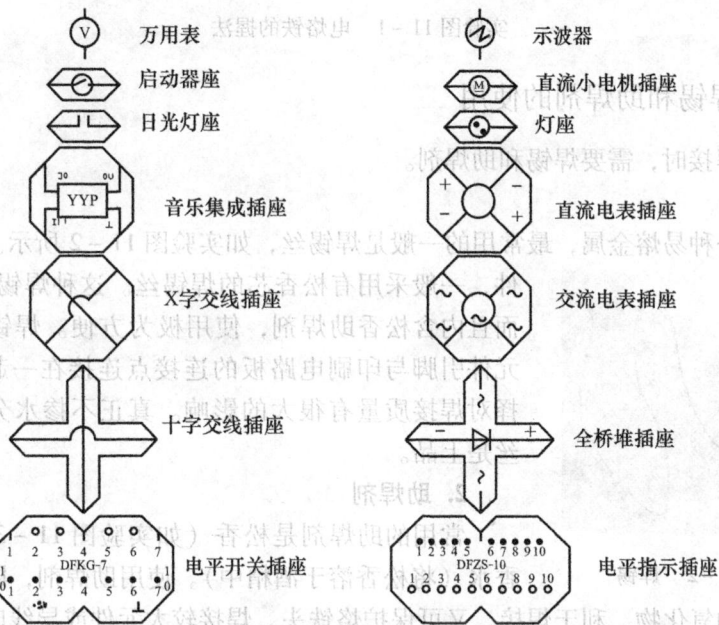

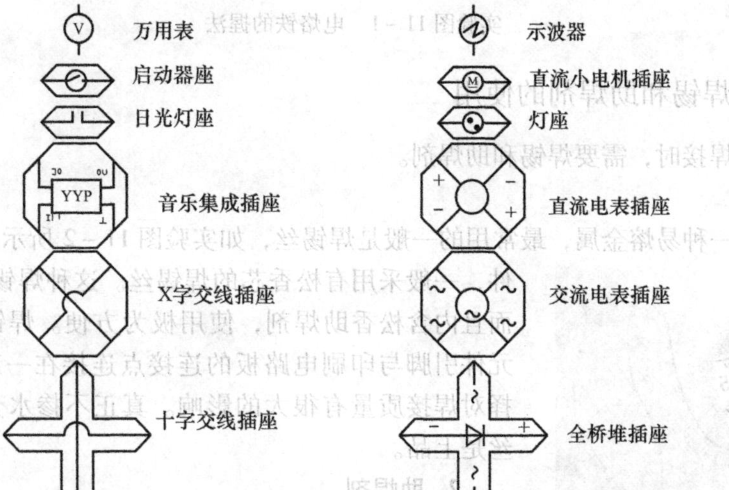

实验图 10 – 7　通用电学实验台特殊图形符号

实验十一　收音机的焊接

一、实验目的

1. 学习焊接电路板的有关知识，熟练焊接的具体操作。

2. 看懂收音机的原理电路图，了解收音机的基本原理，学会动手组装和焊接收音机。

3. 学会调试收音机，能够清晰地收到电台。

二、实验原理

（一）电烙铁的使用

新烙铁使用前，应用细砂纸将烙铁头打光亮，通电烧热，蘸上松香后用烙铁头接触焊锡丝，使烙铁头上均匀地镀上一层锡。这样做可以便于焊接和防止烙铁头表面氧化。电烙铁的握法如实验图 11－1 所示。

实验图 11－1　电烙铁的握法

（二）焊锡和助焊剂的使用

电烙铁焊接时，需要焊锡和助焊剂。

1. 焊锡

焊锡是一种易熔金属，最常用的一般是焊锡丝，如实验图 11－2 所示。焊接电子元件，一般采用有松香芯的焊锡丝。这种焊锡丝熔点较低，而且内含松香助焊剂，使用极为方便。焊锡的作用是使元件引脚与印刷电路板的连接点连接在一起，焊锡的选择对焊接质量有很大的影响。真正不掺水分的含银焊锡丝是上品。

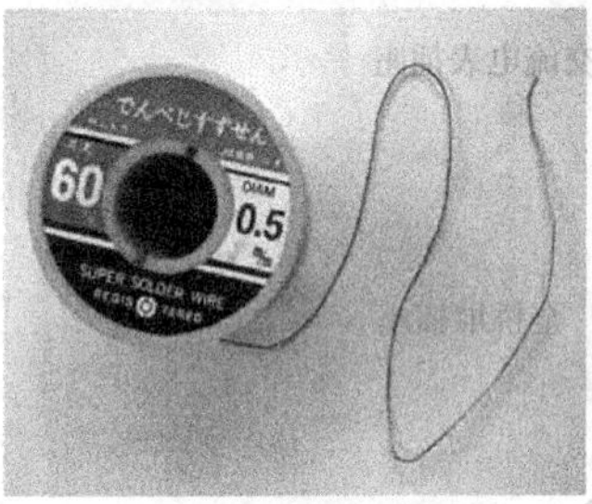

实验图 11－2　焊锡

2. 助焊剂

常用的助焊剂是松香（如实验图 11－3 所示）或松香水（将松香溶于酒精中）。使用助焊剂，既可以帮助清除金属表面的氧化物，利于焊接，又可保护烙铁头。焊接较大元件或导线时，也可采用焊锡膏。但它有一定腐蚀性，焊接后应及时清除残留物。

实验图 11－3　松香

（三）辅助工具

焊接操作常采用尖嘴钳、斜口钳和小刀等作为辅助工具。

（四）焊前处理

焊接前，应对元件引脚或电路板的焊接部位进行焊前处理。

1. 清除焊接部位的氧化层

如实验图 11－4 所示刮去金属引线表面的氧化层，使引脚露出金属光泽。印刷电路板可用细砂纸将铜箔打光后，涂上一层松香酒精溶液。

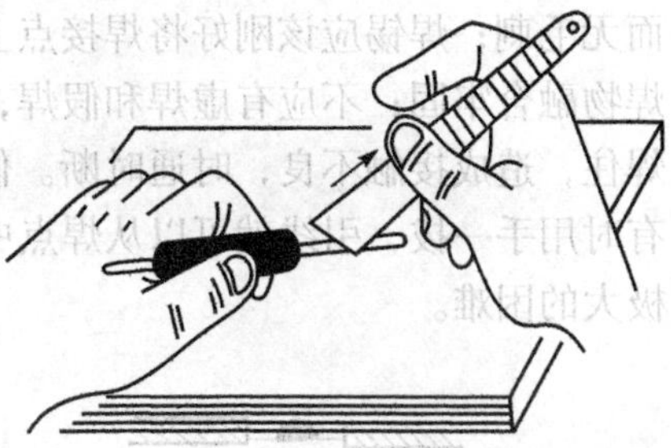

实验图 11－4　清除焊接部位的氧化层

2. 元件镀锡

在刮去氧化层的引线上镀锡。将带锡的热烙铁头压在引线上，并转动引线。使引线均匀地镀上一层很薄的锡层。导线焊接前应将绝缘外皮剥去，再经过上面两项处理，才能正式焊接。若是多股金属丝的导线，打光后应先拧在一起，然后再镀锡。

（五）元件的排列、固定和联接

元件的排列对电路的性能影响很大，不同电路在排列元件时有不同的要求，因此在动手安装前应先了解电路工作原理图，根据电路要求，对全部元件如何合理地排列要有一个整体的布局，考虑元件排列时，一般应注意以下问题：

1. 合理安排电路的输入输出、电源及各种可调元件（如电位器等）的位置，力求使用、调节方便与安全。

2. 输入电路与输出电路不要靠近，应尽量避免寄生耦合产生自激振荡。

3. 各元件的连线应尽量做到短和直，尤其高频部分的连线，更应尽可能短。同时应注意整齐、美观。

4. 元件安装时应注意使标称数值朝上或朝向易看清楚的一面，以便于检查。

5. 电解电容要注意正极接高电位，负极接低电位，不要接错了。

6. 任何元件和接线相互之间不能悬空和晃动，必须焊接于底板的铆钉上。

7. 体积大的元件光靠焊接不能固定，必须用支架固定在底板上（或底板的边框）。

8. 元件上的接线需要绝缘时，要套上绝缘套管，并且要套到底。

9. 底板上要用镀银铜线作为公共电源线和地线。

10. 为了便于检查，所用外接线的颜色应力求有规律，通常都是电源正极引线用红色，地线用黑色，电源负极引线用白色或其他颜色。

（六）焊接

做好焊前处理之后，就可正式进行焊接。

1. 焊接方法

（1）右手持电烙铁，左手用尖嘴钳夹持元件或导线。焊接前，电烙铁要充分预热。烙铁头上要吃锡，即带上一定量焊锡。

（2）将烙铁头紧贴在焊点处，电烙铁与水平面大约成 60°角，以便于熔化的锡从烙铁头上流到焊点上，烙铁头在焊点处停留的时间控制在 2～3 秒钟。

（3）抬开烙铁头，左手仍持元件不动，待焊点处的锡冷却凝固后，才可松开左手。

（4）确认引线不松动后用斜口钳剪去多余的引线。

2. 焊接质量

焊接时，要保证每个焊点焊接牢固、接触良好；要保证焊接质量，锡点光亮、圆滑而无毛刺；焊锡应该刚好将焊接点上的元件引脚全部浸没，轮廓隐约可见为好，锡和被焊物融合牢固；不应有虚焊和假焊，如实验图 11 – 5 所示。虚焊是焊点处只有少量锡被焊住，造成接触不良，时通时断。假焊是指表面上好像焊住了，但实际上并没有焊上，有时用手一拔，引线就可以从焊点中拔出。这两种情况将给电子制作的调试和检修带来极大的困难。

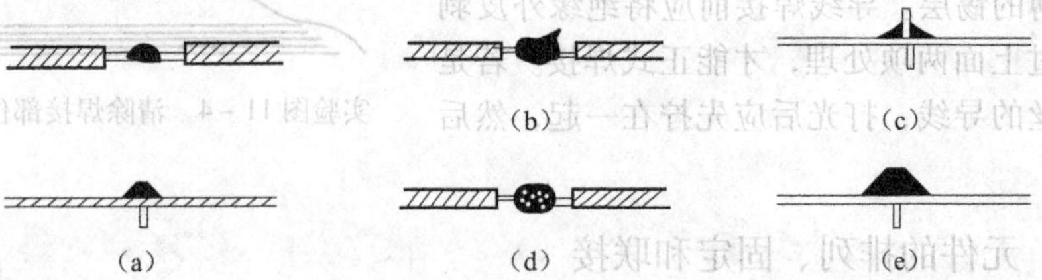

实验图 11 – 5　焊点对比图

（a）合格焊点（上下两个均为合格的焊点）　（b）焊点有毛刺　（c）锡量过少　（d）蜂窝状虚状　（e）锡量过多

焊接时电烙铁的温度应高于焊锡的温度，以烙铁头接触松香刚刚冒烟为好。焊接电路板时，一定要控制好时间。焊接时间太短，焊点的温度过低，焊点融化不充分，焊点粗糙容易造成虚焊，如果焊接时间过长，电路板将被烧焦，或造成铜箔脱落，焊锡容易流淌，易使元件过热损坏元件。只有经过大量的、认真的焊接实践，才能避免这两种情况。

从电路板上拆卸元件时，可将电烙铁头贴在焊点上，待焊点上的锡熔化后，将元件拔出。

焊接时助焊剂（松香和焊油）是关键，新鲜的松香和无腐蚀性的焊油可以帮助很好地完成焊接，而且可以让表面光洁漂亮，使用的时候可以多用点助焊剂。

（七）拆换元件

拆卸元件时直接使用电烙铁熔掉焊锡。在加温的时候就用镊子夹住元件外拉，当温度达到时，元件就会被拉出，但切记不要太用力了，否则管脚断在焊锡中就麻烦了。也可以利用吸焊器完成拆卸，将元件管脚上的焊锡全部吸掉，两种方法结合起来使用最好。因为有时由于元件插孔太小，吸焊很难被吸干净，此时撤走吸焊器就会粘住，这是虚焊，可以用电烙铁加热取掉。

三、实验器材

内热式尖头电烙铁一个（20W），电烙铁架一个，吸锡器一个，数显万用电表一块，六管收音机电子套件（9018 – 2 型袖珍收音机实验套件一套），尖嘴钳一个，剥线钳一把，斜口钳一个，钟表起子一把，镊子一个，5 号电池两节，海绵一块（清洗电烙铁用），方盘一个，小刀一把，焊接工作垫板一块，实验印刷电路板一块，焊锡丝、松香、导线、电阻若干。

四、实验工具

（一）电烙铁

电烙铁是电器维修和电子制作必备工具，如实验图 11－6 所示。主要用途是焊接元件及导线。按结构分类有内热式电烙铁和外热式电烙铁。内热式的电烙铁发热效率较高，烙铁头的更换简单方便。外热式是指其发热芯在电烙铁的外面，“在外面发热”的意思。主要用于焊接大型的元部件，也能焊接小型的元器件。因为发热电阻丝在烙铁头的外面，其大部分的热散发到外部空间，因此加热速度较缓慢，效率低，一般要预热 2～5 分钟才能焊接。因其体积较大，焊小型器件时不太方便。其优点是烙铁头使用的时间较长，功率较大，有 25W、30W、40W、50W、60W、75W、100W、150W、300W 等多种规格。大功率的电烙铁通常是外热式的。按功能可分为焊接用电烙铁和吸锡用电烙铁；根据用途不同又分为大功率电烙铁和小功率电烙铁。内热式的电烙铁体积较小，而且价格便宜。

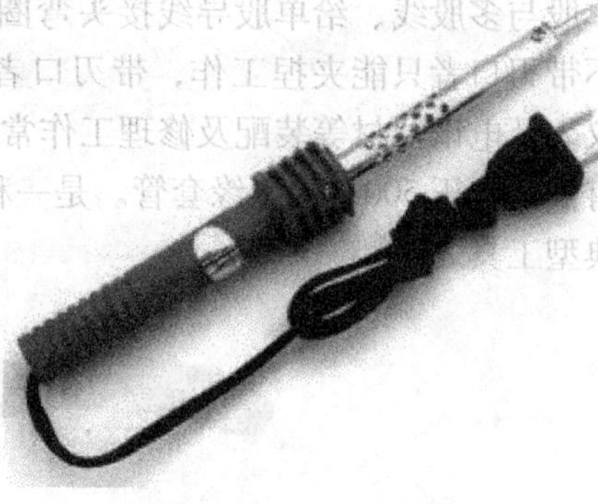

实验图 11－6　电烙铁

电烙铁是最常用的焊接工具，一般电子制作都使用 20～30W 的内热式电烙铁。

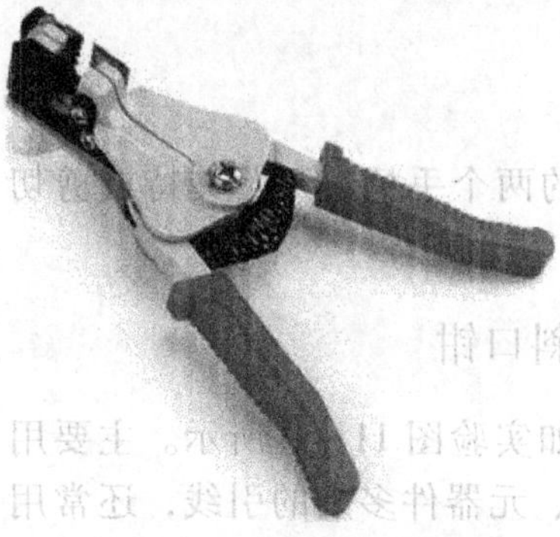

实验图 11－7　剥线钳

（二）剥线钳

如实验图 11－7 所示，剥线钳为内线电工、电动机修理、仪器仪表电工常用的工具之一。专供剥除电线头部的表面绝缘层用。其规格有：140mm、160mm、180mm（都是指全长）。

使用要点：根据导线直径，选用剥线钳刀片的孔径。

剥线钳的结构特点：利用杠杆原理，当剥线时，先握紧钳柄，使钳头的一侧夹紧导线的另一侧，通过刀片的不同刃孔可剥除不同导线的绝缘层。

剥线钳的材料：刀片采用 T7、T8、45 号钢，钳体采用 Q235 号钢，套管采用聚氯乙烯塑料。

剥线钳的硬度：46～52HRC。

组成：它是由刀口、压线口和钳柄组成。剥线钳的钳柄上套有额定工作电压 500V 的绝缘套管。

使用方法：

1. 根据缆线的粗细型号，选择相应的剥线刀口。
2. 将准备好的电缆放在剥线工具的刀刃中间，选择好要剥线的长度。

3. 握住剥线工具手柄，将电缆夹住，缓缓用力使电缆外表皮慢慢剥落。

4. 松开工具手柄，取出电缆线，这时电缆金属整齐露出外面，其余绝缘塑料完好无损。

（三）尖嘴钳

尖嘴钳如实验图 11 - 8 所示，由尖头、刀口和钳柄组成。主要用于剪切线径较细的单股与多股线、给单股导线接头弯圈、剥塑料绝缘层等，能在较狭小的工作空间操作，不带刃口者只能夹捏工作，带刃口者能剪切细小零件，它是电工（尤其是内线电工）、仪表及电讯器材等装配及修理工作常用的工具之一。别名：修口钳、尖头钳。钳柄上套有额定电压 500V 的绝缘套管。是一种常用的钳形工具。尖嘴钳是一种运用杠杆原理的典型工具之一。

实验图 11 - 8　尖嘴钳

使用方法：一般用右手操作，使用时握住尖嘴钳的两个手柄，开始夹持或剪切工作。

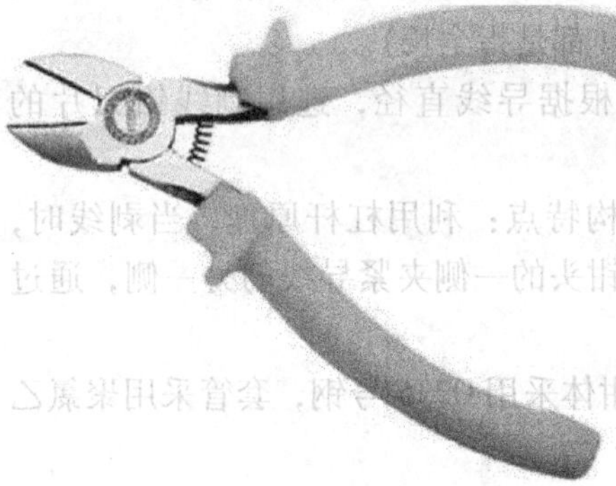

实验图 11 - 9　斜口钳

（四）斜口钳

斜口钳如实验图 11 - 9 所示。主要用于剪切导线、元器件多余的引线，还常用来代替一般剪刀剪切绝缘套管、尼龙扎线卡等，又名“斜嘴钳”。斜嘴钳分类：专业电子斜嘴钳、德式省力斜嘴钳、不锈钢电子斜嘴钳、VDE 耐高压大头斜嘴钳、镍铁合金欧式斜嘴钳、精抛美式斜嘴钳、省力斜嘴钳等。

斜口钳功能以切断导线为主，2. 5mm&sup2 的单股铜线剪切起来已经很费力，而且容易导致钳子损坏，因此斜口钳不宜剪切 2. 5mm&sup2 以上的单股铜线和铁丝。

（五）印制电路板

如实验图 11 - 10 所示，印刷电路板采用电子印刷术制作，以绝缘板为基材，切成一定尺寸，印制板上有布线，上面至少附有一个导电图形，并布有孔（如元件孔、紧固孔、金属化孔等），用来代替以往装置电子元器件的底盘，从而实现电子元器件之间的相互连接，也称印刷电线板、印刷线路板，简称印制板，英文简称 PCB（printed circuit board）或 PWB（printed wiring board）。它是重要的电子部件，是电子元器件的支撑体。

实验图 11 - 10 印刷电路板

（六）钟表起子

如实验图 11 - 11 所示，钟表起子是一种用来扭转螺丝钉使其达到要求位置的工具，又叫螺丝刀。根据螺丝起子头部形状可分为一字、十字、内外六角型等几种。根据驱动方式可分为手动、电动和气动三种。螺丝起子根据用途可分为普通螺丝起子、多用式螺丝起子、钟表起子、小金刚螺丝起子几类。

实验图 11 - 11 钟表起子

（七）吸锡器

吸锡器是修理电器用的工具。维修拆卸零件需要使用吸锡器，尤其是大规模集成电路，拆不好容易破坏印制电路板，造成不必要的损失。简单的吸锡器是手动式的，且大部分是塑料制品，它的头部由于常常接触高温，因此通常都采用耐高温塑料制成。吸锡器如实验图 11 - 12 所示，使用方法是先将吸锡器顶端的钮按下去，用电烙铁熔化焊锡，然后把吸焊器头靠近熔化的焊锡，按吸焊器上的开关，利用真空原理将液态的焊锡吸走。

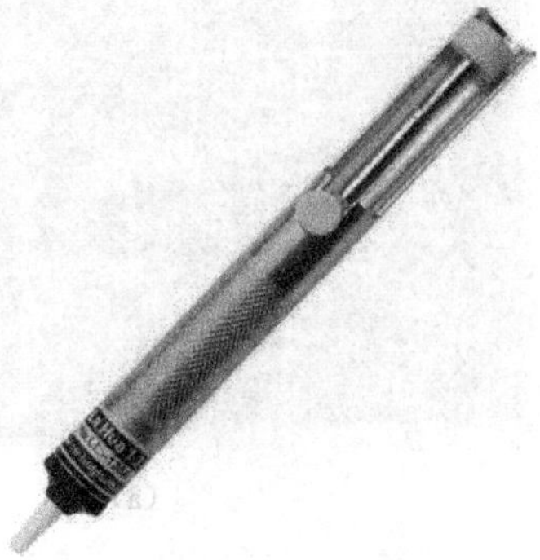

实验图 11 - 12 吸锡器

五、实验内容

1. 清点所有实验物品。

2. 打开六管收音机电子套件包（不要将塑料袋全部撕破，以免元件丢失），将机壳后盖当容器，将所有的元件都放在里面，按元件清单逐一清点。

3. 按本实验实验原理所述，做好焊前准备工作。

（1）识别收音机实验套件中各元件名称、外形、脚别。

（2）实验图 11 - 13 为 9018 - 2 型袖珍收音机实验电路图，与实验图 11 - 14 印刷电路板相比较，设计各元件焊接顺序。安装时请先装低矮和耐热的元件（如电阻），然后再安装大一点的元件（如中周、变压器），最后装怕热的元件（如三极管）。

① 电阻的安装：电阻的阻值（参照本说明书的电阻值计算或用万用表测量）选择好后根据两孔的距离弯曲电阻脚，可以用立式安装，高度要统一。②瓷片电容器和三极管的脚剪的长度要适中，不要剪得太短，也不要留的太长，它们不要超过中周的高度。电解电容紧贴线路板立式安装焊接，太高会影响后盖的安装。③磁棒线圈（系采用进口的自焊线生产的，可以不用刀子刮或砂纸打磨线头）的四根引线头可以直接

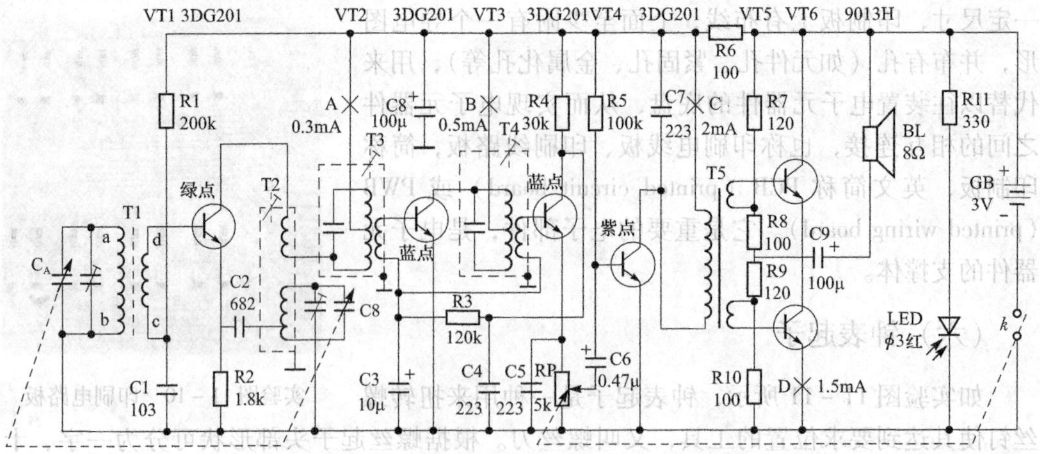

实验图 11－13　9018－2 型袖珍收音机实验电路图

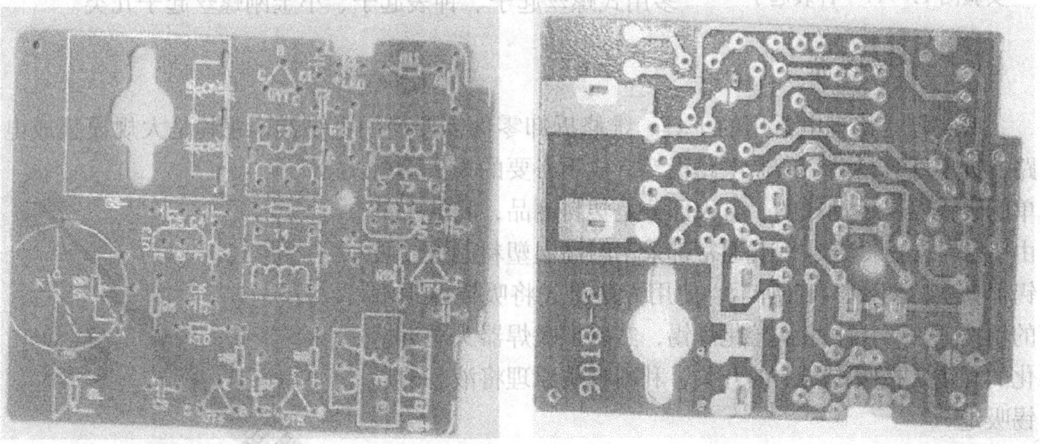

（a）　　（b）

实验图 11－14　9018－2 型袖珍收音机印刷电路板

（a）正面　（b）反面（焊接面）

用电烙铁配合松香焊锡丝来回摩擦几次即可自动镀上锡，四个线头对应地焊在电路板的铜箔面。④由于调谐用的双联拨盘安装时离电路板很近，所以在它的圆周内的高出部分的元件脚在焊接前先用斜口钳剪去，以免安装或调谐时有障碍，影响拨盘调谐的元件有 T2 和 T4 的引脚及接地焊片、双联的三个引出脚、电位器的开关和一个引脚。⑤发光管的安装请按照图示弯曲成型，直接插在电路板上焊接。⑥喇叭安装挪位后再用电烙铁将周围的三个塑料桩子靠近喇叭边缘烫下去把喇叭压紧以免喇叭松动。

4. 元件的焊接与安装。

按实验图 11－14 所示电路安装并进行电路的焊接。

5. 机械部件的安装调整。

6. 收音机的调试。

六、注意事项

1. 电烙铁要用220V交流电源，应认真做到以下几点：

（1）使用前，应认真检查电源插头、电源线有无损坏。并检查烙铁头是否松动。

（2）电烙铁使用中，不能用力敲击。要防止跌落。烙铁头上焊锡过多时，不可乱甩，以防烫伤他人。焊接过程中电烙铁不能到处乱放。不焊时，应放在烙铁架上。注意电源线不可搭在烙铁头上，以防烫坏绝缘层而发生事故。

（3）使用结束后，应及时切断电源，拔下电源插头。

2. 其他工具的使用。使用斜口钳时要量力而行，不可以用来剪切钢丝、钢丝绳和过粗的铜导线和铁丝，否则容易导致钳子崩牙和损坏。

七、思考题

1. 电烙铁使用时的注意事项是什么？

2. 造成虚焊和假焊的原因是什么？什么样的焊点好？

3. 元件排列时应注意哪些问题？

附　9018－2型袖珍收音机实验套件说明书

一、安装说明

本教学用的散件为3V低压全硅管六管超外差式收音机，具有安装调试方便、工作稳定、声音洪亮、耗电省等优点。它由输入回路高放混频级、一级中放、二级中放、前置低放兼检波级、低放级和功效级等部分组成，接受频率范围为535～1605kHz的中波段。在散件的组装过程中除可进一步学习电子技术外，还可以掌握电子安装工艺，了解测量和调试技术，一举多得。在动手焊接前请仔细阅读本说明对自己的理论和实际安装会有很大帮助。

1. 原件说明

①中频变压器（以下简称中周）三只为一套，其接线图见印制版图。T2为振荡线圈，中周型号为LF10－1（红色）；T3为第一级中放用的，中周型号为TF10－1（白色）；T4为第二级中放用的，中周型号为TF10－2（黑色）。这三只中周在出厂前均已调在规定的频率上，装好后只需微调甚至不调，请不要乱调。中周外壳除起屏蔽作用外，还起导线的作用，所以中周外壳必须可靠地接地。②T5为输入变压器，线圈骨架上有凸点标记的为初级，印制板上也有圆点作为标记，其接线图在印制板上可以很明显地看出，安装时不要装反（还可以配合万用表测量进行分辨）。③VT5、VT6型号为9013H，属于中功率三极管，请不要与VT1～VT4（为3DG201、9014或9018）属于高频小功率的三极管相混淆，因为它们的外形和脚位的排列都是一样的，VT1选用低β值（如绿点或黄点）的三极管，VT2、VT3选用中β值（如蓝点或紫点）的三极管，VT4选用高β值（紫点或灰点）的三极管，否则装出来的效果不好。β值与色点的对应关系：黄点40～45倍、绿点50～80倍、蓝点120～180倍、灰点180～270倍。④电路原理图中所标称的原件参数为参考值，如与实际给出的原件参数有出入要灵活掌握。

2. 安装工艺要求

在动手焊接前请用万用表将各元件测量一下，做到心中有数，安装时请先装低矮和耐热的元件（如电阻），然后再安装大一点的元件（如中周、变压器），最后装怕热的元件（如三极管）。

3. 调试过程

测量电流，电位器开关关掉，装上电池（注意正负极），用万用电表的50mA档表笔跨接在电位器开关的两端（黑表笔接电池的负极，红表笔接开关的另一端），若电流指示小于10mA，则说明可以通电，将电位器开关打开（音量旋至最小即测量静态电流），用万用表以此测量D、C、B、A四个电流缺口，若被测量的数字在规定（参考电原理图）的参考值左右即可用烙铁将这四个缺口依次连通，再把音量开到最大，调双连拨盘即可收到电台。在安装电路板时注意把喇叭及电池引线埋在比较隐蔽的地方，并不要影响调谐拨盘的旋转并避开螺丝桩子，电路板挪位后再上螺丝固定，这样一台自己辛勤劳动制作的收音机就安装完毕。当测量不在规定电流值左右请仔细检查三极管的极性有没有装错，中周是否装错位置以及虚假错焊等，若测量哪一级电流不正常则说明哪一级有问题。由于篇幅所限，关于工作原理、中频的调整、频率范围的调整以及跟踪统调请参考有关文献。相信通过组装教学散件一定会增加不少新的知识。

二、元件清单

见实验表11－1

实验表11－1 元件清单

序号	名称	型号规格	位号	数量	序号	名称	型号规格	位号	数量
1	三极管	9018或3DG201（绿，黄）	VT1	1支	9	扬声器	Φ58mm	BL	1个
2	三极管	9018或3DG201（蓝，紫）	VT2、VT3	2支	10	电阻器	100Ω	R6、R8、R10	3支
3	三极管	9018或3DG201（紫，灰）	VT4	1支	11	电阻器	120Ω	R7、R9	2支
4	三极管	9013H	VT5、VT6	2支	12	电阻器	330Ω、1.8kΩ	R11、R2	各1支
5	发光二极管	Φ3红	LED	1支	13	电阻器	30kΩ、100kΩ	R4、R5	各1支
6	磁棒线圈	5mm×13mm×55mm	T1	1套	14	电阻器	120kΩ、200kΩ	R3、R1	各1支
7	中周	红，白，黑	T2、T3、T4	3个	15	电位器	5kΩ（带开关插件式）	RP	1支
8	输入变压器	E型六个引出脚	T5	1个	16	电解电容	0.47μF、10μf	C6、C3	各1支

续表

序号	名称	型号规格	位号	数量	序号	名称	型号规格	位号	数量
17	电解电容	100μF	C8、C9	2支	26	磁棒支架			1个
18	瓷片电容	682，103	C2，C1	各1支	27	印刷电路板			1块
19	瓷片电容	223	C4，C5，C7	3支	28	电原理图及装配说明			1份
20	双联电容	CBM－223P	C	1支	29	电池正负极簧片（3件）			1套
21	收音机前盖			1个	30	连接导线			4根
22	收音机后盖			1个	31	双联及拨盘螺丝	$\Phi2.5\times5$		3粒
23	刻度尺、音窗			各1个	32	电位器拨盘螺丝	$\Phi1.6\times5$		1粒
24	双联拨盘			1个	33	自攻螺丝	$\Phi2\times5$		1粒
25	电位器拨盘			1个					

附　录

附录一　常用物理量的名称、单位与符号

附录表 1-1　国际单位制的基本单位

名称	单位名称	单位符号	名称	单位名称	单位符号
长度	米	m	热力学温度	开尔文	K
质量	千克（公斤）	kg	物质的量	摩尔	mol
时间	秒	s	发光强度	坎德拉	cd
电流	安培	A			

附录表 1-2　国际单位制的辅助单位

名称	单位	单位符号	名称	单位	单位符号
平面角	弧度	rad	立体角	球面度	sr

附录表 1-3　国家选定的非国际单位制单位

名称	单位	单位符号	换算关系
时间	分 ［小］时 天（日）	min h d	1min = 60s 1h = 60min = 3600s 1d = 24h = 86400s
［平面］角	［角］秒 ［角］分 度	(″) (′) (°)	1″ = （π/648000）rad（π 为圆周率） 1′ = 60″ = （π/10800） rad 1° = 60′ = （π/180） rad
旋转速度	转每分	r/min	1r/min = (1/60) s^{-1}
长度	海里	n mile	1 n mile = 1852m（只用于航程）
速度	节	kn	1kn = 1 n mile/h = (1852/3600) m/s （只用于航程）
质量	吨 原子质量单位	t u	$1t = 10^3kg$ 1u≈1. 6605655
体积	升	L (l)	$1L = 1dm^3 = 10^{-3}m^3$
能	电子伏	eV	$1eV \approx 1.6021892 \times 10^{-19}J$

附录二 常用的基本常数表

物理量名称	符号	量值
真空中光速	c	$3.00\times10^{8}\,\mathrm{m\cdot s^{-1}}$
引力常数	G_0	$6.67\times10^{-11}\,\mathrm{m^3\cdot s^{-2}}$
阿伏加德罗常数	N_0	$6.02\times10^{23}\,\mathrm{mol^{-1}}$
普适气体常数	R	$8.31\,\mathrm{J\cdot mol^{-1}\cdot K^{-1}}$
玻尔兹曼常数	k	$1.38\times10^{-23}\,\mathrm{J\cdot K^{-1}}$
理想气体摩尔体积	V_{M}	$22.4\times10^{-3}\,\mathrm{m^3\cdot mol^{-1}}$
基本电荷	e	$1.602\times10^{-19}\,\mathrm{C}$
原子质量单位	u	$1.66\times10^{-27}\,\mathrm{kg}$
电子静止质量	m_{e}	$9.11\times10^{-31}\,\mathrm{kg}$
电子荷质比	e/m_{e}	$1.76\times10^{-11}\,\mathrm{C\cdot kg^{-2}}$
质子静止质量	m_{p}	$1.673\times10^{-27}\,\mathrm{kg}$
中子静止质量	m_{n}	$1.675\times10^{-27}\,\mathrm{kg}$
法拉第常数	F	$96500\,\mathrm{C\cdot mol^{-1}}$
真空电容率	ε_0	$8.85\times10^{-12}\,\mathrm{F\cdot m^{-2}}$
真空磁导率	μ_0	$4\pi\,\mathrm{H\cdot m^{-1}}$
电子磁矩	μ_{e}	$9.28\times10^{-24}\,\mathrm{J\cdot T^{-1}}$
质子磁矩	μ_{p}	$1.41\times10^{-23}\,\mathrm{J\cdot T^{-1}}$
玻尔（Bohr）半径	α_0	$5.29\times10^{-11}\,\mathrm{m}$
玻尔（Bohr）磁子	μ_{B}	$9.27\times10^{-24}\,\mathrm{J\cdot T^{-1}}$
核磁子	μ_{N}	$5.05\times10^{-27}\,\mathrm{J\cdot T^{-1}}$
普朗克常数	h	$6.63\times10^{-34}\,\mathrm{J\cdot s}$
精细结构常数	a	7.30×10^{-3}
里德伯常数	R	$1.097\times10^{7}\,\mathrm{m^{-1}}$
质子电子质量比	$m_{\mathrm{p}}/m_{\mathrm{e}}$	1836.15
电子康普顿波长	λ_{c}	$2.43\times10^{-12}\,\mathrm{m}$

附录三 普通实验报告的书写格式

实验序号	
成绩评定	

大学物理

普通实验报告

实验名称：________________________

实验地点：________________________

学　　院：________________________

专业班级：________________________

姓　　名：________________________

学　　号：________________________

同组成员：________________________

实验时间：________年____月____日

报告提交时间：____年____月____日

一、实验目的

写明本次实验要达到的目的。

二、实验仪器设备

要注明仪器的型号、准确度等级等信息。

三、实验原理

简要叙述实验的理论依据（包括原理图、公式、文字简述）、公式中各物理量的含义及单位、公式成立的实验条件等。在理解的基础上总结书写，不要完全抄书！

四、实验步骤

根据实际的实验过程写明关键步骤和操作要点。

五、实验注意事项

总结整个实验过程中需要注意的事项，包括仪器的调试、使用、读数等方面的注意事项。

六、原始实验数据及整理

将原始实验数据记录表贴在此处，并在此空白处整理一遍。

七、数据处理

按实验的要求采用适当的方法（如计算法、作图法、最小二乘法等）给出实验结论（注意有效数字和单位）。

如果是计算：

① 要有计算过程，包括：列公式、数值代入、计算过程、计算结果（注意有效数字的运算法则、有效数字位数保留、有效数字的修约法则等问题）。

② 计算不确定度，相对不确定度（注意不确定度和相对不确定度有效数字的位数）。

③ 给出结果正确表达式。

如果是作图：

① 选轴（注意：横坐标代表自变量，纵坐标代表因变量。标明横坐标和纵坐标代表的物理量及各自的单位）。

② 定标尺（注意：标度要符合规则）。

③ 描点（要用削尖的铅笔描）。

④ 连线（连线时应尽量使图线紧贴所有的观测点通过，但是应当舍弃严重偏离图线的某些点，并使观测点均匀分布于图线两侧。但校正图线时相邻两点一律用直线连接）。

⑤ 直线图解法求直线的斜率和截距（注意选点）。

⑥ 写图名（在图纸顶部附近空旷位置写出简洁而完整的图名，必要情况下，可在图名的下方，附加必不可少的实验条件或图注。一般将纵轴代表的物理量写在前面，横轴代表的物理量写在后面，中间用符号“-”连接）。

⑦ 在图的右下角写明作者和作图日期。

八、结果分析

要有实验的结论，并对实验结论进行分析、讨论，并且可解答思考题。

附录四　设计性实验报告的书写格式

本科学生设计性实验报告

姓　　名______________学号______________

学　　院___________专业、班级___________

实验课程名称______________________________

实验项目名称______________________________

教师及职称________________________________

开课时间_______至______学年________学期

实验时间________年_________月________日

一、实验设计方案

实验名称					
实验时间		实验室		小组成员	
1. 实验目的					
2. 实验仪器设备及材料					
3. 实验原理					

4. 实验方法步骤

5. 注意事项

6. 改装表的准确度级别的计算

教师对实验设计方案的意见

签名：

年　　月　　日

二、实验报告

1. 实验现象与结果

2. 对实验现象、实验结果的分析及其讨论

三、实验总结

1. 本次实验成败及其原因分析   2. 本实验的关键环节及改进措施
指导教师评语及评分：   签名：　　　　　年　月　日

参 考 文 献

1. 侯俊玲. 北京：物理学实验. 北京：科学出版社，2003.
2. 章新友. 中医药物理实验. 北京：中国协和医科大学出版社，2000.
3. 温诚忠，郭开慧，魏云. 物理学实验教程. 成都：西南交通大学出版社，2002.
4. 江影，安文玉. 普通物理实验. 哈尔滨：哈尔滨工业大学出版社，2002.
5. 陈群宇. 大学物理实验. 北京：高等教育出版社，2000.